活性污泥膨胀与群体感应调控

李松亚　朱新锋　费学宁　著

·北京·

内 容 提 要

本书系统总结和归纳了活性污泥与污泥膨胀以及群体感应调控方面的研究成果与进展，重点介绍了 *Microthrix parvicella* 的分离和靶向荧光识别，并详述了在不同的运行条件（碳源类型、乙酸/油酸比、进水负荷及波动负荷）下活性污泥系统的运行规律、微生物群落演替及群体感应特性调控关系。此外，还介绍了实际污水处理厂中污泥膨胀与群体感应之间的调控关系，为污水处理厂的污泥膨胀控制提供了理论参考。

本书可供从事污水生物处理、污水处理运行与调控等方面的科技工作者阅读，也可供高等学校给排水科学与工程、环境工程、环境微生物学等专业的本科生、研究生，以及从事污水处理相关工作的专业技术人员参考。

图书在版编目（CIP）数据

活性污泥膨胀与群体感应调控 / 李松亚，朱新锋，费学宁著．-- 北京：中国水利水电出版社，2024．9．

ISBN 978-7-5226-2807-3

I．X703

中国国家版本馆 CIP 数据核字第 2024FT2733 号

书　　名	活性污泥膨胀与群体感应调控 HUOXING WUNI PENGZHANG YU QUNTI GANYING TIAOKONG
作　　者	李松亚 朱新锋 费学宁 著
出版发行	中国水利水电出版社 （北京市海淀区玉渊潭南路 1 号 D 座 100038） 网址：www.waterpub.com.cn E-mail：zhiboshangshu@163.com 电话：（010）62572966-2205/2266/2201（营销中心）
经　　售	北京科水图书销售有限公司 电话：（010）63202643、68545874 全国各地新华书店和相关出版物销售网点
排　　版	北京智博尚书文化传媒有限公司
印　　刷	河北文福旺印刷有限公司
规　　格	170mm×240mm　16 开本　16 印张　302 千字
版　　次	2024 年 9 月第 1 版　2024 年 9 月第 1 次印刷
定　　价	98.00 元

前言

在全球水资源日益紧缺、水污染问题日趋严重的背景下，如何通过科学技术手段来改善水质、保护水环境，就显得尤为重要。活性污泥法作为目前我国乃至全世界应用很广泛的城市污水生物处理技术，其运行状态直接影响着污水处理效果。然而，活性污泥膨胀现象的出现，常常会导致处理效果下降，甚至引发整个污水处理系统的失稳。因此，深入研究活性污泥膨胀的机制、寻找有效的调控策略是解决污泥膨胀问题的关键。

本书以污泥膨胀为研究对象，介绍了活性污泥膨胀与群体感应调控研究方向的研究，内容涵盖活性污泥膨胀的基本知识、群体感应的生物学原理、污泥膨胀以及基于群体感应调控的相关研究。全书共 10 章，第 1、2 章系统总结和归纳了活性污泥与污泥膨胀以及群体感应调控方面的研究成果与进展；第 3 章重点介绍了污泥膨胀关键菌 *Microthrix parvicella* 的分离；第 4、5 章介绍了 *Microthrix parvicella* 靶向识别荧光探针的制备及其靶向识别；第 6 ～ 9 章分别详述了在不同的运行条件（碳源类型、乙酸 / 油酸比、进水负荷及波动负荷）下活性污泥系统的运行规律、微生物群落演替及群体感应特性调控之间的关系；第 10 章介绍了污水处理厂污泥膨胀与群体感应之间的调控关系，为污水处理厂的污泥膨胀控制提供理论参考。

本书由河南城建学院李松亚和朱新锋、天津城建大学费学宁撰写。其中，

李松亚编写了第1、7、8、9、10章（共计约21.2万字），朱新锋编写了第2、3、6章（共计约6万字），费学宁编写了第4、5章（共计约3万字）并负责全书校核工作，李松亚负责全书的修改定稿。

本书的内容研究和出版得到了国家自然科学基金、河南省科技攻关计划项目（项目号：242102321043）、河南城建学院青年骨干教师培育项目（项目号：YCJQNGGJS202404）的支持和资助，在此一并表示衷心的感谢！同时，对书中所引用文献资料的中外作者致以诚挚的谢意！

由于编者水平所限，书中难免存在不足之处，敬请读者批评指正。

作　者

2024年4月

目录
CONTENTS

第 1 章

活性污泥与污泥膨胀概述

1.1 活性污泥法

1.1.1 活性污泥法简介

自 1914 年 4 月 3 日英国的 Ardern 和 Lockett 提出“活性污泥”的概念以来，活性污泥法诞生至今已有 110 年的历史的[1]。活性污泥法是一种以活性污泥为主体的废水生物化学处理技术，废水的净化是通过将活性污泥与废水搅拌混合并提供一定氧气供微生物将废水中的污染物代谢或者转化，最后通过沉淀进行泥水分离来实现的[2]。因其具有操作简单、高效、环保等优点，自诞生以来便得到了广泛的青睐与应用，成为我国乃至全世界应用最为广泛的城市污水处理技术[3]。活性污泥法在过去 100 多年的发展历程中，也已经有了很大的突破。活性污泥法最初的主要功能是实现有机污染物的降解和悬浮固体的去除，主要是在好氧条件下利用微生物的呼吸作用将有机物降解。但是随着水体中氮、磷等营养物质的增多，导致水体富营养化问题日益严重，要求活性污泥必须升级改造以能够在除碳的同时去除氮和磷等营养物。为了达到脱氮和除磷的效果，在原有好氧条件的基础上增加了缺氧过程和 / 或厌氧过程，为进行反硝化和释磷提供缺氧和厌氧条件，从而逐步衍生出缺氧 / 好氧（Anoxic/Oxic，A/O）工艺、厌氧 / 缺氧 / 好氧（Anacrobic/Anoxic/Oxic，A/A/O）工艺、UCT（University of Cape Town）工艺、氧化沟（Oxidation Ditch，OD）工艺、序批式反应器（Sequencing Batch Reactor，SBR）工艺等具有脱氮、除磷及除碳、脱氮和除磷三重作用同时满足的工艺[4]。

1.1.2 活性污泥改良工艺

传统的生物脱氮工艺先后形成三级生物脱氮工艺、二级生物脱氮工艺和单级生物脱氮工艺，这些传统工艺都是按照有机物分解、硝化和反硝化的顺序来实现除碳和脱氮的。但是，这些传统工艺都需要在硝化过程中投加碱度、在反硝化过程中投加碳源，以保证硝化反应和反硝化反应的进行，这无疑会导致运行费用的增加[5]。1962 年，Ludzack 和 Ettinger 提出了将反硝化工艺放置在硝化工艺前端的前置反硝化工艺[6]。之后，Barnard[7] 在前置反硝化工艺的基础上，将好氧池内已充分反应的硝化液回流至缺氧池（图 1.1），提出了 Modified Ludzack-Ettinger（MLE）工艺，也就是目前广泛应用的 A/O 生物脱氮工艺。

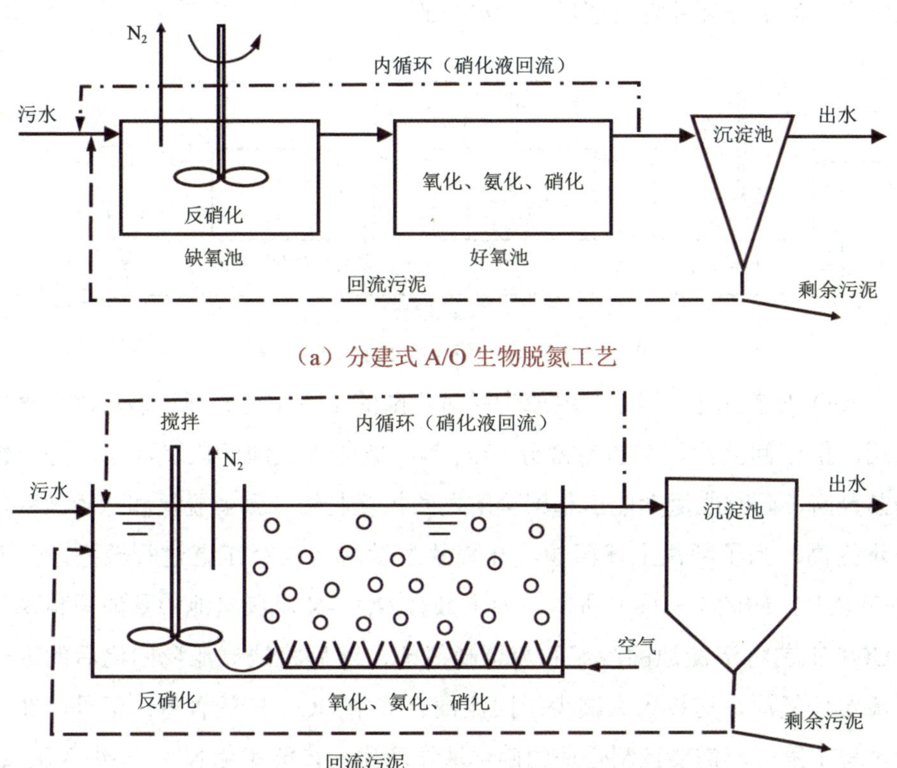

（a）分建式 A/O 生物脱氮工艺

（b）合建式 A/O 生物脱氮工艺

图 1.1 A/O 生物脱氮工艺

由于 A/O 工艺主要用于脱氮，除磷效果不佳，因此为实现同步脱氮除磷的目的，又在 A/O 工艺的基础上在缺氧池前端增加了厌氧池[8]，形成了 A/A/O 工艺，也称 A^2/O 工艺，如图 1.2 所示。A/A/O 工艺将生物脱氮和生物除磷结合在一个活性污泥系统中，实现了同步除碳、脱氮和除磷，是最简单的同步脱氮除磷工艺。在该工艺中，污水首先进入厌氧池，其主要功能是水解和释磷，污水中的部分有机物被水解或者转化成挥发性脂肪酸（VFA），同时聚磷菌将体内的聚磷酸盐水解释放 PO_4^{3-}-P 并产生能量，以吸收易降解有机物储存在体内形成糖原；在缺氧池中，反硝化细菌利用污水中的有机物或者水解的 VFA 作为电子供体，将好氧池回流的 NO_3^--N 或者 NO_2^--N 作为电子供体，使其还原为氮气，实现氮的去除；之后，混合液进入好氧池，氨氧化菌和亚硝化菌进行硝化反应将氨、氮氧化

为NO_3^--N，聚磷菌利用在厌氧池中储存的糖原吸收水中的PO_4^{3-}-P以实现污水中磷的去除，同时，好氧微生物将部分有机物氧化进一步除碳。最后，混合液在沉淀池中进行泥水分离并将处理后的污水排放。

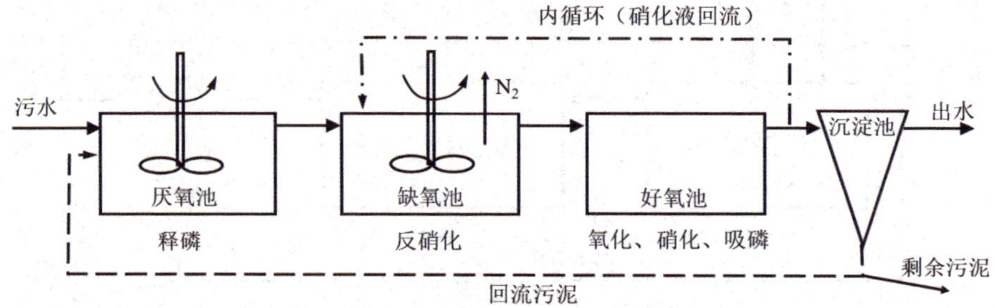

图 1.2 A/A/O同步脱氮除磷工艺流程

A/A/O工艺自开发以来，便成为脱氮除磷的主流工艺并被许多污水处理厂广泛采用。但因回流污泥会携带部分NO_3^--N，破坏厌氧池的厌氧环境，进而影响聚磷菌释磷，同时脱氮功能菌和聚磷菌之间相互制约，致使脱氮和除磷效率难以进一步提高。为了解决上述问题，开普敦大学对A/A/O工艺进行改进，开发了UCT工艺[9]，如图1.3（a）所示。为了减轻NO_3^--N对厌氧池中聚磷菌释磷的影响，UCT工艺将沉淀池的污泥回流至缺氧池，然后将缺氧池反硝化后的混合液再回流至厌氧池，这样大大减少了回流混合液中NO_3^--N的含量。但是，在实际运行过程中发现，需要控制合适的硝化液循环比，才能避免NO_3^--N进入厌氧池。为了进一步降低NO_3^--N的干扰，而不需要依靠控制硝化液循环比，由此又产生了UCT的改良工艺——MUCT工艺[10]，如图1.3（b）所示。MUCT工艺不同于UCT工艺的是，其将原来的缺氧池一分为二，沉淀池污泥回流至缺氧池1，好氧池硝化液回流至缺氧池2进行反硝化，同时将缺氧池1的混合液回流至厌氧池。

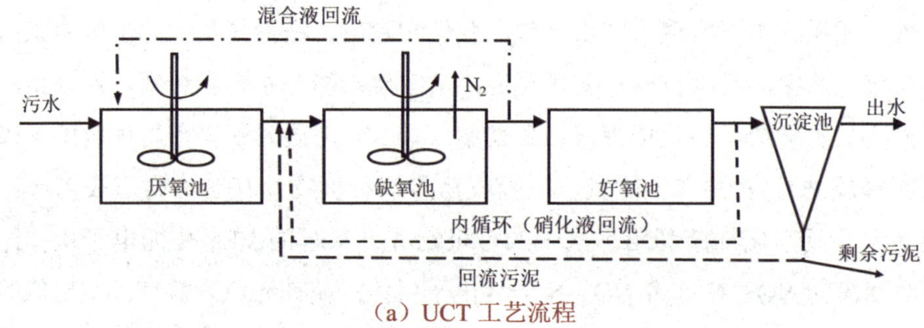

（a）UCT工艺流程

图 1.3 UCT和MUCT工艺流程

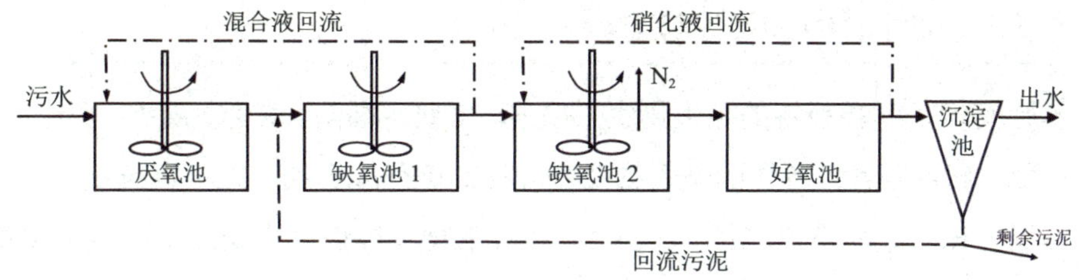

（b）MUCT 工艺流程

图 1.3 （续）

传统活性污泥法以及上述工艺都存在池体比较庞大、占地面积大的问题。氧化沟工艺是对传统活性污泥法的一种改型和发展，其池体狭长、池深较浅，一般为封闭的环形沟渠状[11]。氧化沟系统内的污水和活性污泥在曝气装置的驱动下在沟内呈现出完全混合式和推流式兼具的流态特征，由于其独特的流态特征，在系统内会出现好氧区、缺氧区，可以取得良好的脱氮效果[12]。如果设计和运行得当，甚至出现厌氧区，或者增设厌氧池，可以达到增强除磷的效果。经过长时间的探索和研究，氧化沟工艺也衍生出了许多各具特色的新工艺，如卡罗塞尔（Carrousel）氧化沟、交替式氧化沟、奥贝尔（Orbal）氧化沟、一体式氧化沟等。

SBR 工艺因其具有运行方式灵活、基建和运行费用低以及可以在一个反应器内实现同步脱氮除磷等突出特点[13]，成为近年来国内外广泛应用的一种工艺。追溯 SBR 工艺的历史，可以发现 SBR 工艺是对活性污泥法创立初期充排式反应器（Fill - and Draw Reactor）的发展和改良[5]。SBR 工艺既可以在空间上按序列、间歇的方式实现，也可以在同一个反应器内在时间上按次序、间歇的方式实现，其主要包括 5 个基本工序[14]：进水、反应、沉淀、排水和闲置（图 1.4）。此外，SBR 工艺还具有如下特征：污泥混合液在空间上呈完全混合式，有机物降解在时间上呈理想推流式；耐冲击负荷能力强；不易发生污泥膨胀；通过可编程序控制器等自动化仪表，可以实现自动化的操作与管理。

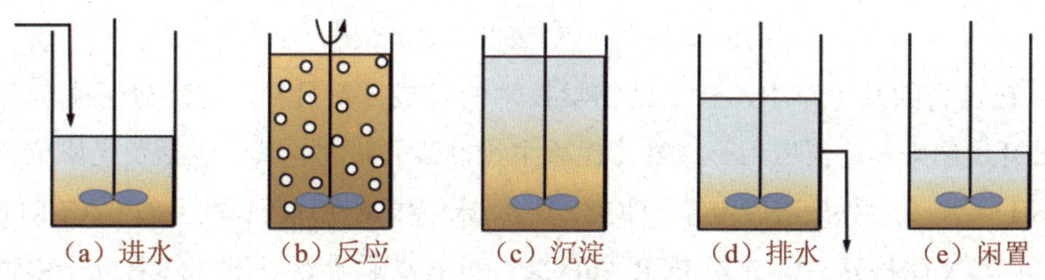

图 1.4 SBR 工艺的 5 个基本工序示意图

1.1.3 活性污泥微生物群落

活性污泥是一种独特的微生物生态系统，主要由细菌、真菌、藻类、原生动物、后生动物、病毒等各种各样的微生物及其分泌的胞外聚合物、无机颗粒物、有机颗粒物等混合在一起所形成（图 1.5）[15]，具有生物多样性高［超过 700 个细菌属和成千上万的操作分类单元（OTUs）］和生物量浓度高（通常为 2 ～ 10g/L）的特点[16]。在这个独特的生态系统中，高度多样性的微生物高效地聚集在活性污泥絮凝体的异质结构中，这些微生物保证了废水生物处理的稳定性和良好性能，特别是一些功能微生物，如硝化细菌、反硝化菌、聚磷菌、聚糖菌等，是驱动系统有机物、氮、磷等污染物降解和转化的重要决定因素[17]。因此，深入研究活性污泥中细菌群落的组成、功能菌的生理特性以及影响群落组成和功能菌的因素，从而选择性调控微生物群落，对于提高废水生物处理具有至关重要的意义。

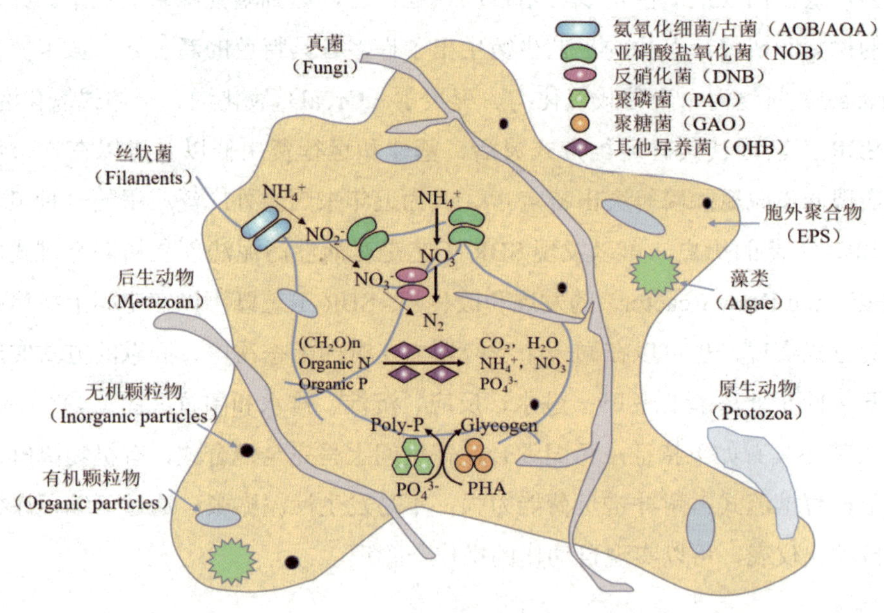

图 1.5 活性污泥絮凝体构成示意图[15]

在过去的几十年中，分子生物学技术的发展日新月异，各种分子生物学技术被开发出来并广泛应用于活性污泥微生物群落的研究，其中包括荧光原位杂交（FISH）[18]、变性梯度凝胶电泳（DGGE）[19]、末端限制性片段长度多态性（T-RFLP）[19]、克隆文库构建[20]、定量 PCR（qPCR）[21] 和高通量测序[22]。随着分子生物学技术的发展，许多研究者对活性污泥微生物群落以及其中参与脱氮除磷[23-25]、水解发酵[26]、絮凝[27-28]等的功能菌和引起污泥膨胀与泡沫问题等的有害微生物[29-30]的分离、鉴定和定量做了大量研究。

Xia等[31]利用基于16S rRNA基因的微阵列基因芯片对5个位于中国、美国的活性污泥系统的微生物群落进行了研究，分析发现在这5个活性污泥系统中，*Proteobacteria*是最主要的细菌门，*Firmicutes*、*Actinobacteria*和*Bacteroidetes*为亚优势门。Zhang等[22]对中国、新加坡、加拿大、美国等国家的活性污泥微生物群落的研究也得到了类似的结果，其中*Proteobacteria*的丰度为36%～65%，*Bacteroidetes*的丰度为2.7%～15.6%，以及*Firmicutes*和*Actinobacteria*的丰度分别为1.4%～14.6%和1.3%～14.0%。同时，结果表明这些不同地域的活性污泥系统中还检测到了一些共有微生物。此外，Nielsen等[32]对25座丹麦污水处理厂活性污泥微生物群落的研究以及Wang等[33]对中国不同地区的污水处理厂活性污泥微生物群落的研究也均表明，这些污水厂的微生物群落存在一些相似的核心物种。Saunders等[34]对丹麦13个污水处理厂连续多年的微生物群落进行分析，发现这些污水处理厂具有一个包含63个属级OTUs的核心群落，占总reads的68%。一项近期发表于*Nature Microbiology*上的大规模全球空间尺度活性污泥微生物群落的研究[17]，对分布于全球6大洲23个国家的269个污水处理厂的约1200个活性污泥的样本进行分析，发现虽然这些样品具有很高的多样性，但是只有28个核心OTUs构成了全球污水处理厂活性污泥微生物群落的核心微生物，而且它们主要是与活性污泥的性能密切相关的功能菌。因此，对活性污泥微生物群落中的功能菌进行研究具有重大意义。

目前已报道的与活性污泥性能相关的功能菌主要包括脱氮微生物（氨氧化菌，简称AOB；亚硝酸盐氧化菌，简称NOB；反硝化菌，简称DNB）、除磷微生物（聚磷菌，简称PAO；反硝化聚磷菌，简称DPB）、絮凝微生物、碳代谢相关微生物（聚糖菌，简称GAO；其他异养菌，简称OHB），以及群体感应相关微生物等。活性污泥中的主要功能微生物的代表性菌属见表1.1。由表1.1可以看到，某些菌属同时具有多种代谢功能，如氨氧化菌属*Nitrosomonas*，同时具有产生群体感应信号分子的能力，*Zoogloea*和*Thauera*既是典型的反硝化菌属，同时也是主要的EPS产生菌，以及大部分的反硝化菌属均是异养型细菌，在反硝化的同时需要利用碳源作为电子供体。这些结果表明，不同类群微生物之间存在着协同、竞争等相互作用关系。Ju和Zhang[16]提出了一种基于相关性的统计方法，将细菌关联网络与它们的分类关联整合起来，以预测细菌群落的共发生和共排除模式，构建出活性污泥中不同细菌类群间的相互作用关系，如图 1.6 所示。

表 1.1 活性污泥中的主要功能微生物的代表性菌属

功能	功能菌分类	功能菌属	文献
脱氮	AOB	*Nitrosomonas*，*Nitrosococcus*，*Nitrosolobus*，*Nitrosovibrio*，*Nitrosospira*	[35]
	完全氨氧化菌	*Candidatus Nitrospira*	[36-37]
	NOB	*Nitrospira*，*Nitrobacter*，*Nitrococcus*，*Nitrospina*，*Candidatus Nitrotoga*	[38-39]
	DNB	*Thauera*，*Azoarcus*，*Comamonas*，*Curvibacter*，*Zoogloea*，*Hyphomicrobium*，*Dechloromonas*，*Acidovorax*，*Pseudomonas*，*Bacillus* 等	[15, 40-41]
除磷	PAO	*Candidatus Accumulibacter*，*Tetrasphaera*，*Microlunatus*，*Candidatus Accumulimonas*，*Pseudomonas* 等	[42-44]
	DPB	*Paracoccus*，*Dechloromonas*，*Pseudomonas*，*Bacillus*，*Acinetobacter* 等	[43, 45-46]
碳代谢	GAO	*Candidatus Competibacter*，*Defluviicoccus*	[44, 47]
	其他异养菌	*Bacteroides*，*Aeromonas*，*Bifidobacterium*，*Escherichia*，*Thiothrix* 等	[15, 46]
分泌 EPS	絮凝菌	*Zoogloea*，*Thauera*，*Escherichia*，*Pseudomonas*，*Bacillus*，*Comamonas*，*Flavobacterium*，*Ferruginibacter* 等	[43, 48]
产生信号分子	群体感应菌	*Nitrosomonas*，*Acidovorax*，*Acinetobacter*，*Aeromonas*，*Pseudomonas*，*Chitinimonas*，*Rhodobacter* 等	[48-50]

除了上述功能菌外，丝状菌也是活性污泥的重要组成部分。根据 Sezgin 等[51]提出的絮体结构学说，丝状菌充当活性污泥的骨架，使菌胶团细菌附着在其上形成污泥絮体，丝状菌与菌胶团细菌以合适的比例存在时，污泥絮体密实、强度大，为正常的活性污泥；当有过多的丝状菌时，丝状菌伸出菌胶团外，它们的架桥作用会干扰污泥絮体的紧密接触，从而产生沉降缓慢、压实性差、膨胀的污泥，发生污泥膨胀；若丝状菌较少或没有时，污泥絮体的强度降低，容易破碎形成针状或针点状污泥，从而不易沉降而随出水流失，造成出水浑浊。因此，丝状菌在活性污泥法处理污水中具有重要作用：①充当污泥絮体的骨架，形成密实的污泥絮

体结构，利于污泥沉降；②与菌胶团菌相比，丝状菌的莫诺德饱和常数更低，可以提高出水水质和净化效率。因此，丝状菌在活性污泥中是不可缺少的[52-53]。

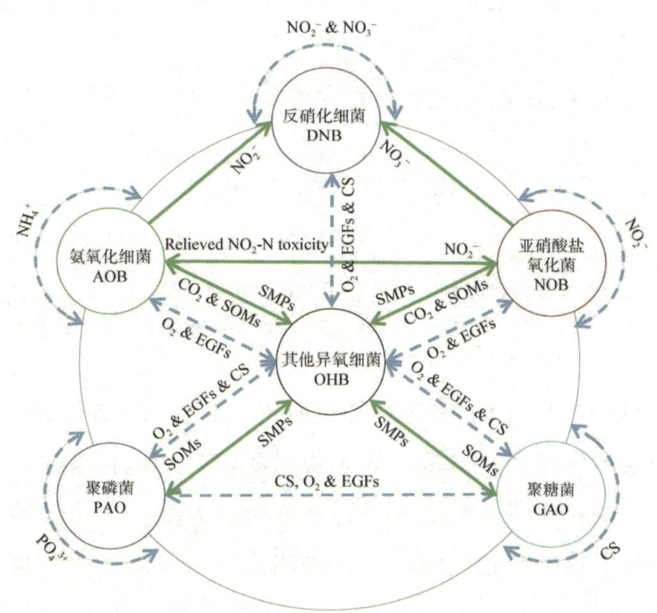

图 1.6 活性污泥中自养菌和异养菌之间潜在的相互作用示意图[16]

注：正负相互作用分别用绿色实线和蓝色虚线表示，箭头表示对底物或营养物质的交换或竞争。协同共生：AOB 为 NOB 提供 NO_2^--N，NOB 将 NO_2^--N 去除从而减轻其对 AOB 的抑制作用。共生：大分子有机物被部分异养菌生物降解成小分子有机物（SOMs），很容易被 OHB 利用。其他协同作用：① AOB 和 NOB 为 DNB 提供 NO_2^--N 和 NO_3^--N；②一些细菌裂解后生成的可溶性微生物产物（SMPs），可被 OHB 作为碳源（CS）利用，而 OHB 降解有机物释放的 CO_2 可被自养 AOB 和 NOB 所利用。竞争：①脱氮除磷相关功能菌与 OHB 竞争氧气和必需的生长因子（EGFs）；②不同的 AOB、NOB、DNB 之间分别竞争 NH_4^+-N、NO_2^--N、NO_2^--N/NO_3^--N；③ DNB、PAO、GAO 及 OHB 之间竞争碳源。

1.1.4 活性污泥的影响因素

活性污泥系统的除碳、脱氮、除磷等生物净化功能主要是通过微生物群落来实现的，因此影响微生物群落的因素也是活性污泥的影响因素。影响微生物群落的因素包括环境因素和生物因素，目前，大部分研究主要关注环境因素对活性污泥微生物群落的影响。大量研究表明：水质特征（进水组成、碳和氮负荷等）、工艺类型及运行条件［温度、溶解氧（DO）、水力停留时间（HRT）、污泥龄（SRT）等］、地理位置等都能够对活性污泥系统的微生物群落产生影响。表 1.2 总结了近年来活性污泥微生物群落影响因素的代表性研究。

表 1.2 活性污泥微生物群落影响因素的代表性研究

研究方法	研究对象	影响因素	文献
PCR-DGGE 联合 BIOLOG 技术	小试反应器	水质特征（COD 负荷）和运行条件（HRT）	[54]
454 焦磷酸测序	12 个污水处理厂	工艺类型	[55]
	14 个污水处理厂	水质特征、运行条件（温度、pH、DO）和地理位置	[33]
	1 个污水处理厂 1 个小试反应器	水质特征（进水 BOD）、运行条件（水温、DO）和反应器规模	[56]
	1 个污水处理厂 5 年内的群落变化	水质特征（无机氮）和运行条件（SRT）	[57]
16S rRNA 基因 MiSeq 测序	2 个污水处理厂	水质特征和运行条件	[58]
Illumina 宏基因组测序	1 个污水处理厂 4 年内的群落变化	水质特征（营养物浓度）和运行条件（温度、DO、SRT）	[59]

由表 1.2 可以看出，由于研究对象的不同，不同研究者得到的微生物群落影响因素的结果也不尽相同，但是总体来说水质特征和运行条件对微生物群落的影响作用更大。Wang 等 [33] 采用方差划分分析的方法研究水质特征、运行条件和地理位置对微生物群落的影响，结果表明水质特征对微生物群落的影响最大（25.7%），其次是运行条件（23.9%）和地理位置（14.7%）。同时 Hai 等 [56] 对微生物影响作用的研究也呈现出水质特征（20.3%）＞运行条件（19.9%）＞反应器规模（3.6%）的结果。然而，近期的一项对全球空间尺度活性污泥微生物群落的研究 [17] 表明，活性污泥微生物群落没有明显的纬度梯度，尽管决定性因素（如温度、SRT、有机物输入等）在调节微生物群落组成中起着重要作用，但微生物群落组成似乎最有可能是由随机过程驱动的，如扩散和漂移。综上，目前相关研究对活性污泥微生物群落影响因素已得到一些重要结果，对深化活性污泥微生物群落影响机制的认识和调控活性污泥微生物群落结构，从而保证活性污泥高效稳定运行方面具有积极意义，但是不同研究所得结论不尽相同，同时各影响因素在不同的研究中出现相异的原因尚需深入探讨。

1.2 污泥膨胀

尽管很多学者对活性污泥微生物群落在废水处理方面的生化和生态特性以及影响因素方面做了大量研究，但是采用活性污泥工艺的污水处理厂仍然遇到一系列的运行问题，导致运行过程不稳定、处理效果不佳等，如污泥解体、污泥膨胀和泡沫、污泥腐化、污泥上浮等。其中，作为活性污泥处理工艺的顽疾，污泥膨胀问题一直是影响城市污水处理系统稳定运行的重要问题[60-61]。长期以来，对污泥膨胀现象本质规律的探索和有效控制方法研究，一直是国内外污水处理领域关注的热点问题。

1.2.1 污泥膨胀现象

活性污泥系统的污泥膨胀主要是由于特定因素的改变，使污泥絮体体积增大和结构极度松散，导致活性污泥在二次沉淀池中难以进行泥水分离，从而出现污泥流失，影响出水水质，严重时会出现系统处理效果大幅下降，给污水处理厂的运行管理带来巨大不便[62-63]。在实际运行以及科学研究中，通常使用污泥容积指数（sludge volume index，SVI）来判断污泥沉降性能的好坏，从而评价系统是否发生污泥膨胀。通常情况下，把 SVI=150mL/g 作为发生污泥膨胀的阈值，当系统的 SVI ＞ 150mL/g 时，发生污泥膨胀[64-65]。

针对活性污泥系统频频发生的污泥膨胀现象，国内外研究者开展了系列调查和研究。在对丹麦（38 个）[66] 和意大利（167 个）[67] 污水处理厂的调查中发现，有将近 50% 的污水处理厂有污泥膨胀现象。在澳大利亚[68]、法国[69] 和捷克[70] 被调查的污水处理厂中，有 50% 以上的污水处理厂遭受污泥膨胀问题。Seviour 等[68] 对澳大利亚的 65 个采用活性污泥工艺的污水处理厂进行调查，其中 53 个污水处理厂有污泥膨胀现象。对法国 964 个城市污水处理厂的调查数据表明，所有活性污泥样品的 SVI 均值为 167mL/g，其中有 50% 污水处理厂的污泥样品 SVI 值大于 150mg/L，SVI 值超过 200mg/L 的比例也达到 25% 以上[69]。在对其他国家（如美国[71]、希腊[72]、阿根廷[73] 和瑞典[74] 等）以及我国的污水处理厂调查研究中发现，也均存在不同程度的污泥膨胀问题。

1.2.2 污泥膨胀的类型及特点

一般而言，污泥膨胀根据其形成原因的不同，总体上分为两种类型：一种是由于丝状菌过度繁殖，其菌丝伸出污泥絮体外，干扰污泥的沉降，而形成的丝状菌膨胀（filamentous bulking）；另一种是在特定的条件下，污泥中的菌胶团产生的大量亲水性和高黏性物质所引发的非丝状菌膨胀（non-filamentous bulking），

也称黏性膨胀[75]。其中，丝状菌膨胀是污水处理厂活性污泥膨胀的主要类型[76]。据报道，在污水处理厂运行过程中，由于丝状菌大量繁殖所引发的活性污泥膨胀的比例高达90%以上[77]。

活性污泥絮体一般由菌胶团和丝状菌组成。通常情况下，丝状菌生长在菌胶团内部，充当菌胶团的骨架使菌胶团聚集在一起，并在下沉的过程中伸出菌胶团以捕捉悬浮颗粒，少量丝状菌存在于菌胶团中时对污泥沉降具有一定的促进作用。当菌胶团中的丝状菌大量繁殖超过一定程度后，丝状菌伸出菌胶团外形成网状结构，会阻碍菌胶团之间的吸附与凝聚，并且丝状菌的大量繁殖抑制了菌胶团的发展，从而形成了污泥膨胀。其中，丝状菌阻碍活性污泥的沉降是由于丝状菌在菌胶团之间的架桥作用或者丝状菌生长引起的絮体开放结构引起的[60]。引起不同类型丝状菌膨胀的丝状菌种类见表1.3。

表1.3 引起不同类型丝状菌膨胀的丝状菌种类[78]

丝状菌架桥作用	絮体开放结构
Type 021N	Type 1701
浮游球衣菌	Type 0041
Type 0961	*Microthrix parcivella*（*M. parcivella*）
Type 0803	Type 0675
发硫菌	*Nostocoida limicola*
Type 0041	
Haliscomebacter hydrossis	

根据国内外学者对污泥膨胀问题的研究可以发现：从发生的概率性和普遍性来看，污泥膨胀是世界范围内城市污水处理厂亟待解决的难题，存在不同程度污泥膨胀的污水处理厂的数量占比超过70%；尽管不断完善和优化活性污泥工艺，但是活性污泥的各种工艺都会出现污泥膨胀问题；污泥膨胀一旦发生将很难控制，并且发生膨胀后恢复周期较长。因此，污泥膨胀具有发生频率高、普遍性高以及不易控制且影响周期长三个特点[79]。

1.2.3 污泥膨胀等级的划分

根据活性污泥样品中丝状菌与菌胶团所占的比例，可以把活性污泥的膨胀划分为7个等级[60]，见表1.4。

表 1.4 活性污泥的膨胀等级

等级	丰度	描 述
0	None	几乎观察不到丝状菌
1	Few	丝状菌数量很少，偶尔会在个别的菌胶团上发现
2	Some	可以经常见到丝状菌，但并不是每个菌胶团上都有
3	Common	丝状菌在每个菌00胶团上均可见，但是密度很低（每个菌胶团上的数量为1～5个）
4	Very common	丝状菌在每个菌胶团上均可见，密度达到中等程度（每个菌胶团上的丝状菌数量为5～20个）
5	Abundant	丝状菌密度达到很高程度（每个菌胶团上的数量均大于20个）
6	Excessive	丝状菌大量生长且蓬松，其数量远远超过菌胶团，并且大量的丝状菌伸出菌胶团

污水处理厂通常通过丝状菌的丰度变化情况，及时对污泥膨胀进行预警和调控。在对丝状菌的丰度监测中，若其丰度等级达到4级时，应予以重视；达到5级时，应及时采取控制措施；达到6级时，污泥则处于严重膨胀状态。

1.2.4 污泥膨胀的影响因素

深刻了解污泥膨胀的影响因素，对预防和控制污泥膨胀的发生具有重要的指导意义。近几十年以来，国内外研究者对污泥膨胀的影响因素进行了大量的研究，总体上可以分为进水水质、环境因素和运行条件三个方面。

1. 进水水质

进水水质对污泥膨胀影响的研究可概括为三个方面：碳源类型、营养物缺乏和有毒物质等。杨雄等[80]研究了碳源类型对污泥沉降性能的影响，发现乙酸钠、葡萄糖作碳源时，反应器内出现了严重的污泥膨胀（SVI ＞ 600mL/g），而淀粉作碳源时，反应器内并没有出现严重的污泥膨胀（SVI ＜ 300mL/g）。此后，又研究了碳水化合物分子大小对污泥膨胀的影响，结果表明，在运行条件不利时，小分子碳水化合物容易引发污泥膨胀，而大分子碳水化合物能提高污泥的沉降性，不易引发污泥膨胀[81]。一般而言，进水中易降解小分子有机物含量高时，系统容易出现污泥膨胀现象；而当难降解高分子有机物含量高时，由于其不容易被丝状菌利用，而不易发生污泥膨胀。

除了需要充足的碳源外，活性污泥微生物的正常生长还需要氮、磷等营养物质，并且它们之间的合理比例是影响活性污泥微生物正常生长代谢，保障污水处理工艺稳定运行的关键因素。氮、磷等营养物质缺乏或者失衡也将会引发污泥

膨胀。Guo 等 [82] 研究发现，氮缺乏不会引发污泥膨胀，磷缺乏将会引发污泥膨胀，杨雄等 [83]、贺雪濛等 [84] 均发现，氮、磷同时缺乏将导致污泥沉降性能变差。

当活性污泥系统进水中某些有机物（酚、醛、醇和某些有机酸等）、重金属以及硫化物等含量过高时，系统中的微生物活性将会受到抑制，如果这些微生物有毒物质只是对菌胶团微生物有毒性作用，而丝状菌不会受到抑制，则会引发丝状污泥膨胀 [85]。

2. 环境因素

环境因素主要包括温度和 pH 值。温度是影响微生物活性的主要因素之一，微生物只有在合适的温度范围内才能充分发挥其活性。我国北方地区的污水处理厂在冬、春季节频频发生污泥膨胀的现象表明低温易于引发污泥膨胀 [86-87]。一些国内外的研究结果也表明，低温是引发污泥膨胀的重要因素之一 [88-90]。

为了使活性污泥系统中的微生物正常生长，生物池内的 pH 值应保持的范围是 6.5 ～ 8.0。若 pH 值低于 6 时，菌胶团的生长会受到一定的抑制，而丝状真菌却会大量生长繁殖引发污泥膨胀；当 pH 值低于 4.5 时，丝状真菌能够大量繁殖，从而引发丝状真菌膨胀，使系统沉降性变差 [79]。

3. 运行条件

溶解氧和污泥负荷是经常报道的能够引发污泥膨胀的运行条件。据报道，低溶解氧易于引发污泥膨胀 [91-92]。当曝气池中的溶解氧浓度较低时，丝状菌由于菌丝较长而具有较大的比表面，以及较低的氧饱和常数，与菌胶团菌相比，对溶解氧更具竞争优势而大量生长，进而引发丝状菌污泥膨胀 [93]。同时，低污泥负荷也是造成污泥膨胀的重要因素之一。无论是根据动力学选择理论还是扩散选择理论，在污水中底物浓度较低的条件下（低污泥负荷），丝状菌对底物的竞争能力要强于菌胶团菌，从而大量生长繁殖导致污泥膨胀的发生。

值得注意的是，单纯地讨论某一引发污泥膨胀的因素实际意义不大，事实上，污泥膨胀的发生常常是由多个因素协同作用的结果。例如，进水中含有长链脂肪酸利于 *M. parvicella* 的生长，从而引发污泥膨胀，但是当温度高于 25℃时，即使含有长链脂肪酸，也不会引发 *M. parvicella* 型污泥膨胀 [94]。

1.2.5 污泥膨胀的相关研究进展

目前对于污泥膨胀的相关研究，概括总结起来主要包括污泥膨胀机理、污泥膨胀丝状菌的鉴定与识别、污泥膨胀的控制措施三个方面。

1. 污泥膨胀机理

由于污泥膨胀是一个非常复杂的问题，涉及多学科领域（如微生物学、动力学及物质扩散），因此对于污泥膨胀的形成原因有多种解释。国内外研究学者在对活性污泥丝状菌膨胀进行深入研究的基础上，尽管没有形成一个统一的理论，但是这些理论构成了认识污泥膨胀的理论基础，为解决污泥膨胀问题提供了理论依据。目前，主要形成了以下 6 种污泥丝状菌膨胀理论：动力学选择理论、扩散选择理论、储存选择理论、氮氧化假说、饥饿假说和积累 - 再生假说[95]。

（1）动力学选择理论：20 世纪 70 年代中期，由 Chudoba 等[96]提出这一理论，他们在对不同种群微生物增长速率进行研究时发现，系统中的曝气池搅拌方式和宏观底物浓度梯度对活性污泥沉降性能有着明显影响。一般而言，与菌胶团细菌相比，丝状菌的生长速度较为缓慢，其半饱和常数相对较低，比生长速率较高。在完全混合的系统中，底物浓度低，丝状菌此时对底物具有很强的竞争优势，并且生长速度比菌胶团细菌快；而在序批式和推流式等系统中，底物浓度相对较高，此时丝状菌的优势受到限制，生长受到抑制。此外，他们对葡萄糖、乙酸和苯酚等 11 种不同基质进行试验，发现除半乳糖外，完全混合曝气池中所发生的污泥膨胀现象，均可采用动力学选择理论进行解释[97]。

（2）扩散选择理论：这一理论指出，与其他微生物相比，丝状菌由于其形态学特征而具有较大的面积和体积的比值，远远超过菌胶团细菌。因此，其在低营养或低溶解氧浓度的条件下，对底物具有更强的竞争优势，吸附底物能力更强，进而使得丝状菌的生长速率较快且大量繁殖，最终导致污泥膨胀。此外，还有研究表明，活性污泥所形成的絮状污泥颗粒中的丝状菌能延伸至絮体外部，可同时从系统中和颗粒污泥内部获取底物；相比而言，其他微生物在颗粒污泥内部仅可获取微观浓度的底物，其生长将受到抑制。因此，丝状菌可得到较快的生长，并导致污泥膨胀[98]。

（3）储存选择理论：在高负荷条件下，活性污泥系统也会发生丝状菌污泥膨胀现象，它无法依据扩散选择理论中的面积和体积比进行解释。一般来说，当

底物浓度较高时，菌胶团细菌对底物的竞争能力比丝状菌更强，储存底物的能力也更强。然而，Martins 等[99] 在对比膨胀的污泥和沉降性能良好的污泥对底物的储存能力时，发现二者能力相当，甚至在某些情况下前者的储存能力要大于后者。而有些丝状菌（如 *M. parvicella*）的纯培养和混合培养试验结果也表明，无论是在好氧，还是在厌氧、缺氧的条件下，它们都具有较强的底物储存能力。在微生物的内源呼吸期，储存底物被进行产能代谢或用于产生蛋白质类物质，使得此类微生物比其他种类微生物具有更强的竞争力和选择优势。因此，丝状菌较高的底物储存能力可以很好地解释高负荷条件下产生的丝状菌污泥膨胀现象。

（4）氮氧化假说：Casey 等[100] 在大量试验和规模试验结果基础上提出了氮氧化假说，他们揭示了低负荷运行条件下，活性污泥中丝状菌过量增殖的原因。研究表明，丝状菌和菌胶团细菌是活性污泥法污水处理系统中两种主要的细菌类型。氮氧化假说中假设这两种类型的细菌都可以在反硝化作用下竞争有机底物，但机制是不同的。通常，通过反硝化作用累积的亚硝酸盐和 NO 等中间产物，往往不能全部都在丝状菌的内部积累，但均可以在菌胶团细菌的内部积累。丝状菌只能将 NO_3^--N 还原为 NO_2^--N，体内不会出现 NO 积累。正是这种体内积累 NO 能力的不同，使得丝状菌和菌胶团细菌在好氧条件下对污水中的有机物 COD 的利用能力产生了差异性，体内无 NO 积累，丝状菌表现出比体内积累 NO 的菌胶团细菌更强的竞争优势。

（5）饥饿假说：它是由 Chiesa 等[101] 提出的，该假说认为，膨胀污泥中的优势菌种与底物浓度相关。当底物浓度较低时，抗饥饿能力强的丝状菌，因对底物较高的亲和力和生长迟缓的特性，使其对底物具有较强的竞争优势，易于生长；当底物浓度较高时，依据溶解氧浓度不同会出现两种情况：当污水中的溶解氧浓度较高时，菌胶团菌占主导；当污水中的溶解氧浓度较低时，由于丝状菌对溶解氧具有较高的亲和力，且对饥饿高度敏感，因此可以快速生长，进而在污泥微生物中占主导。基于此，可以认为，在高有机负荷条件下，通过增加污水中的溶解氧浓度，可在一定程度上对丝状菌污泥膨胀进行预防和缓解。

（6）积累 - 再生假说：该假说认为污水中的有机底物被微生物利用一般需要经历三个过程：细胞内积累、贮存和代谢。有机底物被摄取进入细胞内后，在进行细胞复制之前先进行积累，且其中一部分将转化为贮存物质[102]。据此，可认为系统中有机污染物的去除是在被氧化、积累和贮存三者共同作用下实现的。

活性污泥在回流至曝气池的循环过程中，聚集在微生物细胞内的有机底物被氧化，恢复其积累能力，才能进行代谢和生长。对于不同种群的微生物而言，其最大积累的能力是不同的，积累能力较高的微生物将处于优势地位。相关研究发现，菌胶团菌的积累能力在一定程度上高于丝状菌。但是，当细胞内积累的有机底物得不到氧化时，菌胶团菌有机底物具有较高积累能力的优势发挥不出来，反而会抑制其生长，这样就可以很好地解释在高负荷条件下，依然会出现丝状菌污泥膨胀的原因。

2. 污泥膨胀丝状菌的鉴定与识别

由于污泥膨胀主要为丝状菌引发的污泥膨胀，因此最基本的问题就是对引发膨胀的丝状菌进行鉴定。传统方法通常采用光学显微镜结合 Gram 染色法和 Neisser 染色法，根据其形态特征进行分析鉴定丝状菌 [60]。但是，采用镜检的方法进行鉴定存在一定的主观性，同时还容易对形态相似的丝状菌进行误判，因此用传统方法鉴定的精确度不高。另外，当丝状菌包裹在菌胶团菌内时，不易被发现，并且影响观察结果。近几十年来，FISH、PCR 和高通量测序等分子生物学技术在污水生物处理系统中的广泛应用，为认识污泥膨胀丝状菌的准确鉴定提供了技术手段，实现了丝状菌鉴定与识别研究由“显微镜观察和纯菌培养分离”向“PCR 扩增 - 测序”和“高通量测序 - 宏组学分析”的飞跃性变迁 [15]，极大地丰富了活性污泥丝状菌分类学信息，对活性污泥丝状菌膨胀的研究具有重要意义。

相较于传统方法，FISH 技术基于 16S rRNA 核苷酸序列可以更加准确地实现丝状菌的鉴定。在许多研究者的努力下，目前利用 FISH 探针可以鉴定大多数引发污泥膨胀的丝状菌 [103]，王萍等 [77] 详细总结了目前 FISH 探针应用于污泥膨胀丝状菌的研究进展。Nielsen 等 [104] 基于这些丝状菌的 16S rRNA 基因序列将它们分为至少 7 个不同的门，并构建了它们之间的系统发育关系。利用 FISH 技术同时可以对丝状菌的形态和分布进行观察，并实现丝状菌丰度的定量，从而可以研究污泥膨胀过程中丝状菌群落结构的变化。但是 FISH 技术也存在着如杂交效率低等不足之处。

PCR 技术的引入，使得污泥膨胀丝状菌群落结构的分析结果更加标准化和具有更高的精确度 [105]。Kaetzke 等 [106] 报道了一种 qPCR 检测 *M. parvicella* 的方法，对德国不同污水处理厂的 32 份活性污泥样品进行了测定。Vervaeren 等 [107] 设计

了针对丝状菌 Type 021N 的 qPCR 引物，并对发生膨胀的 SBR 污泥样品验证了其适用性。Dumonceaux 等 [108] 采用新设计的 qPCR 引物对 *Thiothrix eikelboomii* 的丰度进行定量分析。虽然 PCR 技术对丝状菌的鉴定更加准确，但是目前仅有针对上述 3 种丝状菌的 qPCR 引物，使得 PCR 在用于其他丝状菌定量方面受到限制。

近年来，高通量测序因其准确性和灵敏度高、分析速度快且重复性强的独特优势，被广泛应用于污泥膨胀丝状菌群落结构研究。Guo 和 Zhang[29] 采用高通量测序的方法对全球 14 个污水处理厂活性污泥中的 BFB（bulking and foaming bacteria）群落进行研究，发现丰度高和出现频繁的 BFB 是 *Nostocoida limicola* Ⅰ、*Nostocoida limicola* Ⅱ、*Mycobacterium fortuitum*、Type 1863 以及 *M. parvicella*，并建立了 BFB 全长 16S rRNA 序列的数据库。Jiang 等 [109] 基于 BFB 数据库利用高通量测序对中国香港沙田污水处理厂长达 5 年的监测，发现最主要引发污泥膨胀的丝状菌是 *Nostocoida limicola* Ⅱ *Tetrasphaera* sp.（1.6% ± 1.8%），其次是 *M. parvicella*（0.07% ± 0.09%）。Wang 等 [110] 将焦磷酸测序结合克隆文库分析、qPCR 及 FISH 等方法研究丝状菌群落的变化，得出 *M. parvicella* 是主要的丝状菌，其丰度随季节变化较大，其他的主要丝状菌为 *Nostocoida limicola* Ⅱ *Tetrasphaera*、*Haliscomenobacter hydrossis*、*Leucothrix mucor*、*Thiothrix eikelboomii* 等。此外，还有其他一些报道的能够引起污泥膨胀的丝状菌属或者菌门，如 *Flavobacterium*、*Saprospiraceae*、*Trichococcus*、*Saccharibacteria* 等 [29, 90, 111]。不同的研究得出的主要引发污泥膨胀的丝状菌不同，这可能是由水质条件、环境因素及运行条件的差异所导致的，但是这些研究全面分析了丝状菌的群落结构，为分析污泥膨胀的原因及控制措施提供了科学依据。

3. 污泥膨胀的控制措施

随着对污泥膨胀的深入研究，研究者们提出了许多污泥膨胀的控制措施，主要分为以下两个方面。

（1）向系统中投加混凝剂（如铁盐、铝盐等）或者化学药剂（臭氧、氯气等）来控制污泥膨胀的问题 [112-113]。

（2）通过调节工艺运行，控制适宜的污泥负荷、回流比、污泥龄，调节 pH 值、水温、溶解氧，或改变进水方式等抑制丝状菌的生长 [98, 114-115]。但是，投加混凝剂或者化学药剂的成本较高，而且投加化学药剂在控制丝状菌的同时对功能菌也产生了一定影响。由于污泥膨胀的原因比较复杂，通过调节工艺运行的措施往往仅适用于特定条件下污泥膨胀的控制。因此，目前提出的控制措施都未能从根本上解决污泥膨胀问题，仍然缺乏针对污泥膨胀的有效控制方法。

1.3 污泥膨胀丝状菌

1.3.1 丝状菌的分类

由丝状菌过度生长所导致的丝状菌污泥膨胀是目前污水处理厂最主要的污泥膨胀类型。Jenkins 等[60]根据他们对世界各地的活性污泥中丝状菌的特征的研究经验，以及 Eikelboom 和 Buijsen[116]对北欧很多水厂的样品进行观察的总结，他们将丝状菌分为 27 个类别，分别为 *Sphaerotilus natans*、Type 1701、*Haliscomenobacter hydrossis*、Type 021N、*Thiothrix* Ⅰ、*Thiothrix* Ⅱ、Type 0914、*Beggiatoa* sp.、*Nostocoida limicola* Ⅰ、*Nostocoida limicola* Ⅱ、*Nostocoida limicola* Ⅲ、Type 0411、Type 0961、Type 0092、Type 0581、Type 0041、Type 0675、Type 1851、Type 0803、*M. parvicella*、*Nocardioforms*、Type 1863、Type 0211、*Flexibacter* sp.、*Bacillus* sp.、*Cyanophyceae*、*Fungi*。

Type 021N 是最大最长的丝状菌之一，有细胞隔膜，细胞形状多样，如果生长在有硫的环境中，通过硫染色实验能看到细胞中的硫颗粒。*Thiothrix* Ⅰ是最粗的丝状菌之一，一般为 2.0 ～ 2.5μm，有时直径可达到 4μm。Eikelboom 等[116]认为 Type 0914 和 Type 0803 经常是互补的，当 Type 0914 消失以后，Type 0803 就会出现，反之亦然。基于这个观察，他们认为 Type 0914 和 Type 0803 有可能是同一有机体的不同表现形式。*Nostocoida limicola* Ⅰ可能与奈瑟氏阳性的 Type 0092、革兰氏阳性的 *M. parvicella* 混淆，但是重要的区别在于 *Nostocoida limicola* Ⅰ有单体细胞。Eikelboom 将 *Nostocoida limicola* Ⅱ和 *Nostocoida limicola* Ⅲ合并为同一种菌。Type 0581 在外形上可能会和 *M. parvicella* 混淆，但是通过革兰氏染色可以区别，因为 *M. parvicella* 为革兰氏阳性。

1.3.2 污泥膨胀关键菌 *M. parvicella*

M. parvicella 呈无规则卷曲状，平时在絮体内部生长，膨胀时能将絮体包裹起来或者单独分散生长；丝长 50～200μm，直径 0.6～0.8μm；单个细胞不可见，无鞘，无分支，不能游动；呈现强烈的革兰氏阳性，细胞内部颗粒奈瑟氏阳性[117]。国内也有很多学者对其进行了研究[118-120]。第一个纯培养分离菌株是在 1973 年由 Van Veen[121] 获得的。1975 年 Eikelboom[122] 利用包括污泥水解物和复杂的维生素混合物的培养基获得了 *M. parvicella* 的分离株。Slijkhuis 和 Deinema[123] 使用与 Eikelboom 同样的培养基进行分离培养，但他们却发现污泥水解物含有胶体颗粒，其会对细胞产量产生抑制作用。之后 Slijkhuis[124] 使用一种化学合成培养基来研究 *M. parvicella*，与之前的研究相比，Slijkhuis 获得的菌株具有不同寻常的代谢：它们并不生长在如糖和有机酸的简单基质上，却需要油酸或聚氧乙烯山梨糖醇酯（吐温 80）作为碳和能量来源。Blackall 等[125] 分析了 *M. parvicella* 分离菌株 DAN1-3 的 16SrRNA 序列进行分析，认为它是放线菌亚门的一个新的分支。

1997 年意大利的 Rossetti 等[126] 使用显微操纵术分离出了 *M. parvicella* 菌株 RN1，并且也对该菌株进行了基因测序，结果表明 RN1 菌株的基因序列和 DAN1-3 菌株有很高的相似性（100%）。Levantesi 等[127] 从工业污水处理厂中分离出 12 株在形态学识别为 *M. parvicella* 的菌株，这些菌株的 16S rRNA 基因测序分析表明，它们都和 *M. parvicella* 有着非常近的亲缘关系。然而，其中 6 株的基因序列和 *M. parvicella* 仅有 95.7% 和 96.8% 的相似性，这表明存在新的种类，并且这 6 株菌株的生理特点也表明属于新的分类。Levantesi 等[127] 将这种新的微生物命名为 *Microthrix calida*。

1.4 *M. parvicella* 的研究进展

目前对于 *M. parvicella* 的研究主要集中在五个方面：一是对形态学和分离鉴定方面的研究；二是影响 *M. parvicella* 生长的条件；三是对其生理生态代谢特性方面的研究；四是分子生物学技术应用于 *M. parvicella* 研究的进展；五是对其控制措施等方面的研究。

1.4.1 形态学和分离鉴定方向的研究

在传统识别方法中，对 *M. parvicella* 的识别是以 Eikelboom 和 Buijsen[116] 形态学特征、革兰氏染色、奈瑟氏染色等来实现对菌群定性的，通过菌丝的数量、长度及主观分级系统等方法完成对 *M. parvicella* 的定量描述。*M. parvicella* 呈无规则卷曲状，平时在絮体内部生长，膨胀时能将絮体包裹起来或者单独分散生长；丝长 50 ～ 200μm，直径 0.6 ～ 0.8μm；单个细胞不可见，无鞘，无分支，不能游动；呈现强烈的革兰氏阳性，细胞内部颗粒奈瑟氏阳性 [117]。它弯曲的外表和特征性的革兰氏阳性反应使它很容易通过显微镜在活性污泥样品中识别出来。*M. parvicella* 的革兰氏染色和奈瑟氏染色如图 1.7 所示。

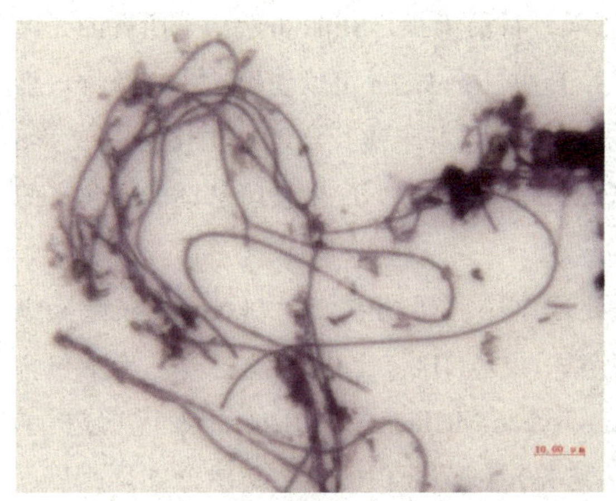

（a）革兰氏染色

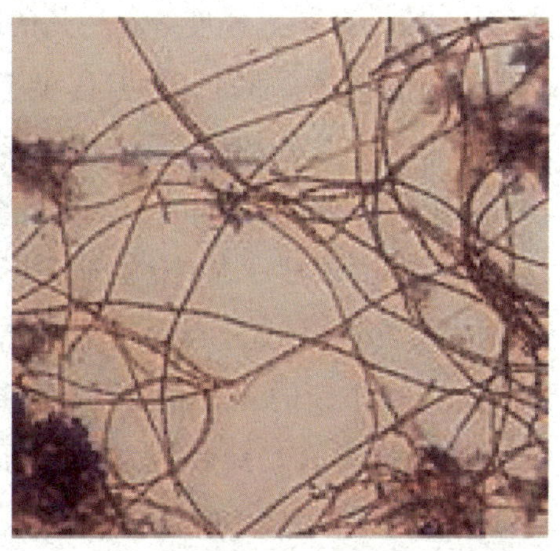

（b）奈瑟氏染色

图 1.7 *M. parvicella* 的革兰氏染色和奈瑟氏染色

为了从污水处理系统中分离 *M. parvicella*，许多研究者已经进行了许多尝试。尽管有一些更早的研究尝试分离该微生物，但是第一个纯培养分离菌株是在 1973 年由 Van Veen[121] 获得的。Pasveer[128] 的研究可能是第一个有关 *M. parvicella* 的报道，并且该研究首次尝试了分离该微生物。Pasveer 有关对菌丝的描述和现在对 *M. parvicella* 的描述是一致的，但是他却把这种菌认为是 Escherichia coli，并且没有给出任何详细的鉴定方法。Farquharw 和 Boyle[129] 把 *M. parvicella* 认为是类似于“单丝形成的乳酸菌”，并且他们以利于实现乳酸菌的分离条件来进行该种微生物的分离。Pasveer 和 Farquhar 的研究中并没有报道在分离这种丝状菌的过程中存在困难，这在实际分离中是不可能的，因此他们很可能分离出的微生

物并不是 *M. parvicella*。然而 Van Veen[121] 对 *M. parvicella* 的菌丝和分离过程的描述是详细的，并且他也表明分离过程是复杂和耗时的。

之后，1975 年 Eikelboom[122] 利用包括污泥水解物和复杂的维生素混合物的培养基获得了 *M. parvicella* 的分离株。将其培养三周之后转移到污泥琼脂培养基上，在污泥琼脂培养基上培养 10 天之后可看见 1mm 的菌落。Slijkhuis[130] 使用与 Eikelboom 同样的培养基进行分离培养，但他却发现污泥水解物含有胶体颗粒，其会对细胞产量产生抑制作用。之后 Slijkhuis[124] 使用了一种化学合成培养基来研究 *M. parvicella*，与之前的研究相比，他获得的菌株具有不同寻常的代谢：它们并不生长在如糖和有机酸的简单基质上，却需要油酸或聚氧乙烯山梨糖醇酯（吐温 80）作为碳和能量来源。此外，Slijkhuis 也研究了生长所需的氮源、硫源、维生素，以及 pH 值、温度等对生长的影响。目前为止，Slijkhuis[124, 130] 所做的无菌培养的研究是最全面的，并且提供了关于 *M. parvicella* 可以使用的生理数据。然而，Slijkhuis 的分离菌株只进行了形态学表征，并未进行详细的生化特性或 16S rRNA 分析。Slijkhuis 的研究认为吐温 80 是 *M. parvicella* 生长所必须的底物，但这一观点却并未被后来其他的研究所证实。

1994 年，在澳大利亚一个污水处理厂中，研究者使用 Skerman 显微操纵术分离出一个新的 *M. parvicella* 分离菌株（DAN1-3），采用的培养基为不包含长碳链脂肪酸的改良后的 NTM（Non-Tween Medium）。Blackall 等 [125] 分析了 DAN1-3 菌株的 16S rRNA 序列，认为它是放线菌亚门的一个新的分支。此后，Seviour 等 [68] 研究者使用 R2A 培养基从澳大利亚的一些活性污泥处理厂中分离出 *M. parvicella* 菌株，并且该研究也发现在 Slijkhuis[124] 使用的培养基上并没有培养出 *M. parvicella*。1997 年，意大利的 Rossetti 等 [126] 使用显微操纵术在意大利一个污水厂分离出了 *M. parvicella* 菌株 RN1，并且也对该菌株进行了基因测序，结果表明，RN1 菌株的基因序列和 DAN1-3 菌株有很高的相似性（100%）。表 1.5 详细描述了这些分离菌株所用的培养基、分离方法等。

表 1.5 不同培养基的组成及分离方法

培养基	碳源	氮源	硫源	pH 值	分离方法	参考文献
I	葡萄糖	硫酸铵	硫酸盐	NR	稀释涂布平板法	[121]
H	污泥水解物	NR	NR	NR	稀释涂布平板法	[122]

续表

培养基	碳源	氮源	硫源	pH 值	分离方法	参考文献
H	污泥水解物	NR	NR	NR	NR	[124]
NTM	琥珀酸和蛋白胨	硫酸铵和有机氮	有机硫	8.0	显微操纵术	[68]
R2A	复合培养基	有机氮	有机硫和 / 或硫酸盐	7.2	显微操纵术	[125]
R2A	复合培养基	有机氮	有机硫和 / 或硫酸盐	7.2	显微操纵术	[126]

注：NR（not reported）；

复合培养基包含：酵母膏、蛋白胨、casamino 酸、可溶性淀粉和丙酮酸钠。

2006 年 Levantesi 等 [127] 从工业污水处理厂中分离出 12 株在形态学识别为 *M. parvicella* 的菌株，这些菌株的 16S rRNA 基因测序分析表明，它们都与 *M. parvicella* 有着非常近的亲缘关系。然而，其中 6 株的基因序列与 *M. parvicella* 仅有 95.7% 和 96.8% 的相似性，这表明存在新的种类，并且这 6 株菌株的生理特写也表明属于新的分类。Levantesi 等 [127] 给这种新的微生物命名为 *Microthrix calida*。*Microthrix calida* 的形态特征和之前描述的 *M. parvicella* 的特征几乎是一致的，*Microthrix calida* 的菌丝的直径（0.3 ～ 0.7μm）比 *M. parvicella* 的稍细，并表现出对革兰氏染色反应的不明显。此外，与 *M. parvicella* 菌株 RN1 相比较，*Microthrix calida* 能够在更高的温度（15 ～ 36.5℃）下生长。

目前，关于 *M. parvicella* 分离培养的方法主要有涂布平板法和显微操纵术，前者耗时长，并且工作量大，而后者需要足够的经验来确定所挑取的菌丝为 *M. parvicella*，都存在一定困难。由于 *M. parvicella* 的生理特性独特，要将环境条件控制在适合 *M. parvicella* 生长的范围，到目前为止，成功分离出纯种 *M. parvicella* 的研究仍屈指可数。目前，关于 *M. parvicella* 的分离培养仍然是研究 *M. parvicella* 生理生态特性中的一个巨大难题，因此有必要开发新的分离方法对 *M. parvicella* 进行分离培养以进一步获取其更多的生理生态和代谢特性，为提供有效的控制方法提供依据。

1.4.2 影响 *M. parvicella* 生长的条件

由于 *M. parvicella* 的生长速率比较缓慢，因此许多研究人员致力于影响 *M. parvicella* 生长条件的研究，目前影响 *M. parvicella* 生长的条件主要温度、溶解氧、污泥负荷和基质组成。

1. 温度

污泥膨胀一般发生在冬春季节 [87, 88]，特别是对于由 *M. parvicella* 引发的污泥膨胀，夏季即使其他条件都适合其生长，也不会发生污泥膨胀。因此，温度对于 *M. parvicella* 的生长具有至关重要的作用。

Knoop 等 [88] 分别在特定情况下对污水处理厂和实验室的活性污泥系统中 *M. parvicella* 的生长和污泥沉降性能进行了研究。为确定温度对 *M. parvicella* 生长的影响，分别在 5℃、12℃和 20℃条件下进行试验，表明低温是主要引发 *M. parvicella* 生长导致污泥膨胀的原因。Rossetti 等 [117] 对 *M. parvicella* 的研究表明，无论是纯培养还是活性污泥系统中，在温度为 7℃的条件下仍然能够观察到明显的生长速率，并且指出 *M. parvicella* 在活性污泥系统中的生长具有明显的季节性模式。对意大利、南非和荷兰等国家的污水处理厂的研究均表明，*M. parvicella* 的生长具有季节性，在冬春季节经常出现在活性污泥系统中引起污泥膨胀。

Mamais 等 [131] 在实验室条件下研究温度对 *M. parvicella* 生长的影响。在底物浓度没有限制的条件下，高温使 *M. parvicella* 的生长速率下降，当温度在 29℃时，*M. parvicella* 完全在系统中消失。含有大量 *M. parvicella* 的活性污泥进入厌氧消化池会导致消化池表面形成泡沫，为控制该情况的发生，Lienen 等 [132] 将厌氧消化池的温度从 37℃逐步提高至 56℃，发现表面泡沫厚度明显下降且 *M. parvicella* 的数量也明显下降。

国内的一些研究结果 [86-87,118,133] 也表明，*M. parvicella* 在低温条件下利于其生长。综合以上研究结果，最适宜 *M. parvicella* 在活性污泥系统中生长的温度为 10 ～ 15℃，当温度过低时不利于其生长，而当温度高于 25℃时则也会抑制 *M. parvicella* 的生长。

2. 溶解氧

M. parvicella 是一种微需氧微生物[117]，溶解氧（DO）浓度对活性污泥系统中 *M. parvicella* 的生长会产生严重影响。*M. parvicella* 能够在全部或部分为低溶解氧的传统活性污泥系统和具有厌氧 - 好氧区的生物脱氮系统中增殖。

Slijkhuis[123] 在 1988 年首次报道溶解氧对 *M. parvicella* 生长的影响，对同样的两个活性污泥系统，在低溶解氧的系统中，*M. parvicella* 会大量生长，而在高溶解氧浓度的系统中，*M. parvicella* 却不能生长。Hashemi 等 [134] 研究曝气效率对序批式反应器（SBR）发生膨胀的影响，在低曝气速率条件下溶解氧不能达到 2mg/L，污泥膨胀发生，*M. parvicella* 为优势菌；当曝气速率升高之后的 3 ～ 5 天污泥膨胀现象消失。王中玮等 [135] 的研究表明：低 DO（DO= 0.5mg/L）条件下，全程好氧运行方式易引发恶性膨胀；而前置缺氧后再进入好氧区的运行方式可实现稳定的微膨胀状态。杨亚红等 [120] 对以 *M. parvicella* 为主要优势菌的氧化沟系统采取增大曝气量快速培养污泥硝化菌含量的方法，使 *M. parvicella* 的数量减少，硝化菌的含量增加，脱氮能力迅速恢复。故有研究者认为，过高的溶解氧浓度对 *M. parvicella* 具有毒害作用。

3. 污泥负荷

许多污水处理厂为了能够进行生物脱氮除磷需要低的污泥负荷，从而导致一些微生物出现，如 *M. parvicella*、诺卡氏菌、*Nostocoida limicola* 等 [136]。在北欧 93% 低负荷的脱氮处理系统中，引起污泥膨胀的主要丝状菌为 *M. parvicella*[88]。许多研究者 [60, 88] 的研究结果表明：低污泥负荷 0.05 ～ 0.2kg BOD_5/（kg TSS·d）利于 *M. parvicella* 的生长。

Mallouhi 等 [136] 为了研究 *M. parvicella* 是否能够在污泥负荷低于 0.05kg BOD_5/（kg TSS·d）的条件下生长，对德国的 13 个 SBR 处理系统进行调查，结果表明，*M. parvicella* 能够在污泥负荷低于 0.05kg BOD_5/（kg TSS·d）的条件下生长。刘珮等 [137] 试验结果显示，在低负荷氧化沟中，污泥出现丝状膨胀，污泥中的胞外聚合物（EPS）含量及 EPS 中的蛋白质含量与污泥的沉降性能（SVI）之间呈现出明显的负线性关系；适当提高污泥负荷，污泥的 EPS 含量增加、沉降性能改善。张安龙等 [138] 研究了低有机负荷废水引发的活性污泥丝状菌的膨胀，以及其对废水处理效果的影响，当有机负荷为 0.03kg COD/（kg MLSS·d）时，

易引发丝状菌污泥膨胀，当有机负荷升高时，污泥膨胀消失且COD的去除率升高。

4. 基质组成

由于不同的污水处理厂的进水水质不同，其中所含的基质各不相同，因此对生物处理系统中生物群落的构成产生了很大影响，导致污泥膨胀时的优势丝状菌各不相同。目前的研究发现，进水基质中的碳源种类及含量、氮源、磷源等对 *M. parvicella* 的生长产生了很大影响。

进水基质中的碳源种类及含量对 *M. parvicella* 生长的影响最为显著，特别是进水中含有长链脂肪酸（LCFA）及脂类时。Lemmer 等 [139] 为研究碳源对 *M. parvicella* 生长的影响，对生物脱氮污水处理厂的进水成分进行测定分析，表明进水中的 LCFA（C16 和 C18）有利于 *M. parvicella* 的生长。Mamais 等 [140] 对约阿尼纳的污水处理厂进行为期 8 个月的调查发现，在冬季，LCFA 的存在与 *M. parvicella* 的数量之间呈正相关。Liene 等 [141] 对消化池发生泡沫时生物群落的构成和消化池进水的脂肪和油脂进行分析，发现泡沫的形成与进水中含有的脂肪和油脂成分及 *M. parvicella* 数量有关，进水中含有的脂肪和油脂有助于 *M. parvicella* 生长从而促进泡沫的形成。Dunkel 等 [142] 采用 GCxGC/qMS 和实时聚合酶链式反应研究进水中 LCFA 的含量对 *M. parvicella* 生长的影响，结果表明 *M. parvicella* 丰度和总 LCFA 含量之间呈显著相关性（r=0.96），特别是与亚麻酸含量（r=0.98）相关性更强，并且发现 LCFA 对 *M. parvicella* 生长的影响随着碳链的不饱和程度的增加而增加。王慕华等 [143] 连续 7 个月监测两个大型污水厂的进水中挥发性脂肪酸（VFA）和活性污泥样品中丝状菌群结构，结果显示，在工艺相同、不同进水成分条件下，丝状菌群的结构差异较大，两种条件下的优势菌分别为 Type 0041 和 *M. parvicella*。

氮源和磷源也是影响 *M. parvicella* 生长的因素。Slijkhuis[124] 早前的研究表明，*M. parvicella* 生长需要氨，并且在许多生物脱氮系统中已经发现氮源（如硝酸盐和氨盐）对 *M. parvicella* 生长的显著影响 [117]。Tsai 等 [144] 对在好氧条件下剩余氨氮浓度对 *M. parvicella* 生长的影响进行研究发现，当硝化反应快速完全进行时，系统内无游离氨氮将会限制 *M. parvicella* 的生长，而无论是什么原因使硝化反应不完全时，都有能够被 *M. parvicella* 利用的氨氮利于其生长。Guo 等 [145] 和张著等 [146] 的研究结果均表明，进水中磷源的缺乏或缺失都会导致活性污泥系统发生污泥膨胀。

除了温度、溶解氧、污泥负荷和基质组成会影响*M. parvicella*生长外，pH值、水力停留时间、污泥龄、污泥停留时间等对*M. parvicella*的生长也有一定影响[147]。

1.4.3 生理生态代谢特性方面的研究

由于*M. parvicella*纯种分离过程复杂、耗时且存在很大的困难，目前可以利用的纯种菌株只有DAN1-3[148]和RN1[126]两株，所以关于其纯培养的生理生态特征及代谢方面可以利用的信息非常少。近年来，放射自显影技术（MAR）[149]、荧光原位杂交（FISH）技术[150]以及各技术之间的联合使用[151]已经广泛应用于活性污泥系统中的*M. parvicella*生理特性研究。这些原位研究技术相对于纯培养研究而言，可直接对活性污泥样品进行菌群的生理特性研究，该类方法相对直观，并且对菌群的研究更贴近实际状况。

关于纯种分离出的*M. parvicella*与原位条件下的*M. parvicella*对基质的利用种类存在相互冲突的试验结果，如Slijkhuis[124]分离得到的菌株以Tween 80、Tween 60、Tween 40、Tween 20等LCFA作为其生长所需的碳源和能源，而中链的饱和脂肪酸、VFA、葡萄糖、乳酸并不能被其所利用；意大利Rossetti等[126]分离出的RN1可利用更广范围的基质，并且Blackall等[148]分离出的DAN1-3菌株没有表现出对LCFA的摄食特性。然而，通过显微自显影技术对基质进行示踪标志来研究*M. parvicella*原位基质利用情况却表现出相反的结果。Andreasen等[150]对3个以*M. parvicella*为优势菌的污泥样品利用显微自显影技术研究原位条件下的代谢情况，发现*M. parvicella*在好氧条件下对油酸、棕榈酸可利用，对类脂、trioleic酸有一定程度吸收，而对简单的有机质，如乙酸、丙酸、丁酸、葡萄糖、乙醇、甘氨酸和亮氨酸，都不利用。Nielsen等[151]将显微自显影技术和FISH技术相结合，用^{14}C标记油酸来研究原位情况下*M. parvicella*对LCFA的代谢情况，结果在厌氧情况下几乎没有^{14}C-CO_2产生，而在好氧条件下产生大量的^{14}C-CO^2，显微自显影技术研究表明，在厌氧和好氧情况下*M. parvicella*均能够摄食LCFA，并提出了*M. parvicella*在厌氧和好氧交替环境条件下摄食LCFA的假说模型，如图1.8所示。

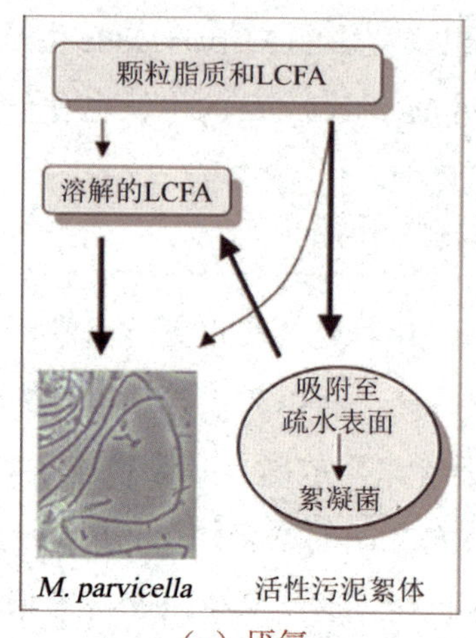

（a）厌氧

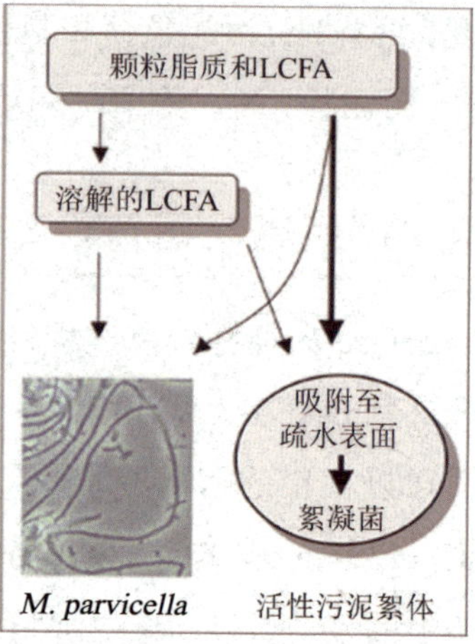

（b）好氧（缺氧）

图 1.8 *M. parvicella* 在厌氧和好氧交替环境条件下摄食 LCFA 的假说模型

关于 *M. parvicella* 在活性污泥系统中对 LCFA 的代谢特性的研究，Noutsopoulos 等 [152] 对以 *M. parvicella* 为优势菌所引起的污泥膨胀和泡沫的污泥样品进行研究，以油酸为外加碳源，在好氧、缺氧和厌氧情况下进行一系列的碳去除实验。其结果表明，在厌氧和缺氧条件下只有一部分 LCFA 被去除，而在好氧曝气阶段剩余的大部分被代谢来促使 *M. parvicella* 生长。为了评价 *M. parvicella* 在好氧、缺氧和厌氧条件下对 LCFA 的摄食能力，以及其在好氧、缺氧和厌氧条件下对挥发性脂肪酸和 LCFA 的利用能力，Noutsopoulos 等 [153] 又进行了一系列的研究，根据实验结果提出了在生物脱氮活性污泥系统中关于菌胶团微生物和 *M. parvicella* 竞争 LCFA 的假说。

McIlroy 等 [154] 基于目前可用的原位和纯培养的研究，通过对 RN1 菌株的基因测序，建立了 *M. parvicella* 的代谢理论模型，该理论模型如图 1.9 所示。该模型提出在厌氧情况下 *M. parvicella* 优先积聚 LCFA，对海藻糖的利用、磷的储存或者部分 LCFA 的氧化，可能为厌氧条件下脂类的摄食和储存提供所需的能量。该研究所获得的基因信息将为进一步的原位基因表达和调控研究提供一定基础，并为 *M. parvicella* 的生理生态学研究起到实质性的作用。

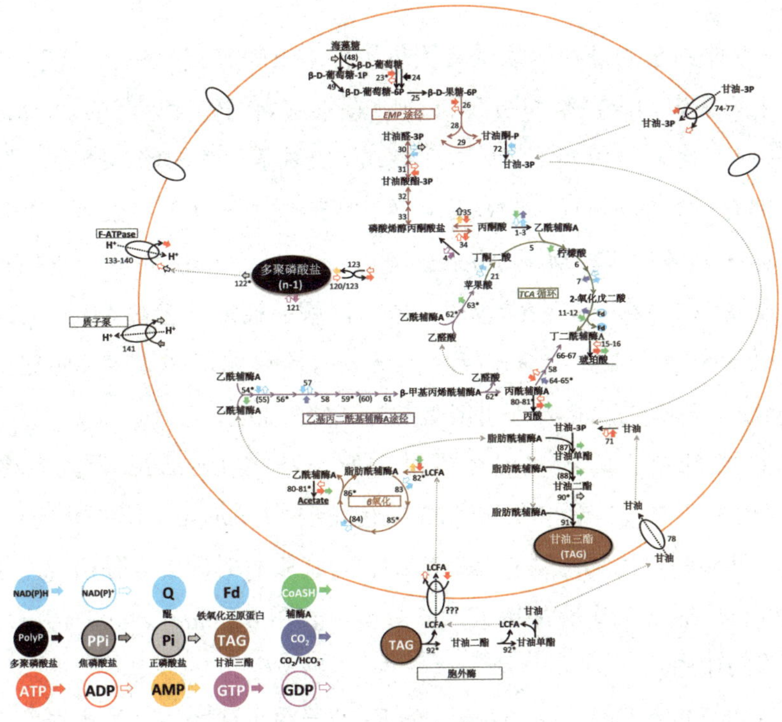

（a）厌氧条件

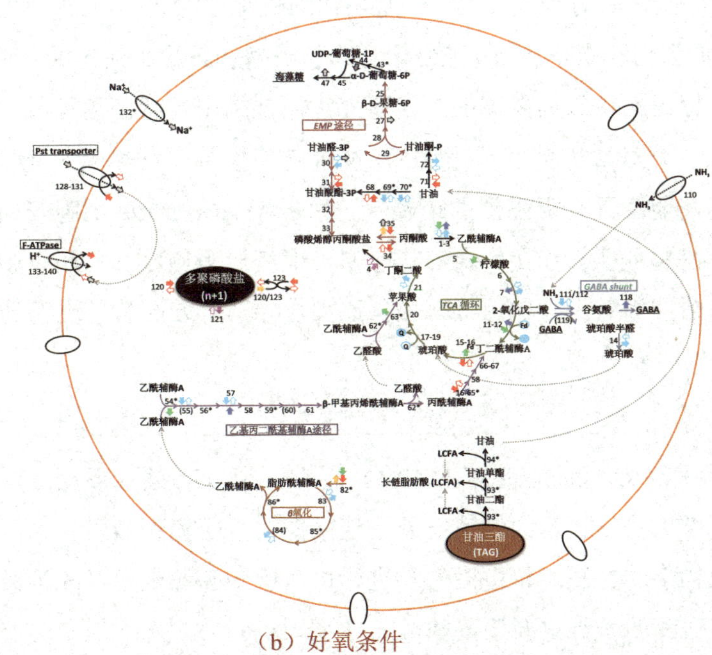

（b）好氧条件

图 1.9 *M. parvicella* 生物强化除磷系统中可能的代谢模型[154]

M. parvicella 对基质的储存能力也有许多文献报道[117, 124, 126]。*M. parvicella* 缺

氧/厌氧储存能力是通过在缺氧或者厌氧条件下培养好氧丝状菌，然后利用尼罗蓝A染色来观察聚-β-羟基脂肪酸（PHA）在细胞内的储存证明的。Rossetti等[117]将FISH和尼罗蓝A染色相结合研究了缺氧/厌氧条件下的储存能力。

脂类储存颗粒的形成已被Nielsen等[151]在原位条件下观察到。在厌氧区和好氧区均存在的条件下，*M. parvicella* 可以在10～20min内完全且快速去除加入到污泥样品中^{14}C标记的油酸物质，所有溶解的油酸或者被 *M. parvicella* 摄食或者被其吸附在细胞表面。通过气相色谱分析提取和识别放射性标记的脂类表明 *M. parvicella* 储存的化合物很可能是甘油三酸酯。

在生物脱氮工艺的污泥混合样品中发现，*M. parvicella* 胞内有聚磷酸盐（Poly-P）出现。Wang等[155]用奈瑟氏染色发现 *M. parvicella* 体内含有大量的聚磷颗粒，通过对强化生物除磷工艺在膨胀和非膨胀时对磷的去除情况及生物群落的组成，结合实时定量聚合酶链式反应分析，表明 *M. parvicella* 在污泥膨胀期起到了聚磷菌的作用。

具有疏水性的细胞表面是 *M. parvicella* 的一个重要特性，细胞表面的疏水性对LCFA的摄食具有重要作用。细胞表面的疏水性主要是由细菌表面的（如多糖、脂多糖、糖蛋白和蛋白质等）胞外聚合物的类型和数量来决定的[156]。Nielsen等[157]利用荧光标记聚苯乙烯微球的方法研究污泥样品中丝状菌菌丝或单个细胞表面的疏水特性，并对目标菌群采用FISH技术定性检测，结果显示 *M. parvicella* 的细胞表面比其他菌具有更强烈的疏水性。由于 *M. parvicella* 细胞表面具有疏水性而使其更容易将脂类、LCFA或者其他非极性基质吸附在 *M. parvicella* 菌丝周围，也使得该菌群相对于其他菌群在摄食该类营养基质方面有了更大的竞争优势。

1.4.4 分子生物学技术方面的研究

近年来，荧光原位杂交（FISH）技术、聚合酶链式反应（PCR）、高通量测序等分子生物学技术的快速发展，使微生物学研究领域发生了巨大的变化，借助分子生物学的方法对特定微生物进行快速检测和鉴定已经成为微生物菌群分析和生态学研究的一种重要手段[158]。

1. FISH技术

FISH技术作为一种非放射性原位杂交方法，采用具有遗传稳定特性的16S

rRNA 为靶序列设计的特异核酸探针与细胞内相应的靶向 DNA 分子或 RNA 分子杂交，对目标生物菌群进行种属特异性鉴定[77, 159-160]。Erhart 等[161]设计了 4 种特异性识别 *M. parvicella* 的寡核苷酸探针并利用这 4 种探针进行了原位检测和识别。结果表明，MPA60、MPA223 和 MPA645 均能特异性识别活性污泥中形态学上判断为 *M. parvicella* 的丝状菌，而 MPA650 需要两个竞争探针（CompMPA650.1 和 CompMPA650.2）才能够特异性识别。此外，还用这 4 种探针对澳大利亚、法国和德国等污水处理厂中形态学上定性为 *M. parvicella* 的丝状菌进行特异性识别，该研究结果表明，这些国家污水处理厂中存在的 *M. parvicella* 有一定的基因相关性。

Levantesi 等[127]在 2006 年发现了 *M. parvicella* 的新种 *M.calida*，并且又设计出了两种用于荧光原位杂交的寡核苷酸探针 Mpa-T1-1260 和 Mpa-all-1410。Mpa-T1-1260 能够特异性识别 *M.calida*，而 Mpa-all-1410 探针可以识别所有的 *M.calida* 和 *M. parvicella*。此外，通过实验还得到这两种探针杂交所需甲酰胺的最佳浓度分别为 25% 和 35%。关于用于特异性识别 *M.calida* 和 *M. parvicella* 的寡核苷酸探针的基因序列等详细信息见表 1.6。

表 1.6 用于识别 *M. parvicella* 和 *M.calida* 的寡核苷酸探针

探针名称	基因序列（5′–3′ ）	特异性	靶位点	文献
MPA60	GGATGGCCGCGTTCGACT	*M. parvicella*	60 ～ 77	[161]
MPA223	GCCGCGAGACCCTCCTAG	*M. parvicella*	223 ～ 240	
MPA645	CCGGACTCTAGTCAGAGC	*M. parvicella*	645 ～ 661	
MPA650	CCCTACCGGACTCTAGTC	*M. parvicella*	650 ～ 666	
CompMPA650.1	CCCTACCGCACTCTAGTC#	*M. parvicella*	650 ～ 666	
CompMPA650.2	CCCTACCGAACTCTAGCC#	*M. parvicella*	650 ～ 666	
Mpa-T1-1260	TTCGCATGACCTCACGGTTT	*M. calida*		[127]
Mpa-all-1410	GGTGTTGTCGACTTTCGGCG	*M. parvicella* 和 *M. calida*		

由于 *M. parvicella* 自身的特殊生理生化性质（如表面高疏水性及较厚的细胞壁）易导致常规 FISH 过程中定量结果偏低。王润芳等[162]针对 FISH 过程中存在的探针渗透率低、荧光信号偏弱等现象，从活性污泥样品前处理、杂交过程条件

等方面对 *M. parvicella* 的 FISH 定量过程进行了优化。结果表明，在前处理使用溶菌酶（浓度为 36000U/mL）、探针浓度为 4.5ng/μL、杂交时间延长至 4h 的条件下，*M. parvicella* 的 FISH 定量结果可从 1.12% 提高至 96.70%，并与定量 PCR 结果和镜检观察定量结果更趋近一致。

虽然 FISH 技术广泛应用于环境微生物领域，但是它面临的一个核心局限为依赖于待鉴别菌群基因序列的可获取性，并且不能确保对特定菌群实现百分之百的准确识别 [163]。此外，很难量化杂交的程度仍是 FISH 很难克服的一个障碍 [159]。需要预处理以增加探针穿透性，杂交过程比较复杂和耗时，探针的费用昂贵等也是 FISH 应用过程中的缺点。

2. PCR

PCR 是一种在体外模拟天然 DNA 复制过程的核酸扩增技术，在体外以少量的特异性 DNA 分子片段为模板，对模板 DNA 片段扩增产生大量的目标 DNA 分子 [164]。随着 PCR 技术在环境微生物领域的广泛应用，在 *M. parvicella* 相关研究的应用也越来越多。

Kaetzke 等 [106] 为了提供一种可以简单可靠地定量活性污泥系统中的 *M. parvicella* 的方法，根据基因库中 *M. parvicella* 的序列设计了定量 *M. parvicella* 16S rRNA 的引物对，采用实时 PCR 进行扩增，结果表明该方法可以可靠地定量活性污泥系统中的 *M. parvicella*。Kumari 等 [165] 利用实时 PCR 来研究南非的三个污水处理厂中 *M. parvicella* 的基因系统发育和分布，结果表明，南非的这三个污水处理厂中 *M. parvicella* 的 16S rRNA 和之前报道的基因库中 *M. parvicella* 的基因具有 98%～100% 的相似性。此外，还发现 *M. parvicella* 的数量和低温下污泥容积指数（SVI）呈正相关，并指出 PCR 技术具有应用于污水处理厂监测微生物种群数量突变的巨大潜力。

Lienen 等 [132] 为消除消化池表面的泡沫，将消化池温度由低温调至中温进行研究，利用实时荧光定量 PCR 技术分析泡沫中 *M. parvicella* 的含量，发现温度升高，泡沫厚度减小，*M. parvicella* 含量减少，故中温消化有助于消除消化池表面的泡沫。Lienen 等 [141] 采用实时荧光定量 PCR 技术分别对全规模生产和实验室条件下的厌氧消化池进行菌群分析，发现发生泡沫的污泥中含有大量的 *M. parvicella*，表明厌氧消化池中泡沫的发生与含有脂肪和油脂的含量以

及污泥中 *M. parvicella* 的丰度有关。Wang 等[155]利用实时荧光定量 PCR 技术分析污泥膨胀和非膨胀时微生物的群落，以及对磷的去除情况，研究表明，*M. parvicella* 在污泥膨胀期扮演了聚磷菌的作用。Pradhan 等[166]研究了 PIX 和 PAX 絮凝剂能否促进含有 *M. parvicella* 的污泥产生沼气。他们分别对加入 PIX 和 PAX 的污泥与未加入絮凝剂的污泥进行甲烷产量的测定，同时为了避免 *M. parvicella* 对沼气产生的影响，采用实时荧光定量 PCR 对加入絮凝剂前后污泥样品中的 *M. parvicella* 进行定量，发现在这一过程中 *M. parvicella* 的数量保持同一水平，PIX 更有利于甲烷的产生。

为了利用定量 PCR 来识别和定量 *M. parvicella* 和 *M.calida*，Vanysacker 等[167]发展出了 TaqMan 双倍实时 PCR 的定量方法，并对该方法进行评估，指出该方法是一种有用的早期预警工具，可在污泥膨胀发生时快速可靠地检测出 *M. parvicella* 和 *Microthrix calida*。

3. 高通量测序

高通量测序技术堪称测序技术发展历程的一个里程碑，该技术可以对数百万个 DNA 分子同时进行测序。这使得对一个物种的转录组和基因组进行细致全貌的分析成为可能，因此也称其为深度测序或下一代测序技术[168]。由于高通量测序技术的迅猛发展，将基因组学水平的研究带入了一个新的时期，近年来其在微生物领域的应用越来越广泛。

之前的研究使用显微镜或常规分子方法很难得到活性污泥系统中完整的引起膨胀和泡沫菌群，Guo[29]采用焦磷酸测序的方法对全球 14 个污水处理厂进行研究，发现最主要和最经常引起膨胀和泡沫菌群的是 *Nostocoida limicola* Ⅰ、*Nostocoida limicola* Ⅱ、偶发分枝杆菌、Type 1863 和 *M. parvicella*。由于对导致污水处理厂膨胀和泡沫的细菌的影响因素的研究仍不全面，Jiang 等[109]在 2007 年—2012 年的 5 年时间内每月从中国香港沙田污水处理厂取样，对样品采用高通量测序分析，以确定引起膨胀和泡沫细菌群的变化并进一步研究决定性因素。Wang 等[169]对中国北部某污水处理厂在未发生泡沫时和发生泡沫时的污泥样品及发生泡沫时的泡沫分别取样，用高通量焦磷酸测序和分子定量基本方法研究样品中菌群的变化。结果发现，发生泡沫的活性污泥样品与泡沫样品中的菌群基本是一致的，但与未发生泡沫的样品中的菌群差异较大，并且发生泡沫的污泥样品

与泡沫样品中的优势菌与之前的研究一致，均为 *M. parvicella*。

端正花等[90]采用水质参数指标测定和高通量测序技术，探讨了郑州某污水处理厂冬季间歇性污泥膨胀机制。邹晓凤等[170]针对煤化工废水生化处理系统存在的活性污泥丝状菌膨胀问题，利用活性污泥调理剂对污泥膨胀进行控制和修复，并对修复前后的活性污泥细菌菌群进行高通量测序，研究了菌群的迁移变化途径。

尽管高通量测序技术有诸多的优势，但后续的海量测序数据的分析已成为一大难题，并且一次反应仍需数千至数万元的花费，对一般客户将是很难接受的。随着高通量测序成本的进一步降低和对海量数据处理能力的不断提高，高通量测序将成为一项常规的实验手段，并为生物学研究带来革命性的变革。

4. 荧光标记

荧光标记技术是最有效、快捷的生物标记方法之一，其通过将能发射荧光的荧光基团共价结合或物理吸附到所要研究的蛋白、核酸等分子上，使被研究的对象也具有能被定性及定量检测的荧光特性，并由此提供给研究者需要获得的被研究对象的相关信息。荧光标记技术已广泛应用于生物学、医学等研究领域。

郝亚超[171]根据 *M. parvicella* 能够摄食 LCFA 的特性，设计合成出不同长链烷烃和 LCFA 修饰的荧光探针，对活性污泥系统中的 *M. parvicella* 进行原位条件下的特异性识别。设计出的荧光探针均能够对 *M. parvicella* 表现出良好的识别效果，并且两种探针均表现出碳链长度越长识别效果越好；通过对两种不同类别探针的作用时间研究发现，随着作用时间的增长，LCFA 修饰的荧光探针由于含有羧基能被 *M. parvicella* 代谢而识别效果变差，但长链烷烃修饰的荧光探针并不发生变化。

Li 等[172]在郝亚超研究的基础上，为了增大探针的斯托克斯位移以减小 *M. parvicella* 自身荧光背景的干扰，对原有探针结构进行优化，合成出一系列不同长链烷烃修饰的荧光探针，并研究识别 *M. parvicella* 的效果，结果表明探针具有优异的光谱特性和识别特性，识别效果最好的探针为 18 碳链长度修饰的荧光探针。Fei 等[173]根据 *M. parvicella* 摄食 LCFA 的特性，设计了不同 LCFA 的量子点荧光探针识别 *M. parvicella*，量子点荧光探针对 *M. parvicella* 识别具有选择性，仅能识别菌胶团外部的 *M. parvicella*，而不能识别菌胶团内部的 *M. parvicella*。

1.4.5 控制措施方面的研究

M. parvicella 的过度繁殖将导致污泥膨胀，使污水处理厂难以正常运行，为了解决这一世界性难题，许多研究者致力于 *M. parvicella* 控制措施的研究。目前提出的控制 *M. parvicella* 生长的措施主要有以下几个方面：①污泥负荷大于 0.2kg BOD_5/（kg MLSS·d）[136]；②投氯化铁、氯化铝等絮凝剂 [156, 174, 175]；③应用好氧、缺氧、厌氧交替的生物选择器；④温度控制 [132]。其中有关投加絮凝剂控制 *M. parvicella* 生长的研究最为普遍。

Hamit-Eminovski 等 [156] 为了研究聚合氯化铝抑制 *M. parvicella* 的原理，在投加聚合氯化铝之后用原子力显微镜研究 *M. parvicella* 表面的变化，发现投加聚合氯化铝并没有改变 *M. parvicella* 细胞表面的疏水性，但是细胞表面的聚合酶层被破坏而可能影响底物的转移，从而抑制 *M. parvicella* 生长。Durban 等 [174] 将聚合氯化铝和聚合氯化铁投加到生物脱氮污水处理厂以研究它们对 *M. parvicella* 生长的控制效果，通过 6 个月的监测并利用定量 PCR 技术分析发现，高剂量投加混凝剂对 *M. parvicella* 生长有一定的限制作用。李志华等 [175] 研究 NaClO 对污水厂膨胀污泥中微生物活性的影响的结果表明，NaClO 不能对 *M. parvicella* 进行有效控制，反而使氨氮去除率下降到了 50%，并且污泥的沉淀性能也未得到有效改善。目前投加絮凝剂虽然能够对 *M. parvicella* 的生长产生一定的抑制作用，但效果并不明显，同时投加絮凝剂可能会对活性污泥系统中的其他功能菌产生一定影响，故投加絮凝剂抑制 *M. parvicella* 生长的方法有待进一步研究其作用机理及可行性。

目前，由于可以利用的有关 *M. parvicella* 生理特性的信息比较少，还没有有效的生物控制方法以控制其生长，因此关于 *M. parvicella* 的控制方法还需要进行进一步的研究。

1.5 本章小结

本章系统地介绍了目前活性污泥与污泥膨胀的相关研究进展。首先，在对活性污泥法介绍的基础上详细介绍了活性污泥法的多种改良工艺，同时深入分析了活性污泥中的微生物群落结构及其影响因素，揭示了其在废水处理过程中的重要作用；然后重点讨论了污泥膨胀这一复杂而普遍存在的问题，在污泥膨胀现象

介绍的基础上，详细阐述了不同类型的污泥膨胀及其特点、污泥膨胀等级的划分，并探讨了污泥膨胀的多种影响因素，并在此基础上总结了污泥膨胀的相关研究进展。之后，对污泥膨胀中的关键微生物——丝状菌进行了介绍，特别着重总结分析了引发污泥膨胀关键菌 *M. parvicella* 的形态学和分离鉴定、生长条件、生理生态特性、分子生物学及控制措施等方面的研究进展。

第 2 章

群体感应调控

2.1 群体感应概述

2.1.1 群体感应的定义

1979 年，Nealson 和 Hastings[176] 报道的在海洋 *Vibrio fiscberi* 中发现细胞间存在信息交流打破了人们长期以来的认识——微生物以单个生物个体存在，细胞间无相互的通信交流。这种细胞间的通信交流现象称为群体感应，其主要通过释放特定的化学信号分子来实现微生物细胞与细胞间的交流，这些特定的化学信号分子就是微生物间的通信语言[50, 177]。这些被称为“自诱导子”的特定化学信号分子在细胞内合成，然后被动或主动地与周围环境交换，当信号分子达到阈值浓度时，同源受体结合信号分子并触发信号转导级联，从而激发细胞内相关基因表达，调控相应生理行为[178]。自群体感应现象发现以来，大量研究表明，群体感应广泛存在于各类微生物中，且在许多生理行为调控中发挥重要作用，如生物膜的形成和成熟[179-180]、微生物聚集与稳定[181]、胞外酶活性[182]、颗粒污泥的形成与结构稳定[183-185]等。

2.1.2 群体感应的信号分子

随着对群体感应研究的深入，研究者发现微生物间“通信语言”的化学信号分子是一些可溶的小分子信号物质，被统称为“自诱导子”。目前在菌群中发现的信号分子大致可分为三类[179, 186]：革兰氏阴性菌间广泛存在的 N- 酰化高丝氨酸内酯类化合物（N-acyl-L-homoserine lactones，AHLs），也称为“自诱导子 -1 ”（autoinducer-1，AI-1）；革兰氏阳性菌常用的自诱导肽（autoinducing peptides，AIPs）；革兰氏阴性菌和革兰氏阳性菌用于种间通讯的自诱导子 -2（AI-2）。这三类信号分子的代表性结构如图 2.1 所示。在这三类信号分子中，AHLs 的研究最为广泛，对 AHLs 特性的研究一直是过去几十年研究的热点[177]。

研究表明三种不同类型的酶（包括 LuxI、LuxM 和 HdtS 类合成酶）都可以合成 AHLs，但目前大多数已知的 AHLs 合成酶是 LuxI 类蛋白[187]。LuxI 类合成酶利用酰基 - 酰基载体蛋白（acyl-ACP）或者酰基辅酶 A（acyl-CoA）

和 S- 腺苷 -L- 甲硫氨酸（SAM）两种底物来合成 AHLs 信号分子。其中，SAM 作为氨基供体形成高丝氨酸内酯环的一部分；acyl-ACP 或者 acyl-CoA 作为酰基侧链的前驱体[188]。AI-2 的合成主要利用 S- 核糖高半胱氨酸裂解酶（S-ribosylhomocysteine lyase，LuxS），SAM 将甲基基团转移生成 S- 腺苷高半胱氨酸（S-adenosylhomocysteine，SAH），随后 S- 腺苷高半胱氨酸核苷酶（S-adenosylhomocysteine nucleosidase，Pfs）从 SAH 中裂解腺嘌呤，形成 S- 核糖高半胱氨酸（S-ribosylhomocysteine，SRH），然后 SRH 被 LuxS 蛋白酶转化为高半胱氨酸和 4，5- 二羟基 -2，3- 戊二酮（4，5-dihydroxy-2，3-pentanedione，DPD）；DPD 是 AI-2 的前驱体，其结构不稳定，经过自发的重排形成 AI-2[189]。AIPs 主要是由细胞内核糖体经过基因编码形成前体信号蛋白，然后被裂解形成短肽链，并经过一系列的修饰而形成寡肽[190]，由于不能穿透细胞膜需要专门的转运蛋白通过主动运输扩散到细胞外。

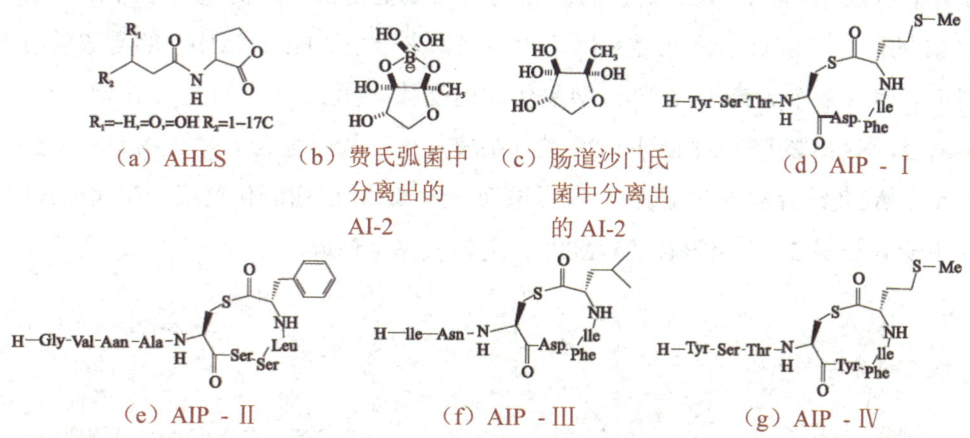

图 2.1 各类感应信号分子的结构

1. AHLs 的合成

AHLs 是一类中性脂质小分子，不同的细菌所合成的 AHLs 具有不同的结构，但它们都具有酰基链的高丝氨酸内酯环（HSL）这一最基本的组成部分[191]。对于不同来源的 AHLs，其侧链在大小、取代基和饱和度上存在差异，通常其酰基侧链长度介于 C4 到 C18 之间。大部分的 AHLs 含有偶数个碳原子，以两个碳单位逐渐增加（如 C4、C6、C8 等），在碳 3 位置可以连接不同的取代基，如 -OXO、=O、-OH 或 -H 等。常见的用于革兰氏阴性菌间“通信”的 AHLs 包括 C4-HSL、C6-HSL、C8-HSL、C10-HSL、C12-HSL、3-oxo-C8-HSL、3-oxo-

C12-HSL 等。各种细菌产生的 AHLs 类型也各不相同，并且它们所含酰基侧链的饱和度也存在差异[192]。由于 HSL 是 AHLs 中的亲水基团，而其侧链则具有疏水性，因此 AHLs 在水环境中呈现出两亲性分子状态。

目前的相关报道已确定能够产生 AHLs 的菌属高达 100 多种变形杆菌，如海洋生态环境中存在的 *Vibrio harveyi*、*Vibrio anguillarum*、*Vibrio vulnificus*、*Yersinia ruckeri*、*Aeromonas hydrophila*、*Edwardsiella tarda*、*Tenacibaculum maritimum*、*A. salmonicida* 等，均能够分泌产生 AHLs。革兰代阴性菌主要利用 LuxI、LuxM 和 HdtS 三类合成酶进行 AHLs 合成[193]。

（1）LuxI 酶

在 *Vibrio fischeri* 的 *Lux* 操纵子中，首次发现了 LuxI 酶，此后发现大多数已知的 AHLs 合酶都属于 LuxI 蛋白家族的一员[188]。对 LuxI 酶和 TraI 酶进行的体外研究表明，acyl-ACP 是它们的主要初级酰基链供体，而其内酯环则源自于 SAM 的侧链，LuxI 合酶正是利用这两种底物来合成 AHLs。AHLs 的合成反应机制主要包含两个关键步骤[194]，即酰化和内酯化（图 2.2）。首先，SAM 与 LuxI 酶结合，SAM 的胺基对 acyl-ACP 进行亲核攻击，从而生成丁酰基 -SAM。随后，与 acyl-ACP 结合触发 N- 酰化反应，进而完成 SAM 的内酯化过程。在此过程中，ACP 会在形成 5′- 甲硫腺苷（5′-MTA）之前被完全释放。

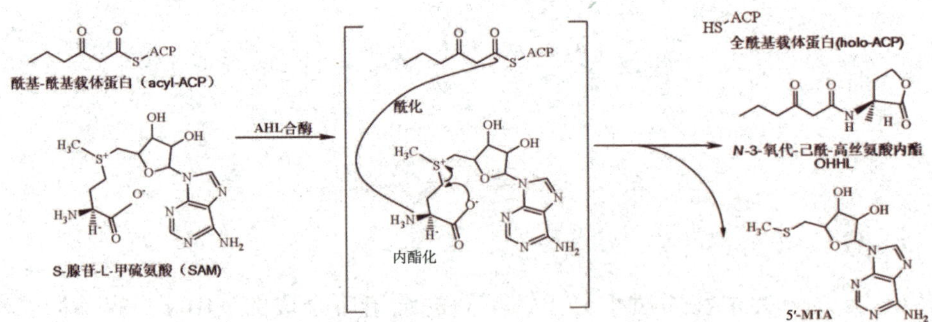

图 2.2 革兰氏阴性菌 AHLs 合成反应示意图

（2）LuxM 酶

只有少数的 γ 变形杆菌拥有 LuxM 家族酶[191]。在 *Vibrio harveyi* 中，luxM 为负责编码 LuxM 酶的一种基因，其对于形成特定的 AHLs 来说是必不可少的。而在 *Vibrio fischeri* 及其他相关弧菌中，AinS 酶和 VanM 酶则负责产生 AHLs[195]，这些酶的基因序列与luxM存在相似性。除了需要利用酰基辅酶A（acyl-CoA）之外，AinS酶和VanM酶在AHLs合成过程中对底物的需求，也与LuxI家族合酶类似。

（3）HdtS酶

最初在*Pseudomonas fluorescens* F113中发现的HdtS酶，它能够产生C6-HSL、N-（3-OH-7-cis-tetradecenoyl）-HSL和C10-HSL等信号分子。HdtS属于溶血磷脂酸-酰基转移酶家族的一员[196]，它既可以使用acyl-ACP，也可以使用acyl-CoA作为底物酰化，进而形成溶血磷脂酸[197]。然而，关于HdtS催化AHLs合成的具体酶促反应机制尚不明确。此外，虽然HdtS酶在AHLs的生产中扮演了重要角色，但其具体特性仍未明确，同时在这类细菌体内并未发现能产生AHLs的同系物。这种细菌酶家族似乎具备双重功能，既能够催化溶血磷脂酸的酰化反应，也能参与AHLs的合成过程。

2. AI-2的合成

1993年，Bassler等[198]发现哈维氏弧菌（*Vibrio harveyi*）突变体在AHLs合成方面存在缺陷，但仍能进行群体感应，因此，提出了建立新型群体感应通路的可能性，其信号分子被称为AI-2。对海洋哈维氏弧菌群体感应的遗传和生化研究发现AI-2控制生物发光信号，且除哈维氏弧菌外，还在多种革兰氏阳性菌和革兰氏阴性菌中发现AI-2[199-200]。此外，AI-2响应基因已在多种细菌中被识别[201]。S-核糖高半胱氨酸裂解酶（S-ribosylhomocysteine lyase，LuxS）是AI-2生物合成的关键酶[202]，已在超过55种革兰氏阳性菌和革兰氏阴性菌中发现。因此，AI-2的产生并不局限于一种细菌物种，而是被认为能够在物种间进行交流，故AI-2被认为是一种“通用的”群体感应信号[189]。

AI-2典型的合成途径表明，主要是SAM通过三个酶促步骤产生信号分子AI-2[203]。第一步，SAM作为甲基供体，通过SAM依赖的甲基转移酶反应转化形成SAH。第二步，由核苷酶Pfs催化，该酶负责5′-甲硫腺苷和SAH中糖苷键的水解。SAH在Pfs的催化下除去了腺嘌呤碱基并转化形成了腺嘌呤和SRH。第三步，SRH作为底物，被*luxS*基因编码的LuxS裂解转化形成AI-2前驱物DPD和高半胱氨酸（Homocysteine，HCY）。此外，一些嗜热生物利用SAH水解酶将SAH分解成腺苷和HCY，腺苷经过一系列转化形成DPD。由于DPD结

构不稳定，可发生环化和重排反应，形成呋喃结构的化合物（2S，4S)-2- 甲基 -2，4- 二羟基呋喃酮［(2S，4S)-2-methyl-2，4-dihydroxytetrahydrofuran，S-DHMF］和(2R，4S)-2- 甲基 -2，4- 二羟基呋喃酮［(2R，4S)-2-methyl-2，4-dihydroxytetrahydrofuran，R-DHMF]，进而转化生成（2S，4S）-2- 甲基 -2，3，3，4- 羟基四氢呋喃酮 - 硼酸盐［（2S，4S）-2-methyl-2，3，3，4-tetrahydroxytetrahydrofuran-borate，S-THMF-borate］和（2R，4S）-2- 甲基 -2，3，3，4- 羟基四氢呋喃酮［（2R，4S）-2-methyl-2，3，3，4-tetrahydroxytetrahydrofuran，R-THMF］。信号分子 AI-2 的具体合成途径如图 2.3 所示。

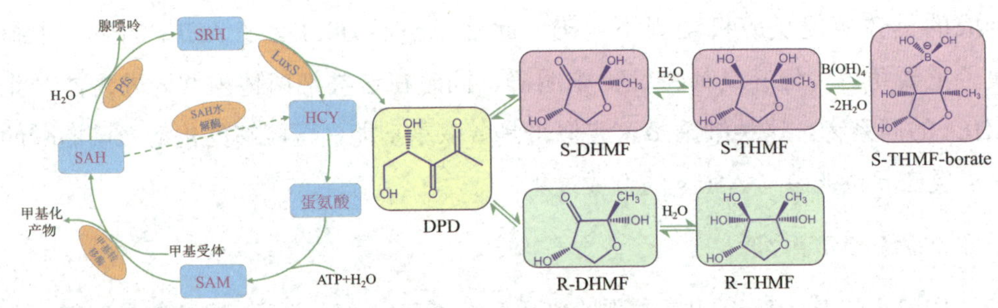

图 2.3 信号分子 AI–2 的具体合成途径

作为一种“通用型”群体感应信号分子，AI-2 是否具有什么特殊的化学结构引起了研究者的关注。Chen 等 [204] 采用 X 射线晶体照相术对哈维氏弧菌中的 AI-2 受体蛋白 LuxP 进行分析，确定了 AI-2 的分子结构中包含硼（图 2.3），在这个结构中发现 AI-2 是 DPD 与硼酸反应生成的一种呋喃硼酸二酯（S-THMF-borate）。之后，Meijler 等 [205] 研究发现鼠伤寒沙门氏菌中与 LsrB 所结合的 AI-2 分子结构却为另一种不含硼的呋喃二酯（R-THMF）。R-THMF 和 S-THMF-borate 是目前发现的两种不同结构的 AI-2 分子，不同细菌调控所用的 AI-2 信号分子可能并不相同。

3. AIPs 的合成

AIPs 是一种短肽分子，其长度介于 5 ～ 17 个残基之间，其形态可以是线型或环状 [206] 的。特别的是，在 C 端的第 3 到第 5 位上，存在着保守的半胱氨酸，它们与 C 末端的氨基酸残基通过硫酯键相连接，进而形成了类脂结构 [207]，因此，AIP 具有较高的稳定性。AIP 主要是由革兰氏阳性细菌分泌的，如金黄色葡萄球菌、李斯特菌、产气荚膜梭菌、枯草芽孢杆菌、肺炎链球菌和粪肠球菌等都能分泌这种分子[208]。不同种类的细菌分泌的 AIP 具有不同的相对分子质量、结构，因此表现出物种特异性。此外，AIP 分子在各类细菌细胞中的合成途径、含量及功能也存在差异，具体的比较和分析详见表 2.1。

表 2.1 革兰氏阳性菌的 AIP[209]

菌 属	合 成 途 径	调节量	功 能
B. subtilis	ComX-ComQ-ComP-ComA	少 - 多 - 少	孢子形成
S. aureus	AgrD-AgrB-AgrC-AgrA	少 - 多 - 少	生物膜，毒力因子
S. pneumoniae	ComC-ComAB-ComD-ComE BlpAB-BlpC-BlpH-BlpR	少 - 多 - 少	生物膜，毒力因子
C. perfringens	AgrD-AgrB	少 - 多 - 少	毒力因子
E. faecalis	FsrD-FsrB-FsrC-FsrA CylLL-CylM-CylB-CylA	少 - 多 - 少	生物膜，毒力因子
L. monocytogenes	AgrD-AgrB-AgrC-AgrA	少 - 多 - 少	生物膜，毒力因子

AIPs 通常是组氨酸激酶双组分信号转导系统的组成部分。在某些情况下，分泌的 AIPs 在释放后可能会被输入回细胞，然后通过细胞质转录因子识别。在这个系统中，细胞外蛋白酶将分泌的 AIP 前体加工成成熟的 AIP。在返回细胞后，成熟的 AIPs 结合并改变相应转录因子的活性。大量的肽是通过从头合成和蛋白降解由细菌分泌的。这些肽包括信息素，它们调节革兰氏阳性菌特定基因的表达，以调节群体依赖蛋白（如毒力因子）的生物合成，此外还在无数细菌生命过程中发挥关键作用，如调节细菌能力、细菌结合和细菌毒力[210]。同时，比较有趣的是，细菌细胞也可以对自身分泌的 AIPs 做出反应。

革兰氏阳性菌特有的群体感应有两条主要途径。在第一条途径中，AIPs 作为前肽在核糖体中合成，然后在翻译后进行修饰。它们通过专用的 ABC 转运蛋白分泌，并经常被分泌的蛋白酶裂解而成熟为 AIPs。一旦 AIPs 的浓度达到一定阈值，它们就会被特定的细胞表面受体激酶识别，进而通过磷酸化保守的 His 残基激活激酶。激活的激酶随后通过将磷酸基转移到 Asp 残基上激活下游的细胞内调节受体。激活的胞内调节受体最终调控特定靶基因的转录以及 AIP 分泌途径本身的转录。由于该途径有两个关键要素，即膜上的 His 激酶和细胞内调节受体，因此通常被称为双组分途径[211]。第二条途径可以被认为是自我信号通路。在这一途径中，核糖体合成和翻译后修饰的 AIPs 可能由 Sec-A 依赖性系统分泌，并

通过需要的修饰激活。然而，关键的区别在于，当达到阈值浓度时，这些 AIPs 通过寡肽转运体系统在细胞内运输，而不像双组分系统，细胞膜上的受体 His 激酶被同源 AIP 激活[212]。

2.2 群体感应调控系统

2.2.1 基于 AHLs 的群体感应调控

基于 AHLs 的群体感应系统在革兰氏阴性菌之间的通讯已经有了广泛的研究和深入的理解[213]。该系统主要包括 AHLs 信号分子、合成 AHLs 的合成酶和能够感知并响应 AHLs 信号周围浓度的受体蛋白。基于 AHLs 的群体感应调控系统如图 2.4（a）所示。在该系统中，AHLs 由 AHLs 合成酶（LuxI）产生，在细胞密度较低时分泌到细胞外，然后在周围环境中积累；在细胞密度较高时，AHLs 含量随之增加，达到某一阈值后，AHLs 信号分子结合并激活受体蛋白（LuxR），激活的 AHLs-LuxR 蛋白复合体调控目标基因转录[179, 214]。

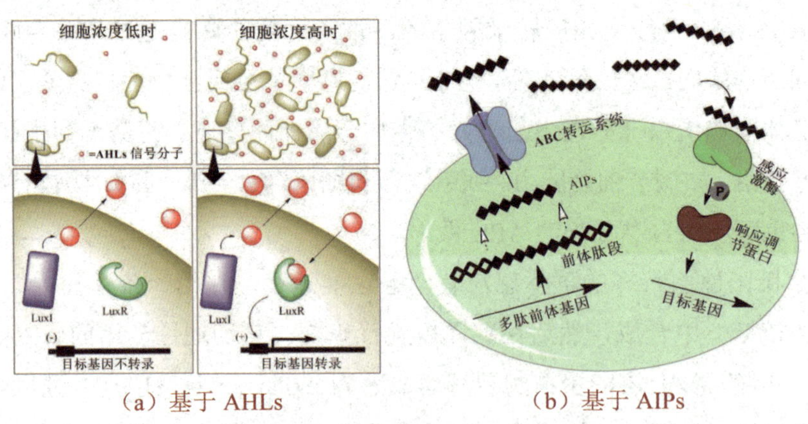

（a）基于 AHLs　　（b）基于 AIPs

图 2.4 群体感应系统的调控[179]

2.2.2 基于 AIPs 的群体感应调控

基于 AIPs 的群体感应系统主要介导革兰氏阳性菌间的通讯，该系统的调控示意图如图 2.4（b）所示。经过修饰形成的 AIPs 不能通过自由扩散穿过细胞膜，需要借助 ABC（ATP-binding cassette）转运系统才能分泌到细胞外[215]。当细胞胞外的 AIPs 浓度达到阈值后，AIPs 与感应激酶结合使感应激酶自磷酸化，AIPs 与感应激酶间的相互作用使激酶 / 磷酸酶的活性发生改变，从而改变同源相应调节蛋白的磷酸化状态，最终启动目标基因的转录表达[216]。

2.2.3 基于 AI–2 的群体感应调控

目前，对哈氏弧菌基于 AI-2 的群体感应调控机制研究较为清楚[217]，因此，以此为例进行叙述，如图 2.5 所示。在细胞密度低的情况下（AI-2 浓度低），LuxQ 表现为激酶，从而逆转 LuxU 的磷酸转运反应产生磷酸化的 LuxO，磷酸化的 LuxO 与 σ 54 结合形成 sRNAs，从而抑制 LuxR 的转录，使细菌不发光；在细胞密度高的情况下，AI-2 被 LuxP 检测到并结合，随后 LuxP 与 LuxQ 相互作用，引起磷酸化级联反应，从 LuxU 中提取磷酸盐，LuxU 再将 LuxO 去磷酸化，去磷酸化的 LuxO 不能激活 sRNAs 的产生，从而使 LuxR 表达，细菌发光[218]。

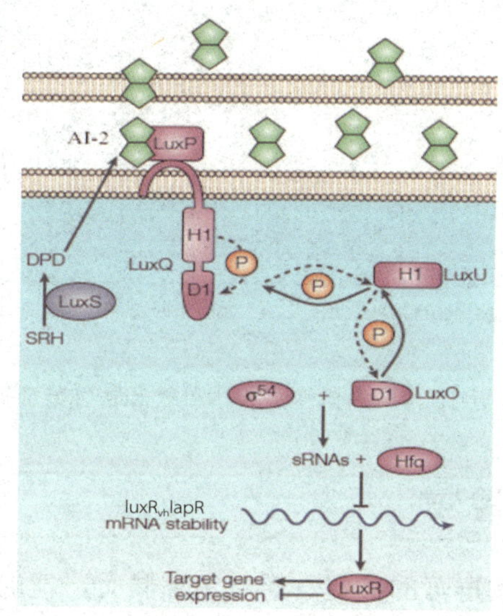

图 2.5 哈氏弧菌基于 AI–2 的群体感应系统[218]

2.3 群体感应在废水处理中的调控作用

近年来，随着世界范围内水污染问题的日益突出，越来越多的研究者致力于解决水污染问题。根据相关关键词在 *Science Direct* 上检索发现，近 10 年来有关废水处理的发文数量呈现迅速增长的趋势（图 2.6），同时发现群体感应在废

水处理中的研究也呈现迅速增长的趋势，表明越来越多的研究者开始关注群体感应在废水处理中的调控作用。生物废水处理含有大量密集的微生物群落，它们以絮凝体、生物膜或颗粒污泥的形式存在 [219]。随着分子生物学技术和分析检测方法的进步，在各种生物废水处理系统中检测到了群体感应信号分子 [181-183, 185, 220]。许多研究从活性污泥中分离出了能够产生 AHLs 的群体感应菌 [181, 221]。在膜生物反应器中，群体感应调控膜表面生物膜的形成，则会导致膜通量下降 [222]。此外，群体感应调控颗粒污泥的形成也有大量报道 [183, 185]。因此，基于群体感应的调控对废水生物处理具有重要作用，主要包括活性污泥、生物膜、好氧颗粒污泥和厌氧颗粒污泥等废水处理系统。

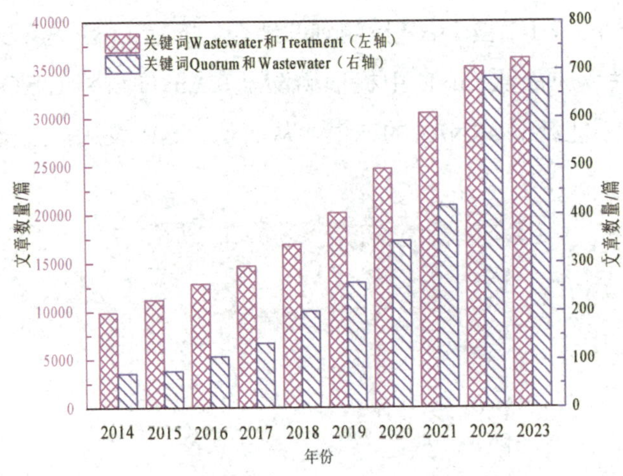

图 2.6 近 10 年发表的有关废水处理和群体感应的文章

2.3.1 活性污泥法

作为高密度微生物群落的模型，活性污泥具有广泛的细胞间通讯 [24]。Valle 等 [181] 于 2004 年在工业废水处理系统的活性污泥中分离出 7 株能够产生 AHLs 的变形菌（*Proteobacteria*），并通过投加 AHLs 确定群体感应对介导微生物群落及生态系统功能具有重要意义。此后，Morgan-Sagastume 等 [221] 和 Chong 等 [182] 也相继在活性污泥中发现了群体感应信号分子 AHLs。这些研究均证实了群体感应现象存在于活性污泥系统中。

群体感应对活性污泥系统调控作用的研究主要集中在芳烃类有机污染物的降解和脱氮方面。Valle 等 [181] 及 Yong 和 Zhong[223] 的研究均发现，AHLs 能够促进芳烃类污染物的降解，但是其没有进行深度的调控机制研究。此后，Yong 和 Zhong[224] 对此进行了进一步的研究，指出在芳烃类污染物降解过程中 *rhl* 群体感应系统起着关键作用。由于群体感应在芳烃类污染物降解过程中的重要调控作用，其将成为新的污染物降解的研究方向。对于脱氮调控方面，Li 等 [225] 研究发现信号分子 C6-HSL 对氨氮降解速率具有明显的促进作用，其他有关脱氮的研究也主要集中在群体感应对硝化菌的调控作用 [226, 227]，有关群体感应对反硝化菌的调控作用目前鲜有报道。另外，目前的研究缺乏对群体感应调控脱氮行为机制的探索。

2.3.2 生物膜

生物膜在废水生物处理中既能起到有益作用（如移动床生物膜反应器）[228]，又有有害影响（如膜污染）[229]。研究发现，群体感应在生物膜形成、生物膜组成和生物膜群体行为确定等方面具有重要意义 [179, 230, 231]。McLean 等 [180] 首次发现生物膜中具有 AHLs 活性，为生物膜中存在群体感应现象提供了证据。Davies 等 [230] 进一步研究发现群体感应信号分子参与生物膜的形成。Parsek 和 Greenberg[231] 通过分析指出，群体感应和生物膜形成这两种社会化行为之间具有密不可分的联系，并提出了 sociomicrobiology 的概念。许多研究已经表明，群体感应对不同废水生物处理反应器中生物膜的形成具有显著影响，如序批式生物膜反应器 [232-233]、Anammox 生物膜反应器 [234]、膜生物反应器 [222, 235] 等。Hu 等 [236] 研究表明，生长阶段的生物膜量与 4 种 AHLs 呈正相关（$p < 0.01$），并且总 AHLs 与 EPS 的产生密切相关。Wang 等 [233] 也发现，生物膜不同部分的 EPS 与感应信号分子 C12-HSL 呈显著的相关性（$r = 0.86, p < 0.05$）。Sun 等 [232] 对序批式硝化生物膜反应器研究发现，群体感应影响生物膜形成主要是通过调控胞外蛋白质的产生。此外，Kim 等 [237] 进行的一项基于大肠杆菌的研究也表明，AI-2 通过产生 EPS 来调控生物膜的形成。故群体感应主要是通过调控 EPS 的产生来影响生物膜的形成，但是群体感应如何通过调控特定基因表达来影响生物膜的形成还需要进一步研究 [179]。

膜污染是微生物在膜表面附着、生长和增殖，最终形成生物膜使膜孔变小或者堵塞，从而导致膜通量和水质下降、跨膜压力增大的现象，是膜生物反应器需要解决的一个重要问题 [238]。基于群体感应对生物膜形成的重要作用，Yeon 等提出采用抑制群体感应（即群体淬灭技术）来控制膜污染问题 [222]，并被越来越

多的研究者所采用，各种基于群体淬灭的膜污染方法层出不穷。目前采用群体淬灭理论实现膜污染控制的技术途径主要有：抑制信号分子的产生、灭活或降解信号分子和干扰信号分子与受体蛋白的结合[238]，通常是通过投加群体淬灭化合物、群体淬灭酶和群体淬灭菌的方法来实现膜污染的控制。Xu 和 Liu[239] 考察 2，4-二硝基酚对生物膜形成的影响，发现 2，4- 二硝基酚干扰 ATP 合成，进而导致感应信号分子 AI-2 的产生减少，使微生物的附着被抑制而减轻膜污染。Nam 等[240] 将香草醛作为群体淬灭剂向膜生物反应器中投加，发现其可以明显减少生物膜的形成。Kim 等[241] 和 Yu 等[242] 均将群体淬灭酶应用于膜污染控制，都取得了较好的膜污染控制效果。但是，群体淬灭酶存在易失活、成本高等缺点，采用投加可以产生群体淬灭酶的群体淬灭菌成为新的膜污染控制方法。无论是 Kim 等[243] 将 *Rhodococcus* sp. BH4 包埋于微球中向膜生物反应器中投加，还是 Lee 等[244] 将 *Acinetobacter* sp. DKY-1 包埋于微球中向膜生物反应器中投加，都可以很好地减轻膜污染。基于群体淬灭技术的膜污染控制技术将成为今后膜污染控制的主流技术，其在未来实际膜生物反应器的膜污染控制方面将发挥重要作用。

2.3.3 颗粒污泥

在颗粒污泥形成的过程中，随着污泥粒径的增大，信号分子的含量也在不断增加[245-247]；群体感应信号分子浓度的降低会导致颗粒的解体或更小的颗粒尺寸[50, 183]。此外，在系统中外源投加群体感应信号分子的研究表明，投加感应信号分子利于颗粒污泥形成[248-249]，这些都有力地说明了群体感应与颗粒污泥之间具有高度的相关性。越来越多的证据表明，群体感应在颗粒的形成和稳定中起着实质性的作用[50, 250]。但是，群体感应在颗粒污泥形成过程中的确切作用尚不清楚。Ren 等[185] 对群体感应在好氧颗粒污泥形成中的作用进行研究发现，群体感应信号分子可能诱导附着生长的细菌进行基因表达，从而导致颗粒污泥的形成和结构的稳定。但其他的一些研究表明，群体感应信号分子是通过调控 EPS 的分泌和增强细菌黏附性来影响好氧颗粒污泥形成[183-184, 246, 251] 的。Jiang 和 Liu[251] 研究发现，感应信号分子 AHLs 及 EPS 的产生与好氧颗粒污泥呈正相关，此后 Tan 等[183] 也得到类似研究结果，并表明是由于 AHLs 能够促进 EPS 的产生，进而利于颗粒污泥形成。Sun 等[184] 和 Liu 等[246] 的研究结果表明，波动进水负荷条件和饥饿条件都能够促进感应信号分子 AI-2 的分泌，促进 EPS 的产生，使细胞黏附性增强从而利于污泥颗粒化。因此，从总体上可以清楚地看到，群体感应体系通过多种因素对好氧颗粒污泥的形成产生显著影响，如群体感应信号分子浓度、微生物组成以及 EPS 的产生等。

与好氧颗粒污泥相比，目前群体感应在厌氧颗粒污泥调控方面的研究报道较少。目前的一些研究在厌氧氨氧化反应器中检测到了信号分子，证实了厌氧氨氧化菌之间存在群体感应[252-254]。彭永臻等[255]对厌氧氨氧化菌群体感应机制的研究进行总结，为厌氧氨氧化工艺的实际应用提供了理论指导。冯华军教授课题组和刘思彤教授课题组都对厌氧颗粒污泥的群体感应做了比较系统的研究。冯华军教授课题组首先研究了厌氧颗粒污泥中三大类感应信号分子的空间分布规律，为后续研究提供了依据[256]；此后，在此基础上，向厌氧颗粒污泥体系中添加信号分子以研究各类信号分子对厌氧颗粒污泥主要特性的作用规律[257]；并在不同 pH 值和氮供应失衡等环境条件下，研究群体感应信号分子对厌氧颗粒污泥的作用规律[258, 259]；最终，基于上述结果提出了厌氧颗粒污泥基于群体感应的有效调控方法[260]。刘思彤教授课题组在厌氧氨氧化工艺中检测到了感应信号分子 AHLs，证实了厌氧氨氧化菌可以利用 AHLs 作为通信信号[252]。此后，通过外源投加 AHLs 研究 AHLs 对厌氧氨氧化菌调控的代谢途径，结果表明，外源 AHLs 对微生物群落没有明显的诱导作用，主要调控代谢产物（如氨基酸、多糖等）的合成[261]。为探索细菌在厌氧氨氧化群落中的种内和种间通讯，进行宏基因组的分析发现，细菌交流在初始启动阶段比高负荷期更为活跃，Hdts 是产生种内信号分子 AHLs 的关键基因之一，RpfF 是产生种内和种间信号分子 DSF 的关键基因，Hdts 和 RpfF 是厌氧氨氧化群落中主要的通信引擎[262]。此外，刘思彤教授课题组还对细胞内的第二信使 c-di-GMP 在厌氧氨氧化菌群中的调控作用进行了研究，指出厌氧氨氧化菌可能通过 c-di-GMP 的调节来对抗不利的环境压力[263]，在变负荷条件下，c-di-GMP 在厌氧氨氧化菌群调控中起重要作用，对于提高微生物抗性和污泥团聚起重要调节作用[264]。尽管关于颗粒污泥的群体感应调控作用已有大量研究，但是相对完整的调控机制还比较欠缺。

2.4 群体感应对污泥膨胀的调控作用

2.4.1 调控丝状结构

在不利条件下出现丝状膨胀是由群体感应介导的种内、种间和跨界相互作用所驱动的，见表 2.2。一般来说，这些信号分子在微生物对成丝压力（如低溶解氧和低 pH 值等）的响应中发挥着关键作用。例如，在低溶解氧诱导下的丝状膨胀，C6-HSL 浓度的增加可使丝状菌 *Thiothrix* 的丰度从 0.39% 显著增加至 27.30%[265-266]。研究发现，500nM 浓度的商用 3-OH-C10-HSL 可显著增加 *Sphaerotilus* 生物量而引发丝状膨胀[267]。与此相反，在低溶解氧浓度下，C12-HSL 的浓度会随着优势真菌 *Galactomyces* 丰度的增加而降低，同时孢子萌发和菌丝延伸也相应减少[268]。在低 pH 值的诱导下，C12-HSL 和 C14-HSL 可抑制 *Penicillium* 型丝状膨胀，而 C7-HSL 则可促进菌丝生长和胞外多糖合成。综上所述，这些发现强调了群体感应介导的相互作用在微生物进化和适应不断变化的环境中的作用，而丝状膨胀则是这一动态过程的一种表现形式[269]。

表 2.2 细菌群体感应对丝状形态的作用

信号分子	丝状菌	形态转换	参考文献
C6-HSL	*Thiothrix*	促进丝状形成	[265, 266]
3-oxo-C6-HSL	*Thiothrix*	抑制丝状形成	[270]
C7-HSL	*Penicillium*	促进丝状形成	[271]
C10-HSL	*Galactomyces*	促进丝状形成	[272]
3-oxo-C10-HSL	*Sphaerotilus*	抑制丝状形成	[267]
3-OH-C10-HSL	*Sphaerotilus*	促进丝状形成	[267]
C12-HSL	*Galactomyces*、*Penicillium*	抑制丝状形成	[271]
3-oxo-C12-HSL	*Candida albicans*	抑制丝状形成	[273]
C14-HSL	*Penicillium*、*Caldilineaceae*	抑制丝状形成	[271]
AI-2	*Candida albicans*	抑制丝状形成	[274]
DSF	*Candida albicans*	抑制丝状形成	[275]
Indole	*Candida albicans*	抑制丝状形成	[276]

2.4.2 信号的合成、接收和传导

最近的研究证实，在发生膨胀的污泥中也存在群体感应调节的信号合成、接收和转导。研究表明，优势丝状菌 *Thiothrix* 会随着污泥膨胀逐渐进化出合成 AHLs 的基因（lasI、rpaI 和 hdtS）以及参与合成 AHLs 前驱物质的基因（fabD、fadD 和 metK）[265-266, 277-278]。随着 *Thiothrix* 相对丰度的增加，负责识别 C6-HSL 的 LasR 和 CciR 信号受体蛋白的丰度最高[265-266]。对于 *S. natans* 为优势丝状菌而引发的膨胀，已确定一种特定的受体蛋白 LuxR 和双组分系统 phoR 可通过与 3-OH-C10-HSL 结合而被激活[267, 279-280]。在真菌膨胀系统中，C7-HSL 浓度的增加以及 C12-HSL 和 C14-HSL 浓度的降低作用于特异性信号受体 Ras1 和 Rho1 中，进而触发 Ras1-cAMP-PKA-Nrg1 和 MAPK 信号转导通路，导致发生以 *Penicillium* 或 *Galactomyces* 为优势的污泥膨胀[268, 271, 273]。尽管这些通路与生物膜形成和微生物生长所涉及的通路相似，但与溶解氧、pH 值和水力压力等环境条件所触发的性能和代谢表达方式有着独特的特异性。

2.4.3 微生物群落调控

微生物之间的相互作用在调控微生物群落组成方面起着至关重要的作用，而群体感应介导的信号在驱动微生物群落向膨胀污泥中优势丝状微生物进化方面至关重要。具体来说，3-oxo-C6-HSL 被证明能够强化细菌与微生物群落的合作，其中有 7 个与群体感应相关的关键因素被认为在 3-oxo-C6-HSL 网络中高度连通性和密集相互作用方面发挥关键作用[270]。同时，研究发现 C12-HSL 和 C14-HSL 可调节优势丝状菌 *Penicillium* 与脱氮群体感应菌（如 *Nitrosomonas*、*Nitrosospira*、*Acidovorax* 和 *Pseudomonas*）之间的跨界竞争，而 C7-HSL 则有助于富集群体感应细菌（如 *Serratia* 和 *Aeromonas*）与真菌膨胀中的 *Penicillium* 之间的跨界合作[271]。值得注意的是，*Sphaerotilus* 污泥膨胀的定向网络表明 3-OH-C10-HSL 在 *Sphaerotilus* 与 *Acidovorax*、*Aeromonax* 和 *Pseudomonas* 三种群体感应絮凝菌的合作中具有正反馈调节作用[267]。此外，3-oxo-C10-HSL 还能诱导 *Sphaerotilus* 与 *Defluviicoccus*、*Shinella*、*Iamia*、*Lautropia* 和 *Rhodobacter* 之间的社会互动[267]。了解群体感应介导的信号在丝状微生物与絮凝菌之间复杂相互作用中的作用，对于通过群体淬灭调控它们的行为具有重要意义。

2.4.4 代谢功能调控

Thiothrix 的增殖以及 *S. natans*、*Penicillium* 或 *G. geotrichum* 的丝状化均受AHL介导的群体感应系统中特定基因表达的调控。研究表明，C6-HSL会引发负责电子传递链活性的琥珀酸脱氢酶（SDH）和NADH脱氢酶（ND1）的上调表达，以及与微生物增殖有关的细胞周期蛋白依赖性激酶2（CDK2）在G1/S转化过程中的表达上调，从而导致*Thiothrix*的增殖[265, 266, 281]。在真菌膨胀过程中[图2.7(a)]，AHLs通过激活信号转导途径，调控菌丝相关基因（Boi1、Boi2和Bni1）、肌动蛋白细胞骨架、细胞壁、线粒体、囊泡合成、TCA循环、氧化磷酸化和EPS生物合成的表达[268, 271]。如图2.7（b）所示，3-OH-C10-HSL有助于驱动TCA逆循环和葡萄糖生成。这一过程导致*S. natans*单个细胞分泌葡萄糖和半乳糖，涂覆在细胞表面，从而形成丝状鞘[272, 282]。同时，3-OH-C10-HSL诱发趋化性和鞭毛组装表达的上调，加速单个细胞游出鞘膜并形成新的丝状体[272]。总之，关于群体感应调控代谢途径的研究进展，为通过采用功能性群体淬灭分子精确预防丝状膨胀提供了有价值的参考依据。

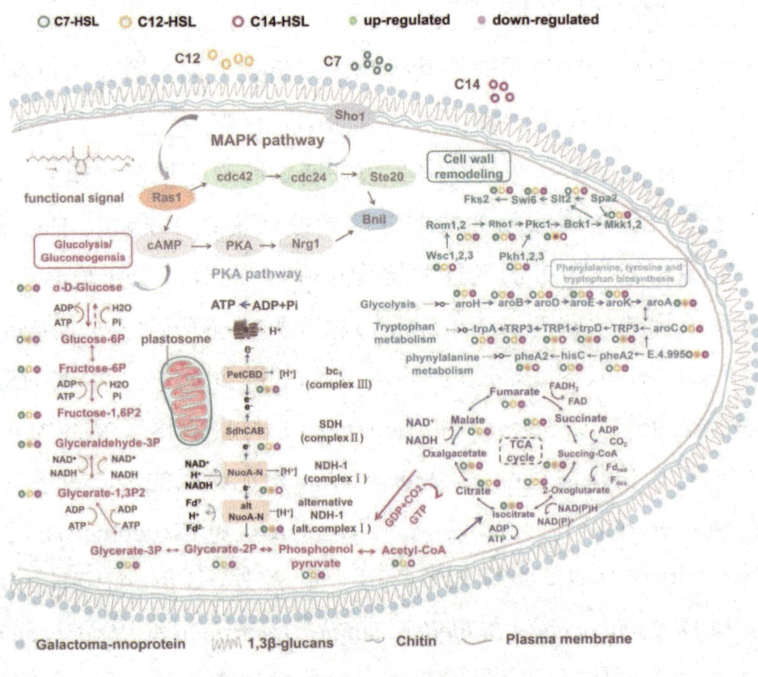

(a) Penicillium 污泥膨胀系统

图 2.7 污泥膨胀系统中群体感应介导的代谢途径[269]

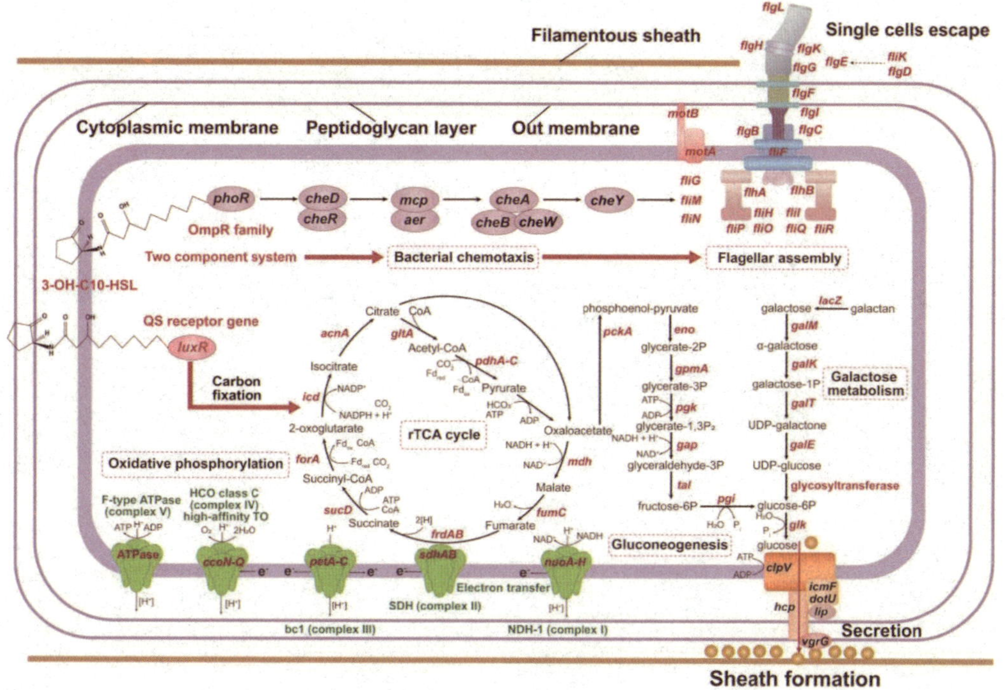

(b) Sphaerotilus 污泥膨胀系统

图 2.7 （续）

2.5 本章小结

本章深入探讨了群体感应这一细菌间重要的通讯机制，详细阐述了其定义、信号分子类型、调控系统以及在废水处理与污泥管理中的应用。首先从群体感应的基本概念出发，介绍了群体感应的信号分子，随后详细剖析了 AHLs、AIPs 和 AI-2 三种不同信号分子的群体感应调控系统。在废水处理领域，群体感应展现出了巨大的应用潜力，通过活性污泥法、生物膜和颗粒污泥三种典型的废水处理技术，阐述了群体感应的调控作用。同时，针对废水处理中常见的污泥膨胀问题，总结了群体感应在调节丝状结构、信号的合成、接收和传导，以及微生物群落和代谢功能层面的调控作用，揭示了群体感应在控制污泥膨胀中的重要作用。

第3章

M. parvicella 的分离研究

3.1 引言

目前，传统 *M. parvicella* 的分离培养方法主要包括稀释平板法和涂布平板法。由于活性污泥中含有大量的非导致污泥膨胀的细菌，这就导致利用传统 *M. parvicella* 分离方法存在过程复杂、烦琐、耗时且不易获得纯种菌株等弊端 [68, 121, 125]。此外，也有报道采用显微操作技术实现 *M. parvicella* 的分离，如意大利的 Rossetti 等 [126] 采用 Skerman 显微操纵术分离培养出了 *M. parvicella* 的纯种菌株，但该技术除操作要求高外，其所挑选的丝状细菌是否为 *M. parvicella* 存在一定的不确定性。

M. parvicella 的直径为 0.5 ～ 1.0μm 且表面具有很强的疏水特性。本章将根据 *M. parvicella* 的直径和疏水特性设计表面具有疏水凹槽的疏水板。利用制备出的疏水板的疏水凹槽以及疏水板的疏水特性来吸附 *M. parvicella*，从而实现 *M. parvicella* 的分离。

3.2 实验材料

3.2.1 实验仪器

主要实验仪器见表 3.1。

表 3.1 主要实验仪器

名 称	型 号	生 产 厂 家
台式高速离心机	H1650-W	湖南湘仪实验室仪器开发有限公司
超声波细胞破碎仪	UH-100A	天津奥特赛恩斯仪器有限公司
超净工作台	SW-CJ-12FD	苏州净化设备有限公司
高压灭菌锅	YX280B	上海三申医疗器械有限公司
冰箱	BC-92	广东奥马电器股份有限公司
显微镜	B203LED	重庆奥特光学仪器有限公司
荧光倒置显微镜	IX71	日本奥林巴斯
真空干燥箱	DZF-6020	巩义市予华仪器有限责任公司
磁力搅拌器	DF-101S	巩义市英峪仪器厂

3.2.2 实验试剂

主要实验试剂见表 3.2。

表 3.2 主要实验试剂

名称	规格	生产商
结晶紫	分析纯	天津市光复精细化工研究所
草酸铵	分析纯	天津市江天化工技术有限公司
碘	分析纯	天津市博迪化工有限公司
碘化钾	分析纯	天津市风船化学试剂科技有限公司
番红	—	天津市奥淇医科销售有限公司
多聚甲醛	分析纯	天津市科尔通化工销售有限公司
氢氧化钠	分析纯	天津市风船化学试剂科技有限公司
乙醇	分析纯	天津市富起化工有限公司
NaCl	分析纯	天津市风船化学试剂科技有限公司
$Na_2HPO_4{\cdot}7H_2O$	分析纯	天津市风船化学试剂科技有限公司
KH_2PO_4	分析纯	天津市基准化学试剂有限公司
KCl	分析纯	天津市风船化学试剂科技有限公司
三羟甲基氨基甲烷	分析纯	天津市光复精细化工研究所
盐酸	分析纯	天津市江天化工技术有限公司
甲酰胺	分析纯	天津市福晨化学试剂厂
十二烷基硫酸钠	分析纯	天津市风船化学试剂科技有限公司
EUB338	—	宝生物工程（大连）有限公司
MPA223	—	宝生物工程（大连）有限公司
DAPI	—	美国 Genview 公司
抗荧光猝灭剂	—	北京索莱宝科技有限公司
聚二甲基硅氧烷（PDMS）	Sylgard 184	美国 Dowcorning 公司
三甲基氯硅烷（TMCS）	分析纯	梯希爱化成工业发展有限公司
甲基丙烯酸甲酯	分析纯	天津市江天化工技术有限公司
苯乙烯	分析纯	天津市江天化工技术有限公司
甲基丙烯酸丁酯	分析纯	天津市江天化工技术有限公司

3.3 实验方法

3.3.1 革兰氏染色和 FISH 识别

1. 革兰氏染色（Gram straining）

革兰氏染色试剂配置（常温保存 3 ～ 6 个月）如下。

（1）初染液：分别配制试剂 A 和试剂 B，试剂 A = 2g 结晶紫 +20mL 95% 乙醇，

试剂B = 0.8g 草酸铵 +80mL 去离子水，然后将试剂A和试剂B相混合即为初染液。

（2）媒染液：1g 碘 +2g 碘化钾 +300mL 去离子水。

（3）复染液：10mL2.5% 的番红乙醇溶液（2.5g 溶于 100mL 的 95% 乙醇中）+100mL 去离子水。

（4）脱色剂：95% 乙醇。

革兰氏染色操作步骤如下。

（1）取一定量污泥样品均匀涂布在载玻片上，在室温下自然风干。

（2）初染：滴一定量初染液在载玻片上，将固定风干后的样品完全覆盖，染色 1min 后，用蒸馏水冲洗表面的染色液。

（3）媒染：同上述步骤再滴一定量媒染液在载玻片上，染色 1min 后，用蒸馏水冲洗表面的染色液，用吸水纸吸干。

（4）脱色：用手指捏住载玻片的一个角，用滴管吸取 95% 乙醇使其呈滴状连续滴在载玻片上，直至载玻片滴下的液体中接近无色为止，用蒸馏水冲洗表面，最后用吸水纸吸干水分。

（5）复染：在载玻片上滴加一定量复染液，染色 1min 后，用蒸馏水冲掉表面染色液，用吸水纸吸去水分，再自然风干。

（6）用显微镜观察。

用显微镜观察时，呈现蓝紫色的为革兰氏阳性菌，呈现红色的为革兰氏阴性菌。

2. FISH 识别

FISH 操作步骤参考 Pernthaler 等 [283] 描述的实验步骤并进行修订，主要操作步骤如下。

（1）将污泥样品用 4% 多聚甲醛溶液（现配现用）进行固定，4℃固定 3h。

（2）将固定后的样品取出适量进行超声。

（3）将超声后的样品进行适度稀释，然后每个样品取 5μL 点至载玻片，风干，固定 4h 以上。

（4）配制 50%、80%、98% 乙醇溶液，分别将载玻片在 50%、80%、98% 乙醇溶液中脱水，每个浓度 3min。

（5）配制杂交缓冲液，5M NaCl 360 μL（最终浓度为 900mM），1M Tris-

HCl 40μL（最终浓度为 20mM），无菌水 1198μL，甲酰胺 400μL，10% 的 SDS 溶液 2μL。

（6）在载玻片上每个样品孔中加入 10μL 杂交缓冲液，然后加入 0.5μL 的探针工作液（要在避光处操作），再将载玻片平放于 50mL 离心管中，注意不要让载玻片倾斜，以免杂交缓冲液流出凹槽，将其放入杂交炉中用 46℃杂交 2h。

（7）配制淋洗缓冲液，5M NaCl 2150μ L，1M Tris-HCl 1mL（最终浓度为 20mM），无菌水 46.80mL，10% 的 SDS 溶液 50μ L（最终浓度为 0.01%），然后放在 48℃水浴锅内预热至 48℃。

（8）洗脱：先用胶头滴管一滴滴地滴在杂交后的载玻片表面进行洗脱，然后将洗脱后的载玻片放到淋洗缓冲液中，48℃水浴 15min，之后用冰水冲洗载玻片。

（9）干燥后，加入 DAPI，每个样品孔加入 5μL（浓度为 1μg/mL），4℃暗处放置 10min，再用冰水冲洗。

（10）冲洗后干燥，将抗荧光猝灭剂点在载玻片上，盖上盖玻片，封片。

（11）用显微镜观察。

3.3.2 疏水板的制备

用于分离 *M. parvicella* 的疏水板有玻璃板、不具有疏水凹槽的 PDMS 板、具有疏水凹槽的 PDMS 板、具有疏水凹槽的聚甲基丙烯酸甲酯（PMMA）板、具有疏水凹槽的聚苯乙烯（PS）板。用于分离 *M. parvicella* 的疏水板的制备过程如图 3.1 所示。图 3.1（a）所示为具有疏水凹槽的 PDMS 板的制备过程。首先，在玻璃载玻片上镀上硅层，然后在硅层上面组装小球，接着对 PS 小球和硅层用 CF_4 刻蚀，刻蚀之后将 PS 小球移除，即形成具有表面结构的模板。PDMS 及其引发剂以质量比 10 ：1 的比例混合均匀后真空脱气，将混合物浇筑在刻蚀的模板表面，在 80℃下固化 1h，然后将固化后的 PDMS 层揭下来，即形成具有疏水凹槽的 PDMS 疏水板。而不具有疏水凹槽的 PDMS 疏水板制备工艺为：将 PDMS 和引发剂按质量比 10 ：1 混合均匀后真空脱气，并将其浇筑到玻璃板表面，再转入 80℃烘箱中固化 1h，即得到不具有疏水凹槽的 PDMS 疏水板。图 3.1（b）所示为 PMMA 和 PS 板的制备过程。将图 3.1（a）所示为具有疏水凹槽的

PDMS 板作为模板，在其表面涂一层 TCMS 作为防粘层[284]，然后将 PDMS 混合物浇筑在模板表面固化之后，即形成具有疏水结构的 PDMS 阴模。最后将甲基丙烯酸甲酯（或苯乙烯）与甲基丙烯酸丁酯以体积比为 6 ∶ 4 聚合的聚合物浇筑在 PDMS 阴模表面，固化后将其揭下，即为具有疏水结构的 PMMA（或 PS）板。

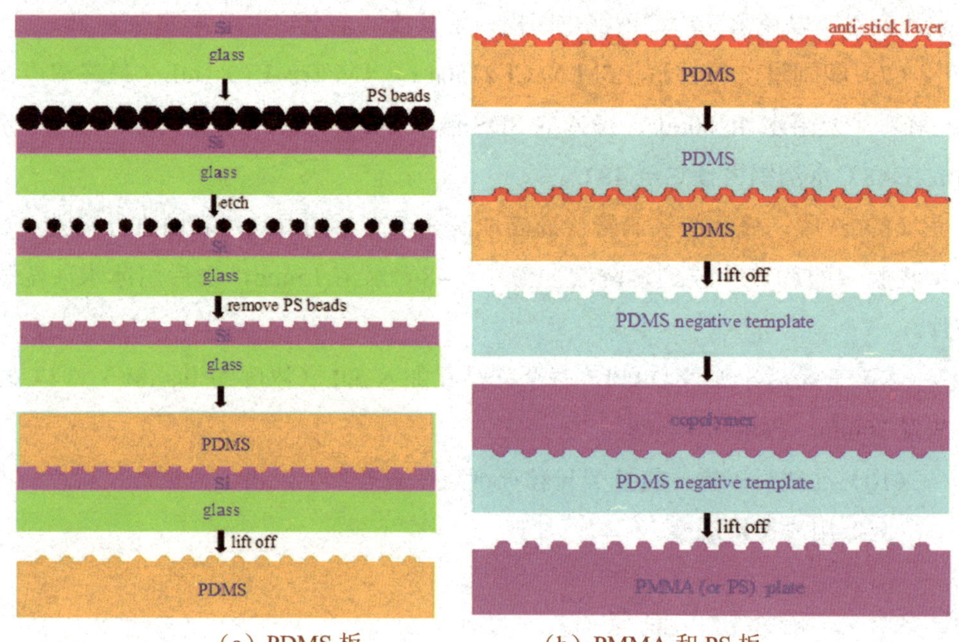

（a）PDMS 板　　（b）PMMA 和 PS 板

图 3.1　疏水板的制备过程示意图

3.3.3　污泥样品的分析

通过对取自污水处理厂的发生污泥膨胀的活性污泥进行革兰氏染色和 FISH 技术分析，可以确定污泥样品中的优势菌。革兰氏染色后在显微镜下观察，根据 Eikelboom 和 Buijsen[116] 所述的识别要点来确定优势丝状菌。探针 EUB338 用来识别污泥样品中的所有菌，而探针 MPA223 用来识别污泥样品中的 *M. parvicella*，经荧光原位杂交后，将样品在荧光显微镜下观察以进一步确定优势丝状菌。

3.3.4　分离方法

利用疏水板分离 *M. parvicella* 的方法，是将以 *M. parvicella* 为优势菌的膨胀活性污泥混合液滴加在疏水板表面上，冷藏条件下完成 *M. parvicella* 在疏水板上的附着后，采用 NaCl 溶液对疏水板进行冲洗，从而实现 *M. parvicella* 从活性污泥混合液中的分离。这一过程主要是根据 Hamit-Eminovski 等[156]的方法进行修改，主要包括以下步骤。

（1）取 100 ～ 200mL 以 *M. parvicella* 为优势菌的膨胀活性污泥，在冰水浴中进行磁力搅拌 1 ～ 2h，得到污泥混合液。

（2）取步骤（1）中得到的污泥混合液 100 ～ 200μL 并滴在疏水板上，然后置于冰箱中保存 1 ～ 2h，得到已完成 *M. parvicella* 附着的疏水板。

（3）将步骤（2）中已完成 *M. parvicella* 附着的疏水板从冰箱中取出，而后用浓度为 10mmol/L 的 Nacl 溶液对其进行 3 次冲洗，*M. parvicella* 保留在疏水板上，从而实现了 *M. parvicella* 从活性污泥混合液中的分离。

3.4 结果与讨论

3.4.1 污泥样品的分析

活性污泥样品中 *M. parvicella* 的存在是由革兰氏染色和 FISH 技术确定的。污泥样品的革兰氏染色和 FISH 结果如图 3.2 所示。由图 3.2（a）可以看出，丝状菌呈现强烈的革兰氏阳性，没有分枝，菌丝直径约为 0.7 ～ 0.9μm，长度约 200 ～ 400μm，这些典型的特征与 Blackall 等[125]、Eikelboom[122] 以及 Rossetti 等[126]人描述的 *M. parvicella* 的主要特征是一致的。由图 3.2（b）所示的 FISH 结果、EUB338 全菌识别和图 3.2（c）所示的 MPA223 *M. parvicella* 识别可以看出，活性污泥样品中存在一定量的 *M. parvicella*。因此，结合革兰氏染色和 FISH 识别，可以确定活性污泥样品中含有大量的 *M. parvicella*。

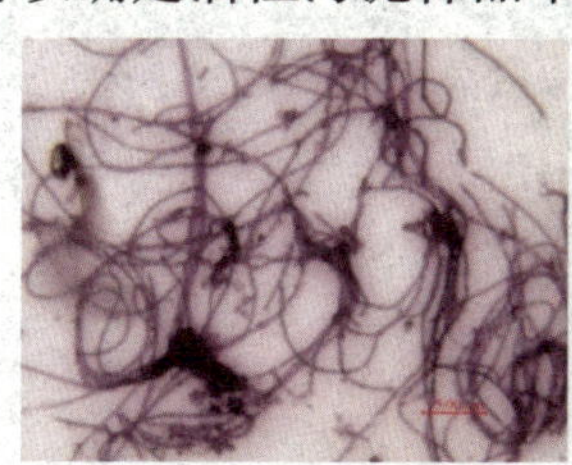

（a）革兰氏染色结果

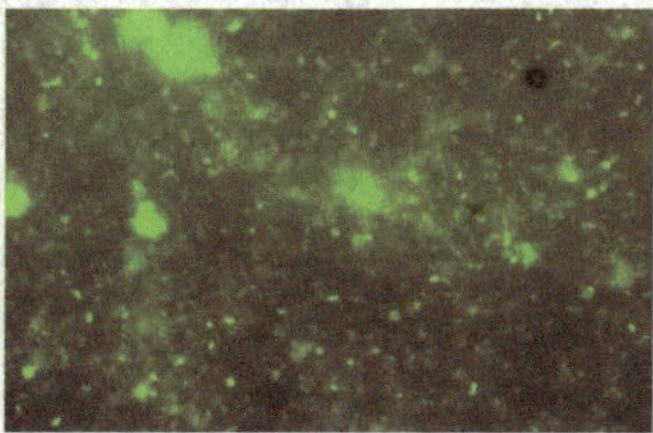

（b）EUB338 全菌识别结果

（c）MPA223 识别结果

图 3.2 污泥样品的革兰氏染色和 FISH 结果

3.4.2 *M. parvicella* 的分离

用于分离 *M. parvicella* 的疏水板有玻璃板、不具有疏水凹槽的 PDMS 板、具有疏水凹槽的 PDMS 板、具有疏水凹槽的 PMMA 板、具有疏水凹槽的 PS 板。利用这 5 种疏水板分离 *M. parvicella* 的效果如图 3.3 所示。

如图 3.3（a）所示，当采用玻璃板时，用 NaCl 溶液冲洗后，玻璃板上无 *M. parvicella* 附着；如图 3.3（b）所示，当采用无疏水凹槽的 PDMS 疏水板时，用 NaCl 溶液冲洗后，疏水板上仅有少量 *M. parvicella* 附着，且含有大量其他杂菌；如图 3.3（c）所示，当采用具有宽度为 0.5 ～ 1.0μm 的疏水凹槽的 PDMS 疏水板时，疏水板上附着大量的 *M. parvicella*，且杂菌小，说明具有疏水凹槽的疏水材料板实现了 *M. parvicella* 从活性污泥混合液中的分离。此外，还可以看到具有疏水凹槽的 PMMA 和 PS 板上仅有少量的 *M. parvicella*。因此，具有疏水凹槽的 PDMS 疏水板分离 *M. parvicella* 的效果最好。

（a）玻璃板

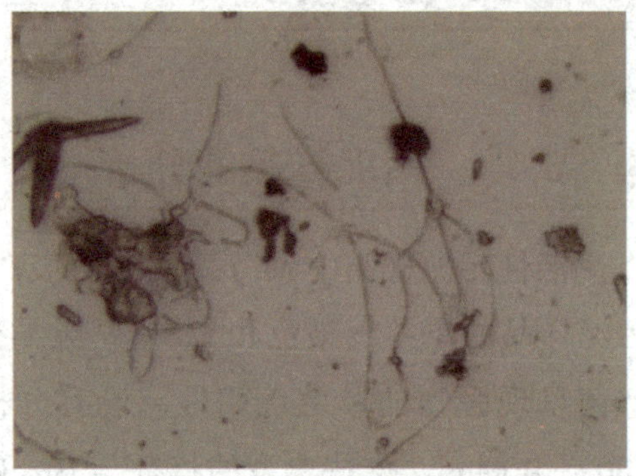

（b）不具有疏水凹槽的 PDMS 板

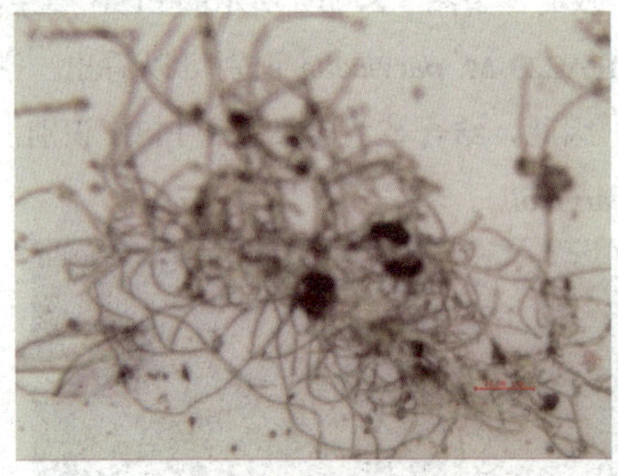

（c）具有疏水凹槽的 PDMS 板

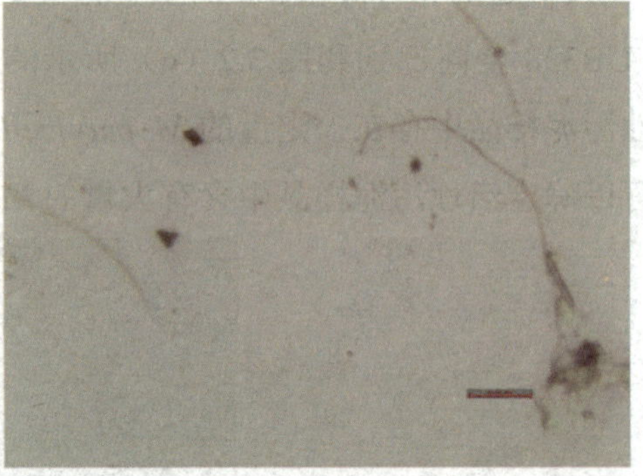

（d）具有疏水凹槽的 PMMA 板

图 3.3 用疏水板分离 *M. parvicella* 的效果

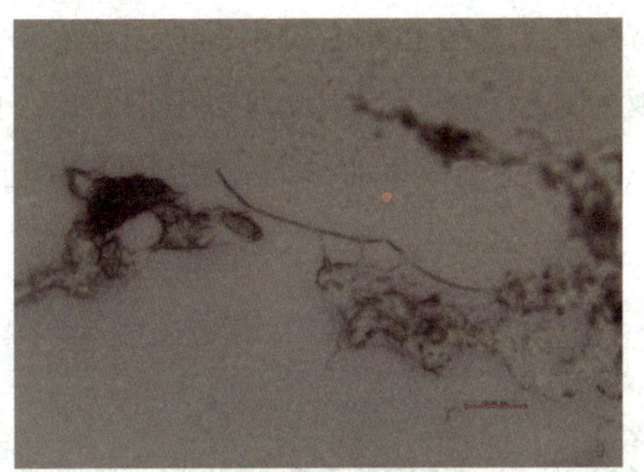

（e）具有疏水凹槽的 PS 板

图 3.3 （续）

由上述实验结果可知：疏水板的种类和疏水结构对 *M. parvicella* 的分离效果具有显著的影响。为了研究疏水结构对 *M. parvicella* 分离效果的影响，下面利用扫描电子显微镜（SEM）和超景深电子显微镜来观察疏水板的表面结构，其结果如图 3.4 所示。由图 3.4 可以看出，疏水板表面有许多凹槽，各凹槽之间的宽度为 0.5 ～ 0.8μm，这与 *M. parvicella* 的直径正好相吻合。当用 NaCl 溶液冲洗疏水板表面时，由于凹槽的作用，*M. parvicella* 可以吸附在疏水板表面而不会被 NaCl 溶液冲洗掉。

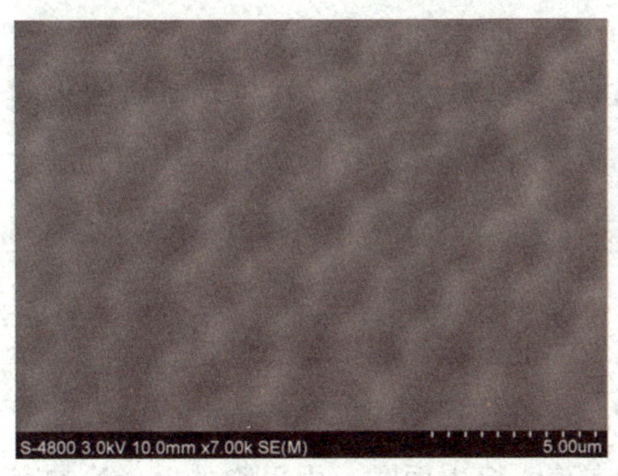

（a）SEM 观察到表面结构

（b）超景深显微镜观察到表面结构

图 3.4 疏水板的表面结构

细菌表面的疏水性对于其吸附在不规则固体表面具有重要性[285]，因此疏水板的疏水特性可以影响其分离 *M. parvicella* 的效果。为了研究疏水板的疏水特性对分离效果的影响，利用带有 CCD 相机的接触角测定仪来测定不同疏水板的接触角。如图 3.5 所示，玻璃板的接触角最小为 32.5°，而具有疏水凹槽的 PDMS、PMMA 和 PS 疏水板具有较大的接触角，分别为 94.93°、85.91° 和

60.45°，并且不具有疏水凹槽的 PDMS 疏水板的接触角（93.89°）比具有疏水凹槽的 PDMS 疏水板的接触角要小。因此可以得出结论：由疏水凹槽引起的疏水特性是影响 *M. parvicella* 分离效果的一个关键因素，并且疏水板的种类对疏水特性也有重要影响。

（a）玻璃板

（b）不具有疏水凹槽的 PDMS 板

（c）具有疏水凹槽的 PDMS 板

（d）具有疏水凹槽的 PMMA 板

（e）具有疏水凹槽的 PS 板

图 3.5 不同疏水板的接触角测定结果

此外，疏水板的疏水特性明显也受疏水板种类的影响。在三种具有疏水凹槽的疏水板中，PDMS 板的接触角要大于其余两种疏水板的接触角，表明其疏水性要大于另外两种疏水板（PMMA 和 PS 板），这也意味着其将有最好的分离效果，这与图 3.3 所示的分离效果是一致的。

细胞表面的疏水性 [157] 主要是由细胞表面的多糖、脂多糖、糖蛋白等胞外聚合物的种类和数量来决定的，细胞表面的疏水性使得细菌能够吸附到固体表面。当将含有 *M. parvicella* 的污泥混合液滴加在疏水板表面时，由于胞外聚合酶的存在能够使 *M. parvicella* 吸附在疏水板的表面，并且胞外聚合酶之间由于有分子作用力的存在，因此当用 NaCl 溶液冲洗时，*M. parvicella* 并不能被 NaCl 溶液冲洗掉，从而保留在疏水板的表面。

3.5 本章小结

本章根据 *M. parvicella* 的疏水性以及 *M. parvicella* 的直径，设计制备出表面具有凹槽的不同疏水板对 *M. parvicella* 进行分离。分离结果表明：具有疏水凹槽的 PDMS 疏水板具有良好的 *M. parvicella* 分离效果，并且疏水板的表面结构和疏水特性以及疏水板的种类都会对 *M. parvicella* 的分离效果产生一定的影响。利用疏水板分离 *M. parvicella*，操作简单易行，可快速地实现 *M. parvicella* 从已发生膨胀的活性污泥混合液中分离，克服了 *M. parvicella* 从活性污泥系统中分离困难的问题。此外，可将分离有 *M. parvicella* 的 PDMS 疏水板置于培养基中，进行 *M. parvicella* 的富集培养和纯培养，与传统的稀释平板法和涂布平板法等 *M. parvicella* 纯培养方法相比，缩短了培养周期，操作过程更加简便、快捷，更易于实现。

第 4 章

M. parvicella 靶向识别荧光探针的合成与表征

4.1 引言

据报道，由 *M. parvicella* 引起的污泥膨胀是全世界范围内最常出现的污泥膨胀现象 [286]。尽管对 *M. parvicella* 进行了大量的研究 [124, 126]，但是由于其生长速率过慢和难以纯培养，因此关于其生理的特性仍然知之甚少。然而，大量的研究还是获得了一些关于 *M. parvicella* 生理特性的信息。

早期的关于 *M. parvicella* 生理特性的纯培养研究结果 [124, 130] 表明 *M. parvicella* 能够利用 LCFA 作为碳源和能源。此外，在原位条件下，利用显微放射自显影技术研究 [149, 150] 表明，*M. parvicella* 在原位条件下可以摄食 LCFA，并且 Andreasen 和 Nielsen 的研究表明，*M. parvicella* 不仅能够在好氧条件下利用 LCFA，而且也能够在厌氧条件下利用 LCFA。McIlroy 等 [154] 和 Noutsopoulos 等 [152, 153] 的研究也表明 *M. parvicella* 具有摄食 LCFA 的生理特性。Nielsen 等 [157] 通过微球吸附细胞的方法与 FISH 技术结合发现 *M. parvicella* 具有疏水性细胞表面。疏水性的细胞表面利于 *M. parvicella* 吸附脂肪和 LCFA，这是 *M. parvicella* 相对于其他菌的一个巨大竞争优势。

FISH 技术可以对特定的微生物菌群进行鉴定，已广泛地应用于环境微生物领域 [159]。Erhart 等 [161] 设计了 4 种特异性识别引起活性污泥膨胀和泡沫的丝状菌 *M. parvicella* 的寡核苷酸探针，并利用这 4 种探针进行了原位检测和识别。结果表明，MPA60、MPA223 和 MPA645 均能特异性识别活性污泥中形态学上识别为 *M. parvicella* 的丝状菌。

虽然 FISH 技术已广泛应用于环境微生物领域，但是其仍然存在很多缺点。最主要的缺点就是待识别的菌群的基因序列是否可用 [163]，并且即使理论上可以，其应用于实际识别特定菌群时也可能不一定能够完全识别该特定的菌群。此外，很难量化杂交的程度仍是 FISH 很难克服的一个障碍。在杂交之前，需要对细胞进行预处理来增加细胞的通透性，杂交的过程比较复杂和耗时，购买探针的费用比较昂贵不适合实验室研究使用等，也是 FISH 技术在应用过程中的缺点。因此，设计一种新型的荧光探针来标记和识别 *M. parvicella* 已成为当前研究的一个重要方面。

4.2 实验设计原理

咔唑及其衍生物是一类重要的含氮杂环化合物，咔唑及其衍生物是一类重要的含氮杂环化合物，其分子内含有较大的共轭体系和较强的电子转移能力，具有原料便宜易得、良好的荧光强度和给电子性能、稳定性好等优点。此外，咔唑结构经过结构修饰可引入多种官能团，从而可以得到长波长、大斯托克斯位移且量子产率高的咔唑衍生物。刚性平面共轭体系引入分子结构中对于分子的稳定性、荧光强度以及发射波长等特性都有很大的改善[287-288]，咔唑类化合物引入刚性稠环这种特殊的结构能够使其表现出许多独特的性能及生物活性[289]。此外，咔唑易于引入各种化学基团进行结构修饰，许多研究者已开发合成出许多咔唑衍生物，对其修饰能得到最大吸收波长长、斯托克斯位移大的荧光染料。

M. parvicella 表面具有疏水性和能够摄食 LCFA 是其重要的两个生理特性，通过对比 LCFA 与相应的酯类化合物构成，可以发现它们均包含酯基或者含有长的碳链结构。利用咔唑类化合物易于进行结构修饰的特点，用长链烷烃对咔唑环进行修饰，使其具有很强的疏水性并能特异性识别 *M. parvicella*。基于以上的设计原理，本章将不同碳链长度的长链烷烃引入咔唑母体结构对其修饰，设计合成了一系列用于靶向识别 *M. parvicella* 的荧光探针。

4.3 实验材料

4.3.1 实验仪器

主要实验仪器见表 4-1。

表 4.1 主要实验仪器

名 称	型 号	生 产 商
恒温加热油浴锅	98-3 型	巩义市英峪仪器厂
旋转蒸发仪	RE-52AA	上海亚荣生化仪器厂
精密电子天平	FA2004	上海上平仪器有限公司
循环水式多用真空泵	SHZ-D（III）	巩义市英峪仪器厂
电热鼓风干燥箱	101 型	北京市永光明医疗仪器厂

续表

名称	型号	生产商
紫外 - 可见分光光度计	Lambda 25	美国 PerkinElmer 公司
荧光光谱仪	F-7000	美国瓦里安技术中国有限公司
核磁共振仪	DPX 400	德国 Bruker 公司

4.3.2 实验试剂

主要实验试剂见 4-2。

表 4.2 主要实验试剂

名称	规格	生产商
1- 溴代正烷	分析纯	上海阿拉丁生化科技股份有限公司
1- 溴代十二烷	分析纯	上海阿拉丁生化科技股份有限公司
1- 溴代十六烷	分析纯	天津希恩思生化科技有限公司
1- 溴代十八烷	分析纯	上海阿拉丁生化科技股份有限公司
4- 甲基喹啉	分析纯	梯希爱化成工业发展有限公司
N- 乙基咔唑	分析纯	天津市江天化工技术有限公司
三氯氧磷	分析纯	天津市化学试剂三厂
哌啶	分析纯	天津市化学试剂二厂
甲苯	分析纯	天津市江天化工技术有限公司
石油醚	分析纯	天津市富起化工有限公司
乙醇	分析纯	天津市富起化工有限公司
乙酸乙酯	分析纯	天津市富起化工有限公司
N,N- 二甲基甲酰胺	分析纯	天津市江天化工技术有限公司
甲醇	分析纯	天津市富起化工有限公司
二氯甲烷	分析纯	天津市富起化工有限公司
二甲基亚砜	分析纯	天津市江天化工技术有限公司
氘代氯仿	99.9%	天津希恩思生化科技有限公司

4.4 实验方法

4.4.1 荧光探针的合成

荧光探针的合成步骤为先将 N- 乙基咔唑经甲酰化得 3- 甲酰基 -N- 乙基 - 咔唑，然后将 3- 甲酰基 -N- 乙基 - 咔唑分别与不同碳链长度的 4- 甲基喹啉溴代盐（2a/2d/2c/2d）反应，最终合成不同碳链长度的长链烷烃修饰的菁染料荧光探针化合物（3a/3d3c/3d）。其合成路线如图 4.1 所示。

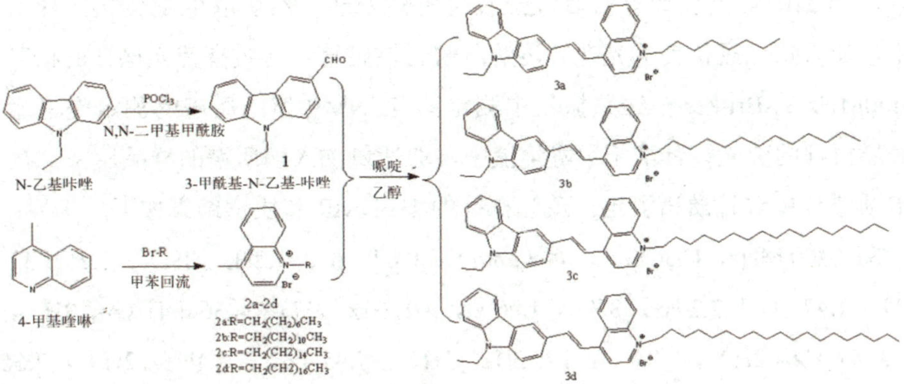

图 4.1 荧光探针的合成路线

1. 3- 甲酰基 -N- 乙基 - 咔唑（化合物 1）的合成

将 2.0000g（0.010 mol）N- 乙基咔唑溶解在 25mL N,N- 二甲基甲酰胺（DMF）溶液中，以备待用。在 100mL 圆底烧瓶中加入 DMF 溶液 7.7mL，冰水浴搅拌下，缓慢滴加 9.5mL（0.100mol）三氯氧磷至圆底烧瓶中，滴加完毕，将前述的溶解有 N- 乙基咔唑的 DMF 溶液滴加到反应瓶中，回流反应过夜。反应结束后，将其倒入冰水中冷却，二氯甲烷（DCM）萃取有机相，硅胶柱层析分离，得米黄色固体。该化合物为实验室已合成的，可直接使用。

2. 4- 甲基喹啉溴化盐的合成

称取 10mmol 4- 甲基喹啉、10mmol 溴代正辛烷 / 溴代十二烷 / 溴代十六烷 / 溴代十八烷加入圆底烧瓶中，再向其中加入 15mL 甲苯作为溶剂，温度调至

120℃，加热回流并搅拌约3h，待其静置冷却后，除去上层溶剂甲苯，得到蓝紫色油状液体，向其中加入石油醚，摇匀后用真空泵进行抽滤，抽滤干燥后得到蓝紫色固体，即为图4.1中的4-甲基喹啉溴化盐2a/2b/2c/2d。

3. 荧光探针的合成

将上述4-甲基喹啉溴化盐（2a/2b/2c/2d）和3-甲酰基-N-乙基-咔唑分别按照1∶1比例加入圆底烧瓶中，加入无水乙醇20mL作为反应的溶剂，再滴加2mL哌啶作催化剂，将其在80～90℃的条件下回流反应24h，溶液变成红色，停止反应。在室温下冷却后，用石油醚处理使反应液中析出固体，抽滤得深红色固体。将荧光探针过硅胶层析柱进一步提纯。

将得到的荧光探针干燥后过硅胶层析柱处理，然后取少量荧光探针于核磁管中，加入氘代氯仿使荧光探针溶解，密封核磁管。将装有荧光探针的核磁管置于400MHz的Bruker核磁共振仪中测定其^{1}H NMR谱。质谱的测定是将适量过硅胶层析柱的荧光探针溶于甲醇溶液中，取适量加入测质谱的样品瓶中，在ESI-TOF质谱仪中进行质谱测定。荧光探针的1H NMR和质谱结果如下：

3a（400 MHz，CDCl3），δ（ppm）：0.87（t，J=7.2Hz，3H），1.24-1.32（m，10H），1.47（t，J=7.2 Hz，3H），1.96（t，J=1.2Hz，2H），4.36-4.41（m，2H），4.86（d，J=5.6 Hz，2H），7.34（t，J=7.2Hz，1H），7.45（d，J=8.4Hz，2H），7.55（t，J=8.0Hz，1H），7.90-8.05（m，6H），8.23（d，J=7.6Hz，1H），8.36～8.40（m，1H），8.44（s，1H），8.81～8.83（m，1H），9.94～9.99（m，1H）。ESI-TOF-MS calculated for $C_{33}H_{37}N_2^+$：461.2951；Found：461.2881。

3b（400MHz，CDCl3），δ（ppm）：0.90（t，J=7.2Hz，3H），1.25-1.44（m，18H），1.49（t，J=7.2Hz，3H），1.98（t，J=6.4Hz，2H），4.41（dd，J=7.2Hz，2H），4.88（t，J=7.2Hz，2H），7.36（t，J=7.6Hz，1H），7.46（d，J=8.0Hz，2H），7.56（t，J=7.6Hz，1H），7.89～8.07（m，6H），8.25（d，J=7.2Hz，1H），8.38（d，J=5.2Hz，1H），8.47（s，1H），8.85（d，J=8.0Hz，1H），10.01（d，J=4.8Hz，1H）。ESI-TOF-MS calculated for $C_{37}H_{45}N_2^+$： 517.3577；Found：517.3507。

3c（400MHz，CDCl3），δ（ppm）：0.90（t，J=6.8Hz，3H），1.27（s，26H），1.51（t，J=7.2Hz，3H），1.95～1.99（m，2H），4.40～4.46（m，

2H），5.03 ～ 5.09（m，2H），7.36（t，J=7.6Hz，1H），7.48（d，J=7.2Hz，2H），7.57（t，J=8.0Hz，1H），7.88 ～ 8.13（m，6H），8.25（d，J=7.6Hz，1H），8.37 ～ 8.44（m，1H），8.50（s，1H），8.79（d，J=8.8Hz，1H），10.16 ～ 10.21（m，1H）。ESI-TOF-MS calculated for $C_{41}H_{53}N_2^+$：573.4203；Found：573.4106。

3d（400 MHz，CDCl3），δ（ppm）：0.89（t，J=7.2Hz，3H），1.23-1.42（m，30H），1.48（t，J=7.2Hz，3H），1.90-1.98（m，2H），4.36 ～ 4.43（m，2H），4.82（t，J=7.6Hz，2H），7.34（t，J=7.6Hz，1H），7.45（d，J=8.0Hz，2H），7.55（t，J=7.6Hz，1H），7.88 ～ 8.05（m，6H），8.24（d，J=7.6Hz，1H），8.35（d，J=5.2Hz，1H），8.44（s，1H），8.85（d，J=8.4Hz，1H），9.93（d，J=6.0Hz，1H）。ESI-TOF-MS calculated for $C_{43}H_{57}N_2^+$： 601.4516；Found： 601.4428。

4.4.2 紫外 – 可见吸收光谱和荧光光谱的测定

将合成的荧光探针化合物（3a/3b/3c/3d）经干燥处理后，分别精确称取一定量荧光探针溶解于二甲基亚砜溶液中，使其浓度均为 1.0×10^{-3}mol/L，避光储存备用。测试前，分别用甲醇（MeOH）、乙醇（EtOH）、二氯甲烷（DCM）、N，N-二甲基甲酰胺（DMF）、二甲基亚砜（DMSO）将储配液稀释成 1×10^{-5}mol/L 浓度的不同溶剂的探针工作液，在 Perkin Elmer 紫外 - 可见分光光度计上测定其紫外 - 可见吸收光谱；选择探针在不同溶剂中的最大吸收波长作为激发波长，在 F-7000 荧光光谱仪上测定其荧光光谱。

4.4.3 疏水性

为了测定荧光探针的疏水性，分别将少量荧光探针加入盛有蒸馏水的比色皿中，观察荧光探针的溶解性。若荧光探针在蒸馏水中不溶解，则说明其疏水性非常强，反之，则说明其具有很好的溶解性。此外，分别将荧光探针溶于少量乙醇溶液配制成荧光探针储配液，然后分别将一定量的储备液加入盛有蒸馏水的比色皿中，观察其溶解性。

4.4.4 光稳定性

光稳定性按照陈秀英等[290]描述的实验步骤进行改进，具体如下。将荧光探针配制成一定浓度的乙醇溶液，取约100mL溶液于烧杯中并用保鲜膜覆盖烧杯口以保持密闭，然后将其在500W的碘钨灯下照射。为了除去短波长光的吸收及照射过程中产生的热量，在烧杯和碘钨灯之间设置一宽度为15cm的冷阱，其中充满浓度为50g/L的$NaNO_2$溶液，碘钨灯与烧杯中的荧光探针溶液间相距25cm。照射过程中尽量保持避光以排除其他因素的影响。每隔1h取一定量溶液进行紫外-可见吸收光谱和荧光光谱测定，通过测量探针在光照过程中最大吸收值和荧光强度值的变化研究荧光探针的光稳定性。

4.5 结果与讨论

4.5.1 紫外可见光谱和荧光光谱

1. 紫外可见光谱

由于不同溶剂的偶极距、介电常数等性质的差异导致不同溶剂和溶质间会产生各种各样的相互作用，从而导致不同溶剂可能会对溶质的特性产生不同的影响。为了研究不同溶剂对荧光探针的紫外吸收峰和荧光光谱特性产生的影响，用分别在浓度为1×10^{-5} mol/L的甲醇（MeOH）、乙醇（EtOH）、二氯甲烷（DCM）、N，N-二甲基甲酰胺（DMF）、二甲基亚砜（DMSO）溶液中测定4种探针的紫外可见光谱和荧光光谱特性。

荧光探针在不同溶剂中的紫外光谱特性的测定结果如图4.2所示。由图4.2可以看出，荧光探针的最大吸收波长受溶剂的影响比较大。4种荧光探针有着相同的最大波长范围是488～524nm，并且这4种荧光探针在DCM溶液中的最大吸收波长均为524nm，所以在DCM溶液中的所有荧光探针均发生红移。这是因为DCM作为非极性溶剂，其极性在这5种溶剂中是最小的，基于分子内电荷转移机理（ICT），分子内激发态分子更稳定，因此与极性溶剂相比，分子在DCM溶液中更容易被激发，并且分子激发所需能量大大降低，最大吸收波长红移，辐射跃迁的概率降低[291-292]。然而其余的4种溶剂都是极性溶剂，在这4种极性溶剂中，荧光染料探针分子能够和极性溶剂分子形成 H 键，使荧光探针分子的基态处于稳定状态，不易被激发，从而使其激发所需的能量提高，最大吸收波长发生蓝移。此外，还发现 8C 修饰的荧光探针的最大吸收强度是在 DMSO 溶液中的 490nm 处，而其余 3 种荧光探针的最大吸收强度是在 MeOH 溶液中的 493nm 处。

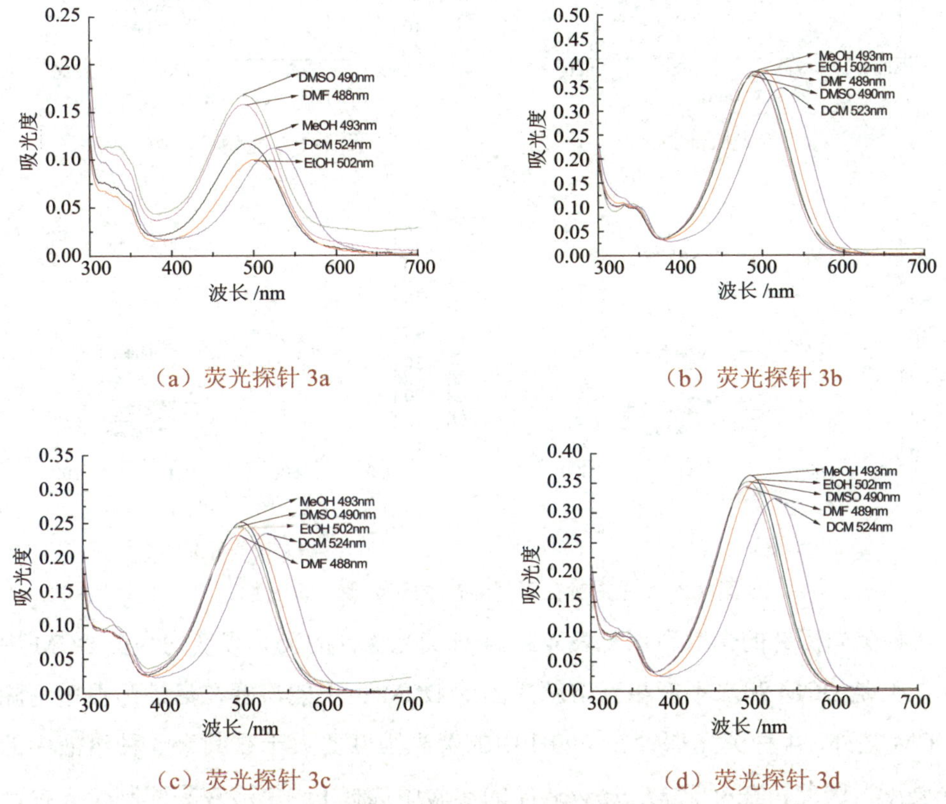

（a）荧光探针 3a　（b）荧光探针 3b

（c）荧光探针 3c　（d）荧光探针 3d

图 4.2 荧光探针在不同溶剂中的紫外光谱特性的测定结果

2. 荧光光谱

不同溶剂也会对荧光光谱的特性产生显著的影响，荧光探针在不同溶剂中的荧光光谱特性如图 4.3 所示。由图 4.3 可知，4 种荧光探针的最大荧光强度均出现在 DCM 溶液中，而最弱的荧光强度均出现在 DMF 溶液中。在不同溶液中，4 种荧光探针的最大激发波长几乎是一致的，这表明溶液的极性对最大激发波长的影响很小。但在不同溶剂中，荧光强度表现出极大的不同，这说明探针对溶剂环境可能很敏感，容易受到溶剂的影响。

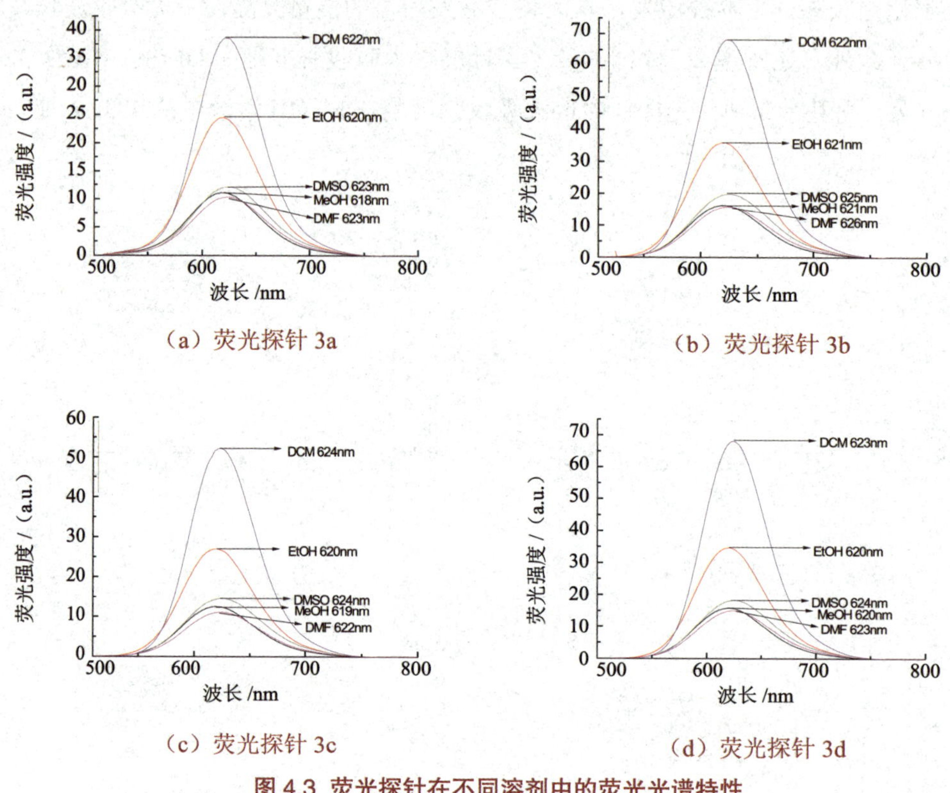

（a）荧光探针 3a （b）荧光探针 3b

（c）荧光探针 3c （d）荧光探针 3d

图 4.3 荧光探针在不同溶剂中的荧光光谱特性

4 种荧光探针的光谱数据见表 4.3。4 种荧光探针的荧光强度均为在 DCM 中最大，但是 DCM 和水不能相互溶解，因此 DCM 也不能溶解在活性污泥中。除了 DCM 之外，4 种荧光探针在 EtOH 中的荧光强度要大于在其余 3 种溶液中的荧光强度，因此，在标记 *M. parvicella* 的实验中选择 EtOH 溶液来配制荧光探针的储备液。

表 4.3 4 种荧光探针的光谱数据

项目	参数	MeOH	EtOH	DCM	DMSO	DMF
	偶极矩	1.69	1.69	1.20	3.96	3.86
	介电常数	32.7	24.5	8.9	47.2	36.7
3a	λ_{max}/nm	493	502	524	490	488
	ε / （$10^4 mol\cdot L^{-1}\cdot cm^{-1}$）	1.17	1.00	1.12	1.68	1.58
	λ_{em}/nm	618	620	622	623	623
	荧光强度	11.16	24.54	38.70	12.23	10.43
	斯托克斯位移 /nm	125	118	98	133	135

续表

项目	参数	MeOH	EtOH	DCM	DMSO	DMF
3b	λ_{max}/nm	493	502	523	490	489
	ε /（10^4mol·L^{-1}·cm^{-1}）	3.83	3.83	3.48	3.75	3.82
	λ_{em}/nm	621	621	622	625	626
	荧光强度	16.34	35.98	68.22	19.93	15.87
	斯托克斯位移 /nm	128	119	99	135	137
3c	λ_{max}/nm	493	502	524	490	488
	ε /（10^4mol·L^{-1}·cm^{-1}）	2.51	2.45	2.35	2.46	2.32
	λ_{em}/nm	619	620	624	624	622
	荧光强度	12.57	27.06	52.34	14.76	11.19
	斯托克斯位移 /nm	126	118	100	134	134
3d	λ_{max}/nm	493	502	524	490	489
	ε /（10^4mol·L^{-1}·cm^{-1}）	3.63	3.55	3.24	3.52	3.45
	λ_{em}/nm	620	620	623	624	623
	荧光强度	15.89	34.74	68.16	18.34	15.15
	斯托克斯位移 /nm	127	118	99	134	134

此外，由表 4.3 可以看出，斯托克斯位移也受不同溶剂的影响。在 DCM 中斯托克斯位移最小（98 ～ 100 nm），而在 MeOH、EtOH、DMSO 和 DMF 中却比较大，分别为 125 ～ 128nm、118 ～ 119nm、133 ～ 135nm 和 134 ～ 137nm。荧光探针的斯托克斯位移都比一般的菁染料的斯托克斯位移（30nm）大得多，在生物应用方面具有更好的适用性，并且可以发现斯托克斯位移几乎是随着偶极矩的增大而增大。不同溶剂对斯托克斯位移的影响可以由式（4.1）来确定[293]。式（4.1）表明斯托克斯位移与偶极矩呈正相关，这与上述结果是一致的。

$$\Delta \upsilon = \lambda_{max} - \lambda_{em} = \frac{2}{hc}\Delta f \frac{\mu^{*} - \mu}{a^{3}} + \text{constant} \tag{4.1}$$

式中，$\lambda_{max} - \lambda_{em}$ 为斯托克斯位移；h 为普朗克常数；c 为光速；a 为常数；当分子和溶剂之间没有氢键时，μ 和 μ^* 分别为基态和激发态的偶极矩；Δf 为取向极化率。

4.5.2 疏水性

由于荧光探针是基于 *M. parvicella* 表面的疏水性设计而成的，因此为了测试荧光探针的疏水性，将荧光探针加入蒸馏水中。此外，还将荧光探针溶解到少量乙醇溶液中配制成储备液后加入蒸馏水中，观察荧光探针的溶解性。荧光探针的

疏水性实验结果如图 4.4 所示。

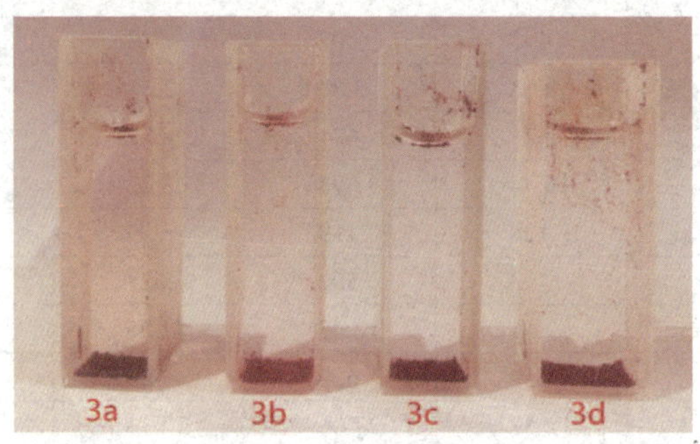

（a）荧光探针加入蒸馏水

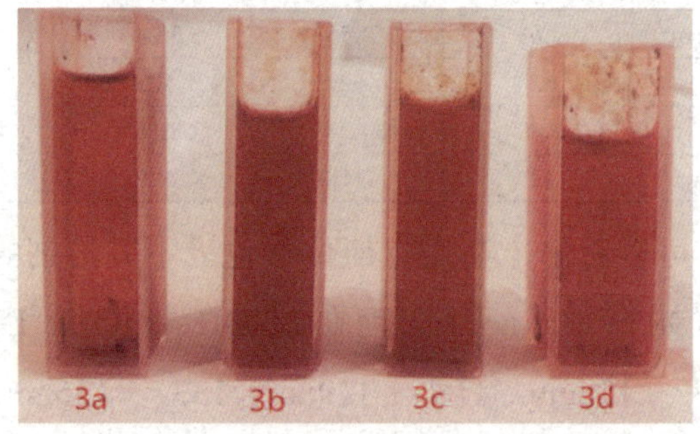

（b）荧光探针溶解在乙醇溶液中加入蒸馏水

图 4.4 荧光探针的疏水性实验结果

由图 4.4 可以看出，4 种合成的荧光探针均沉淀在蒸馏水的底部，而不能与水相溶，因此荧光探针表现出极好的疏水性。然而，当荧光探针先溶解在 EtOH 中配制成储备液后再加入蒸馏水中时，荧光探针可以很好地分散在蒸馏水中。因此，为了标记 *M. parvicella*，先将荧光探针溶解在 EtOH 溶液中配制成储备液，然后加入活性污泥中进行标记。

4.5.3 光稳定性

荧光探针的光稳定性在微生物标记中起着重要的作用，因此有必要对荧光探针的光稳定性进行测定。将一定浓度的荧光探针溶液置于碘钨灯下光照，每隔 1h 取出一定溶液进行紫外吸收光谱和荧光光谱的测定，持续 8h。4 种荧光探针的紫外吸收强度和荧光强度如图 4.5 所示。由图 4.5 可以看出，4 种荧光探针的紫外最大吸收和最大荧光强度在 8h 内几乎没有发生显著的变化，这个结果表明荧光探针可以长时间曝光于光照条件下并保持其强度不变，故该种荧光探针可以很好地应用于 *M. parvicella* 的荧光标记。

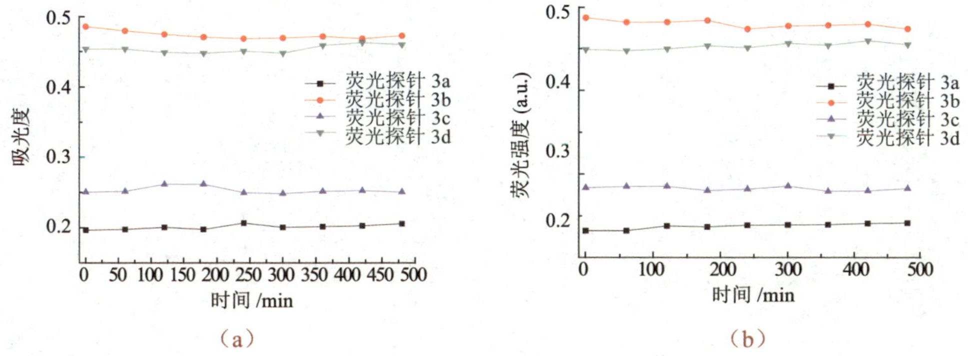

图 4.5 4 种荧光探针的紫外吸收强度和荧光强度

4.6 本章小结

本章依据 *M. parvicella* 摄取和储存 LCFA 及其细胞表面具有强疏水性的特性，将 3- 甲酰基 -N- 乙基 - 咔唑与不同碳链长度的 4- 甲基喹啉溴代盐通过反应得到一系列不同碳链长度的长链烷烃修饰的菁染料荧光探针化合物（3a/3b/3c/3d）。通过核磁氢谱和高分辨质谱对荧光探针的结构进行表征，并测定其紫外 - 可见吸收光谱和荧光光谱，光谱数据表明：4 种荧光探针在不同溶剂中的紫外 - 可见吸收光谱有着相同的最大波长范围为 488 ～ 524nm，荧光最大发射波长为 618 ～ 626nm，摩尔消光系数最大可达 3.8 左右，数量级达到 104，斯托克斯位移值为 99 ～ 137，该结果表明具有很好的光谱特性，斯托克斯位移大，利于进行 *M. parvicella* 标记。此外，疏水性测试表明荧光探针具有很好的疏水性；光稳定性表明荧光探针可以长时间曝光于光照条件下并保持其强度不变，具有很好的光稳定性，适合用于荧光标记。

第 5 章

M. parvicella 的靶向识别及定量计算

5.1 引言

荧光标记具有稳定性高、灵敏度高和选择性好等特点，可广泛应用于细胞内外物质检测、组织及活体动物标记成像等方面，近年来荧光标记技术也广泛应用于环境微生物领域，并取得了一些研究成果。

计算机技术的迅速发展使许多的计算机图像分析软件被开发出来应用于图像处理和分析。Image Pro Plus 是一款目前国内外常用的功能强大的图像处理、增强和分析软件，具有异常丰富的测量和定制功能。许多研究人员利用 Image Pro Plus 软件进行荧光技术、荧光测量等工作，以及在医学方面计算图像的面积和光密度、进行免疫组化定量及荧光图像分析等 [294]。

本章将研究 4 种荧光探针在原位条件下识别活性污泥中的 *M. parvicella* 的具体方法和步骤，以及探针浓度、碳链长度和作用时间等因素对识别效果的影响，进一步对 *M. parvicella* 识别方法进行优化，并利用 Image Pro Plus 软件对图片进行处理，以进一步确定各因素对识别效果的影响，确定最佳识别条件和最优探针。此外，还在不同的 SVI 条件下，用最优荧光探针对活性污泥样品进行标记，通过 Image Pro Plus 软件对图片进行处理，并定量计算出在不同的 SVI 条件下的荧光强度，从而建立 SVI 与荧光强度的对应关系，初步建立污泥膨胀的预警模型。

5.2 实验材料

5.2.1 实验仪器

主要实验仪器见表 5.1。

表 5.1 主要实验仪器

名 称	型 号	生 产 厂 家
台式高速离心机	H1650-W	湖南湘仪实验室仪器开发有限公司
超声波细胞破碎仪	UH-100A	天津奥特赛恩斯仪器有限公司
超净工作台	SW-CJ-12FD	苏州净化设备有限公司
高压灭菌锅	YX280B	上海三申医疗器械有限公司
冰箱	BC-92	广东奥马电器股份有限公司
荧光倒置显微镜	IX71	日本奥林巴斯

5.2.2 实验试剂

主要实验试剂见表 5.2。

表 5.2 主要实验试剂

名 称	规 格	生 产 商
结晶紫	分析纯	天津市光复精细化工研究所
草酸铵	分析纯	天津市江天化工技术有限公司
碘	分析纯	天津市博迪化工有限公司
碘化钾	分析纯	天津市风船化学试剂科技有限公司
番红	—	天津市奥淇医科销售有限公司
多聚甲醛	分析纯	天津市科尔通化工销售有限公司
氢氧化钠	分析纯	天津市风船化学试剂科技有限公司
乙醇	分析纯	天津市富起化工有限公司
NaCl	分析纯	天津市风船化学试剂科技有限公司
$Na_2HPO_4 \cdot 7H_2O$	分析纯	天津市风船化学试剂科技有限公司
KH_2PO_4	分析纯	天津市基准化学试剂有限公司
KCl	分析纯	天津市风船化学试剂科技有限公司
三羟甲基氨基甲烷	分析纯	天津市光复精细化工研究所
盐酸	分析纯	天津市江天化工技术有限公司
甲酰胺	分析纯	天津市福晨化学试剂厂
十二烷基硫酸钠	分析纯	天津市风船化学试剂科技有限公司
EUB338	—	宝生物工程（大连）有限公司
EUB338 Ⅱ	—	宝生物工程（大连）有限公司
EUB338 Ⅲ	—	宝生物工程（大连）有限公司
MPA60	—	宝生物工程（大连）有限公司
MPA223	—	宝生物工程（大连）有限公司
MPA645	—	宝生物工程（大连）有限公司
DAPI	—	美国 Genview 公司
抗荧光猝灭剂	—	北京索莱宝科技有限公司

5.2.3 实验用污泥样品

进行荧光探针识别效果实验所用的活性污泥样品来自天津市某已发生丝状污泥膨胀的污水处理厂。而用于建立 SVI 与荧光强度的对应关系的活性污泥样品也来自该污水处理厂，在还没有发生污泥膨胀时就开始每隔一定周期取一定污泥样品用荧光探针进行标记。

5.3 实验方法

5.3.1 污泥样品分析

对取自污水处理厂的活性污泥进行革兰氏染色和FISH分析，以确定污泥样品中优势菌和*M. parvicella*的存在。革兰氏染色和FISH分析的具体操作步骤同3.3.1小节所述，在此不再赘述。FISH所用的探针为EUBmix[295]（EUB338、EUB338 Ⅱ、EUB Ⅲ） 和MPAmix[161]（MPA60、MPA223、MPA645）。其中，EUBmix探针用来识别污泥样品中的所有菌群，MPAmix探针用来识别*M. parvicella*菌群。

5.3.2 用荧光探针识别*M. parvicella*

将发生以*M. parvicella*为优势菌的膨胀污泥样品取出一定量并测定其污泥浓度以及污泥容积指数SVI。在使用荧光探针识别目标菌群时，根据测定的污泥浓度将污泥样品的污泥浓度稀释至1000mg/L。

将合成的不同碳链长度的长链烷烃修饰的咔唑类荧光探针分别溶解在乙醇溶液中，配制成1.0mmol/L荧光探针储备液。分别取一定量稀释后的污泥样品于离心管中，然后根据浓度梯度的设置分别加入一定量的荧光探针储备液，使荧光探针在污泥样品中的浓度分别为1.0×10^{-3}mmol/L、3.0×10^{-3}mmol/L、5.0×10^{-3}mmol/L、7.5×10^{-3}mmol/L、1.0×10^{-2}mmol/L和1.5×10^{-2}mmol/L，在荧光显微镜下观察每个荧光探针的浓度识别目标菌群的效果。

5.3.3 图片处理

本实验用到由Media Cybernetics公司设计的Image Pro Plus专业图像分析软件，该软件可以自动对目标图像进行分割、计数、统计、归类、测量等，并可自动编号，显示每个测量目标的各项参数。

所有拍摄的荧光识别照片保存为24位彩色图片，下面介绍使用Image Pro Plus 6.0软件对图片进行处理的步骤。

（1）打开一张图片并复制（选择 Edit → Dupicate/Crop to IOD 命令），并将图片转化为 8 位灰阶的图像（选择 Edit → Convert To → Gray Scale 8 命令）。

（2）选择 Spatial filtering 命令进行 HiGauss 强化处理，选择 Spatial filtering，弹出 Filters 对话框，在 Enhancement 的 Filters 选项中单击 HiGauss 按钮，在 Options 选项中单击 7×7 按钮，再依次单击 Apply、Close 按钮，然后关闭对话框。

（3）提取图片中的丝状物，单击 Count and measure objects，弹出 Count/Size 对话框，依次单击 Manual、Select Ranges，弹出 Segmentation 对话框，手动拖动选中框，在 0 ～ 255 区间内选择一个合适的范围，使菌丝可以完整标记出来，单击 OK 按钮，关闭 Segmentation 对话框；选择 Measure → Select measure 命令，在弹出的对话框中选择要计算的选项，单击 OK 按钮关闭对话框；再在 Count/Size 对话框中单击 Count 按钮，在 Count/Size 对话框中选择 Image → Make New Mask 命令，自动生成一张新的图片，把生成新图片之前的那张 8 位灰阶的图片关掉。

（4）对于图片中的一些影响计算的非丝状物的点，可以使用 Irregular AOI 命令去除，单击 Irregular AOI，按住鼠标左键，将无关的点状结构圈出，选择 Edit → Fill 命令，单击 Color 选项，再选择 Black → Fill → Close 命令，即可去除非菌丝结构。

（5）完成上述步骤之后，将图片转化为 24 位彩色图片（选择 Edit → Convert To → RGB 24 命令）；接着单击 Arithmetic and logical operations，将步骤（4）中得到的图片与原图作逻辑运算，生成一张新的彩色图片，即为滤除其他结构而只有菌丝结构的图片。

（6）单击 Count and measure objects 按钮进行累积光密度（IOD）和面积（Area）计算，单击 Count and measure objects，弹出 Count/Size 对话框，在菜单栏中选择 Automatic Bright Objects → Count，最后单击 View 按钮查看计算结果。

5.4 结果与讨论

5.4.1 活性污泥样品分析

利用革兰氏染色和 FISH 分析可以对发生丝状菌膨胀的活性污泥进行检测以确定其中的优势菌。如图 5.1 所示，由革兰氏染色结果和 FISH 检测结果可以

看出污泥样品中含有大量丝状菌。由图 5.1（a）可以看出，丝状菌呈现强烈的革兰氏阳性，没有分枝，菌丝直径为 0.7 ～ 0.9μm，长度为 200 ～ 400 μm，这些典型的特征与 Blackall、Eikelboom 以及 Rossetti 等描述的 *M. parvicella* 的主要特征是一致的。由图 5.1（b）和（c）所示的 FISH 检测的结果可以看出，绿色荧光代表污泥样品中的全菌识别效果 [图 5.1（b），EUB338、EUB338I Ⅱ和 EUB338 Ⅲ]，红色为 *M. parvicella* 的识别效果 [图 5.1（c），MPA60、MPA223 和 MPA645]。根据以上革兰氏染色和 FISH 分析可以看出，活性污泥样品中存在大量的 *M. parvicella*。因此，结合革兰氏染色和 FISH 识别，可以确定活性污泥样品中 *M. parvicella* 为优势菌。

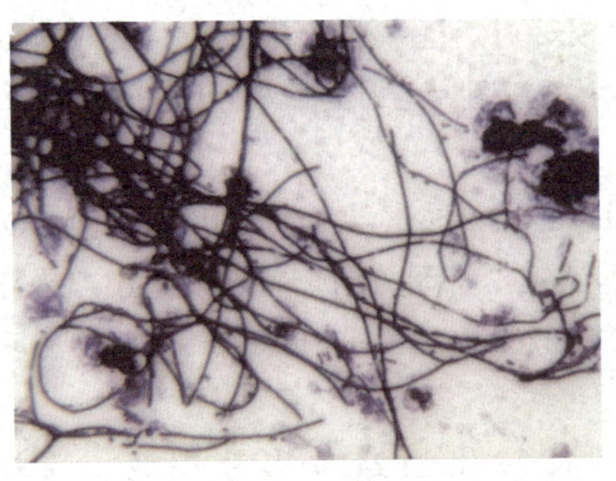

（a）革兰氏染色结果

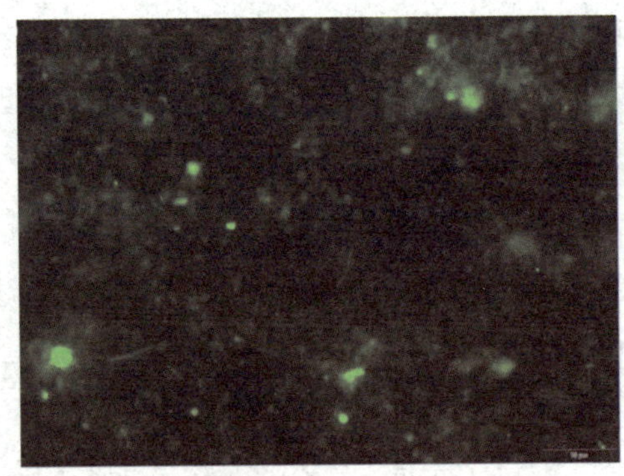

（b）全菌 FISH 探针识别结果

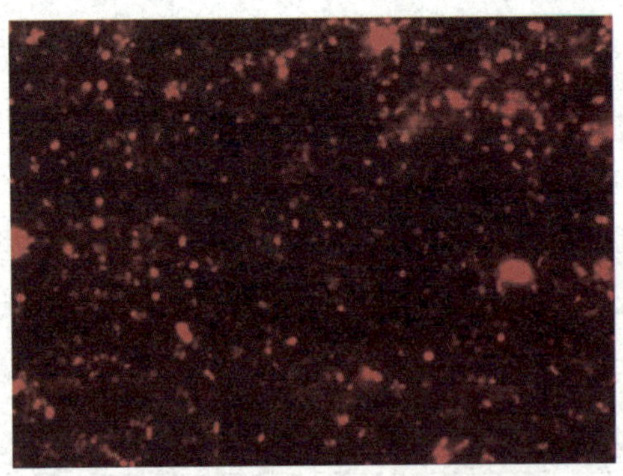

（c）*M.parvicella* FISH 探针识别结果

图 5.1 革兰氏染色和 FISH 检测图

5.4.2 用荧光探针识别 *M. parvicella*

为了确定荧光探针的标记效果，以探针 3d 为例进行标记效果实验。将含一定量探针3d的乙醇储备液加入污泥样品中，在自然光和荧光显微镜下对同一视野进行观察，其结果如图5.2所示。在自然光下，几乎看不到菌胶团中有任何的丝状菌，而在荧光显微镜下，可以清晰地看到菌胶团中的*M. parvicella*，并且*M. parvicella*的荧光强度要比菌胶团的亮，从而可以很好地将*M. parvicella*从菌胶团中区分出来，因此，用荧光探针可以很好地实现*M. parvicella*的标记和识别。

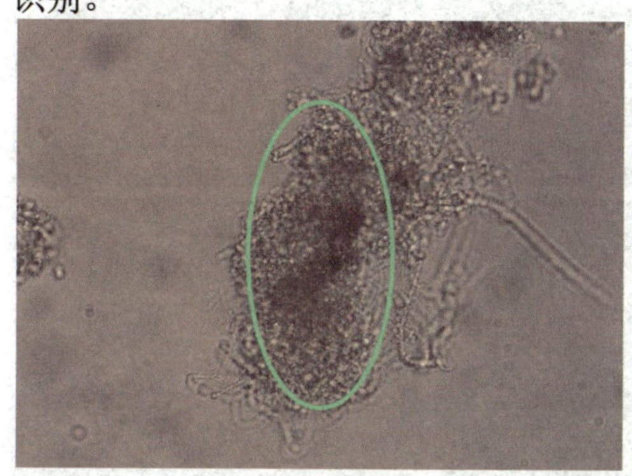

（a）自然光

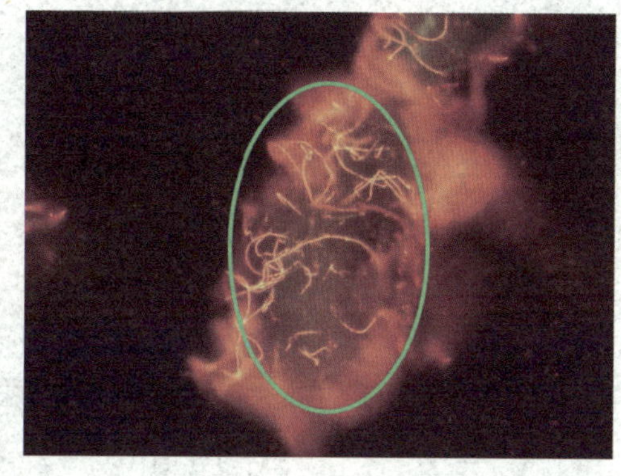

（b）荧光

图5.2 自然光和荧光条件下的识别图

5.4.3 浓度对识别效果的影响

在稀释后的污泥样品中分别加入一定量的1.0mmol/L荧光探针储备液，使荧光探针在污泥样品中的浓度分别为1.0×10^{-3}mmol/L、3.0×10^{-3}mmol/L、5.0×10^{-3}mmol/L、7.5×10^{-3}mmol/L、1.0×10^{-2}mmol/L、1.5×10^{-2}mmol/L，在荧光显微镜下观察各个荧光探针浓度以识别目标菌群的效果，其结果如图5.3所示。

图5.3所示分别为碳链长度为8C、12C、16C和18C修饰的荧光探针在不同浓度时对*M. parvicella*的识别情况。4种荧光探针标记效果的共同特点是，在一定浓度范围内，随着荧光探针浓度的增加，*M. parvicella*菌丝的荧光强度越强，当荧光探针浓度达到某一值时，荧光强度过强，*M. parvicella*菌丝的荧光强度与菌胶团的荧光强度没有差别，无法将*M. parvicella*菌丝从菌胶团中识别出来，不适宜检测。由图5.3可知，当荧光探针浓度为1.0×10^{-3}mmol/L时，虽然菌胶团和菌丝显出微弱的荧光，但是荧光强度较弱且菌丝无法从菌胶团中识别出来。当荧光探针浓度为$3.0\times10^{-3}\sim1.0\times10^{-2}$mmol/L时，荧光强度随着荧光探针浓度的增加发生明显的增强，并且菌丝的荧光强度比菌胶团的荧光强，可以很容易地识别出*M.*

parvicella，适合标记 *M. parvicella*。当荧光探针浓度为 1.5×10^{-2}mmol/L 时，由于荧光强度过大，菌丝和菌胶团的荧光强度的强度相当，菌丝不能从菌胶团中识别出来，标记效果差，因此不适合用于 *M. parvicella* 荧光标记。

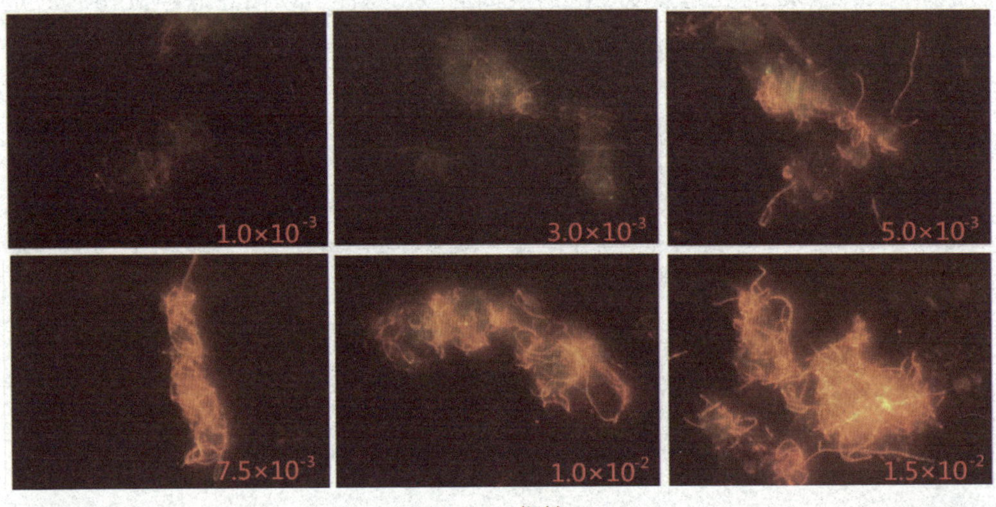

（a）3a 探针

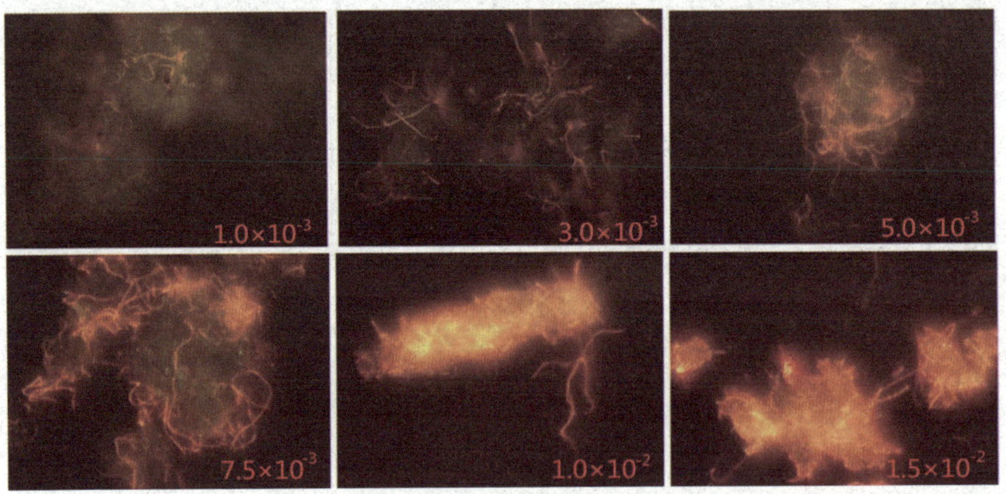

（b）3b 探针

图 5.3 4 种不同碳链长度的荧光探针识别 *M. parvicella* 的效果图

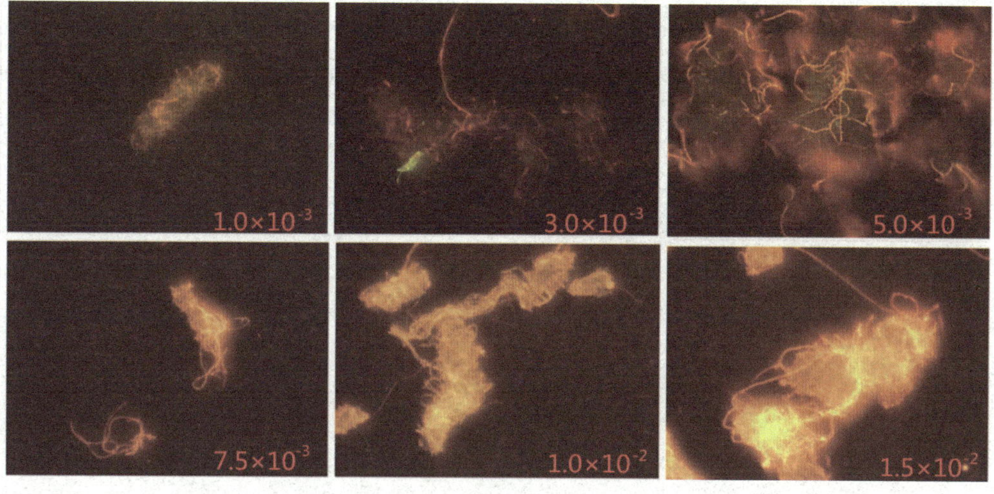

（c）3c 探针

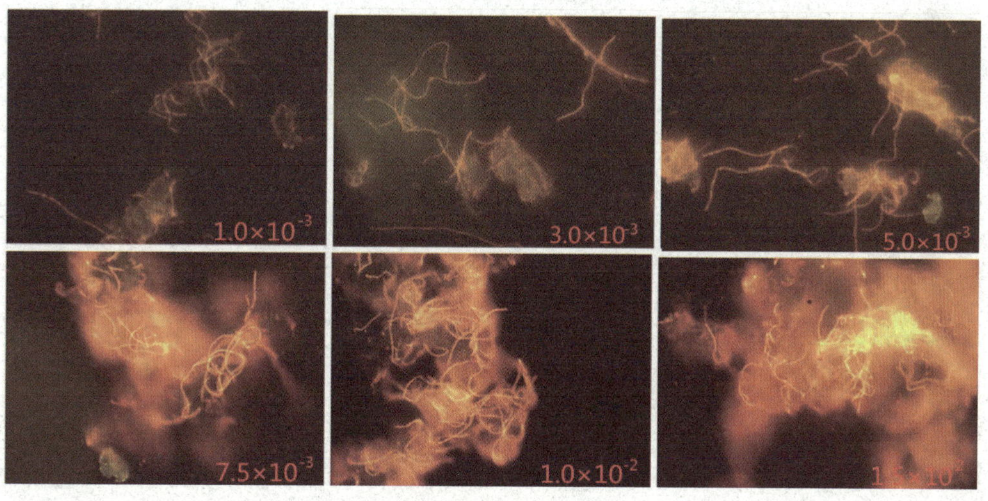

（d）3d 探针

图 5.3 （续）

为了研究浓度对荧光探针识别效果的影响，将每种荧光探针在每个浓度条件下分别在荧光显微镜下随机拍 5 ～ 8 张荧光图片，利用 Image Pro Plus 6.0 软件处理所获得的图片，可以得到每张图片中识别菌丝的 IOD 值和 Area 值，将 IOD/Area 作为该图片的平均荧光强度，来反映图片荧光强度的大小。

4 种荧光探针在不同浓度下的平均荧光强度如图 5.4 所示。由图 5.4 可以看出，每种荧光探针的平均荧光强度大致呈现出随着荧光探针浓度的增加而增加。虽然荧光探针的平均荧光强度增加的幅度并没有随着浓度的增加呈现规律性，但总体

趋势均是在增加。结合图5.3中识别效果的图片可知，在浓度为1.5×10^{-2}mmol/L时，荧光强度过大，不能使*M. parvicella*菌丝从菌胶团中识别出来，故最佳浓度应为1.0×10^{-2}mmol/L。

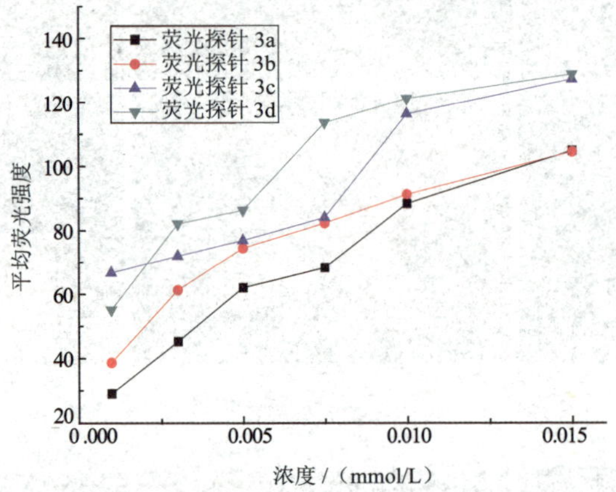

图 5.4 4种荧光探针在不同浓度下的平均荧光强度

5.4.4 碳链长度对标记效果的影响

由图5.3和图5.4可看出，不同碳链长度的荧光探针对识别效果有显著的区别。在图5.3中，当碳链较短（8C和12C）时，需要在较高的荧光探针浓度下，才能实现*M. parvicella*菌丝可以清晰地从菌胶团中识别出来的结果；而当碳链较长（16C和18C）时，即使荧光探针浓度较低，也可以实现很好的识别效果。此外，由图5.4也可看出，平均荧光强度大致呈现出如下规律：在同一荧光探针浓度条件下，碳链越长其平均荧光强度越大。结合图5.3和图5.4可以得出，长链烷烃修饰喹啉末端咔唑类荧光探针的碳链越长，对*M. parvicella*识别的效果越好。

5.4.5 作用时间对标记效果的影响

为了研究作用时间对长链烷烃修饰喹啉末端咔唑类荧光探针识别效果的影响，仅用18C修饰的喹啉末端咔唑类荧光探针在最适宜浓度1.0×10^{-2}mmol/L下下研究作用时间对识别效果的影响。分别对探针刚加入污泥样品时（0 h）和每隔一定时间的样品进行荧光观察，以确定作用时间的影响。对每个作用时间点进行荧光观察的结果如图5.5所示。此外，将每个作用时间点所拍的荧光照片用

Image Pro Plus 6.0 软件进行处理，其结果如图 5.6 所示。

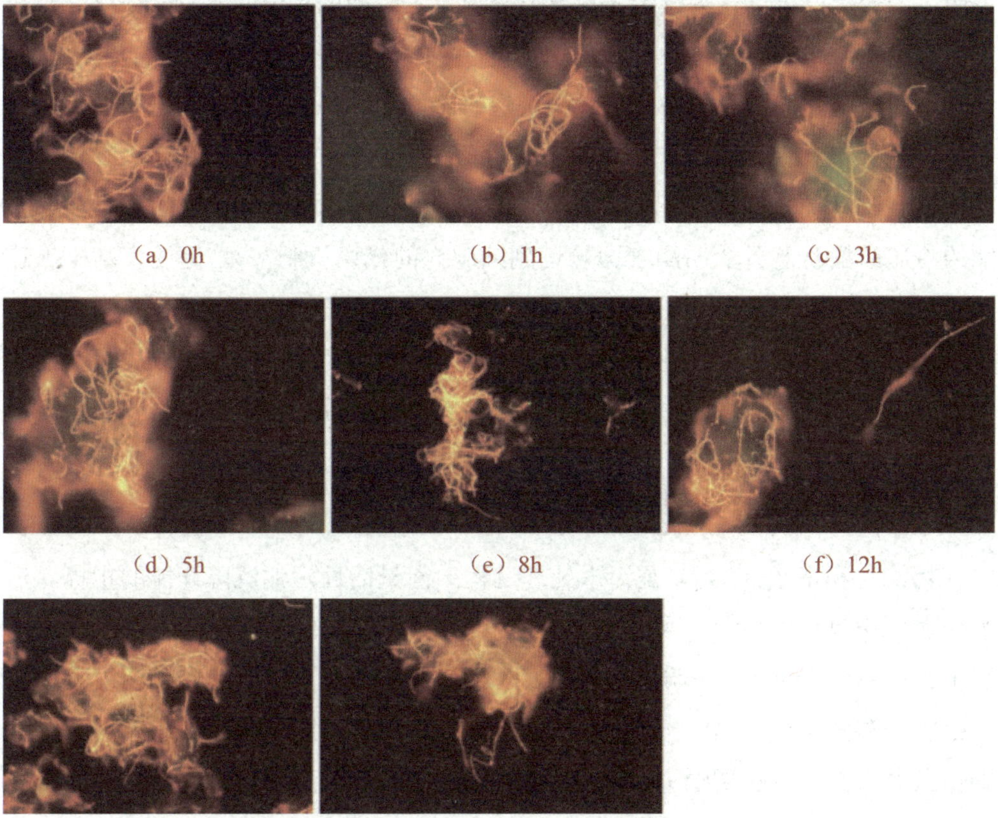

（a）0h　　（b）1h　　（c）3h

（d）5h　　（e）8h　　（f）12h

（g）18h　　（h）24h

图 5.5 荧光探针在不同作用时间下的识别效果图

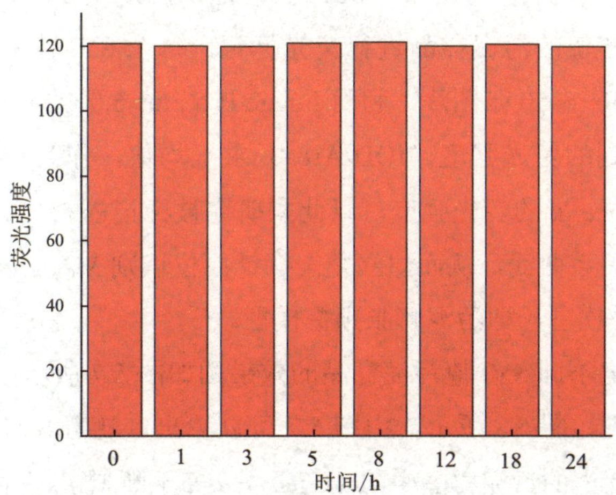

图 5.6 荧光探针在不同作用时间下的平均荧光强度

由图 5.5 和图 5.6 可知，经过 24h 的作用时间，荧光探针的荧光强度没有发生明显的变化，可以认为该荧光探针能够保持长时间的稳定而不发生变化。这很可能是由于*M. parvicella*能够摄食 LCFA，但并不能摄食长链烷烃修饰的荧光探针，仅仅是由于胞外脂肪酶的作用将长链烷烃修饰的荧光探针吸附在细胞表面，从而实现荧光标记和识别。因此，*M. parvicella* 不能摄食荧光探针，其结构不被破坏而保持完整且荧光强度并不变化。*M. parvicella* 很可能有一个特定的、目前又未知的将脂肪酸从胞外脂肪酶表面转运到细胞内的代谢机制 [156]。因此，基于上述实验结果可以猜想，*M. parvicella* 在代谢 LCFA 的时候，首先通过胞外脂肪酶将疏水性的长碳链吸附至细胞表面，由于长链烷烃不能作为 *M. parvicella* 代谢的电子供体，因此长碳链修饰的荧光探针不能被 *M. parvicella* 摄食。

5.4.6 定量关系初步研究

污泥容积指数（SVI）是污水处理过程中衡量活性污泥沉降性能的指标。污水处理厂中良好的活性污泥 SVI 通常介于 50 ～ 120，SVI 值过低，说明污泥活性不够，SVI 值过高，说明污泥可能发生污泥膨胀。发生丝状膨胀的污泥结构极度松散，体积增大、上浮，难以固液分离，从而导致出水中含有大量的污泥絮体，影响出水水质。若能实现污泥膨胀提前预警，采取有效措施控制污泥膨胀的发生，为工艺正常运行、保证出水水质达标提供保障。因此，本实验在之前研究的基础上，建立了活性污泥系统中目标菌群 *M. parvicella* 的丰度模型。

本实验以 18C 修饰的荧光探针 3d，在最佳识别浓度 1.0×10^{-2}mmol/L 的条件下，对不同 SVI 值的污泥样品进行荧光标记，每个 SVI 值下的污泥样品的荧光标记效果拍摄 30 ～ 50 张图片，利用 Image Pro Plus 6.0 软件对图片进行处理，然后将处理后得到的荧光强度（IOD/Area）求平均值，作为该 SVI 值条件下污泥样品中 *M. parvicella* 的荧光强度，以此来研究被标记的 *M. parvicella* 平均荧光强度与 SVI 值的关系曲线，从而建立靶向探针原位识别 *M. parvicella* 信号强度与 SVI 值之间的关系模型，即污泥膨胀预警模型。

荧光探针标记不同 SVI 值污泥样品的效果图如图 5.7 所示。平均荧光强度与 SVI 值的关系曲线如图 5.8 所示。由图 5.7 可以看出，随着 SVI 值的不断增大，荧光探针可以识别出的污泥样品中的 *M. parvicella* 不断增多，并且随着 SVI 值的增大，*M. parvicella* 菌丝所表现出的荧光亮度也越来越亮。由图 5.8 可以看出，被标记的 *M. parvicella* 的平均荧光强度随着 SVI 值的增大而增大并表现出线性正相关关系。根据上述分析可知，随着 SVI 值的增大，*M. parvicella* 的数量增多，而荧光探针标记的 *M. parvicella* 的平均荧光强度也增大，因此，平均荧光强度可以间接反映出活性污泥系统中 *M. parvicella* 的数量和丰度。

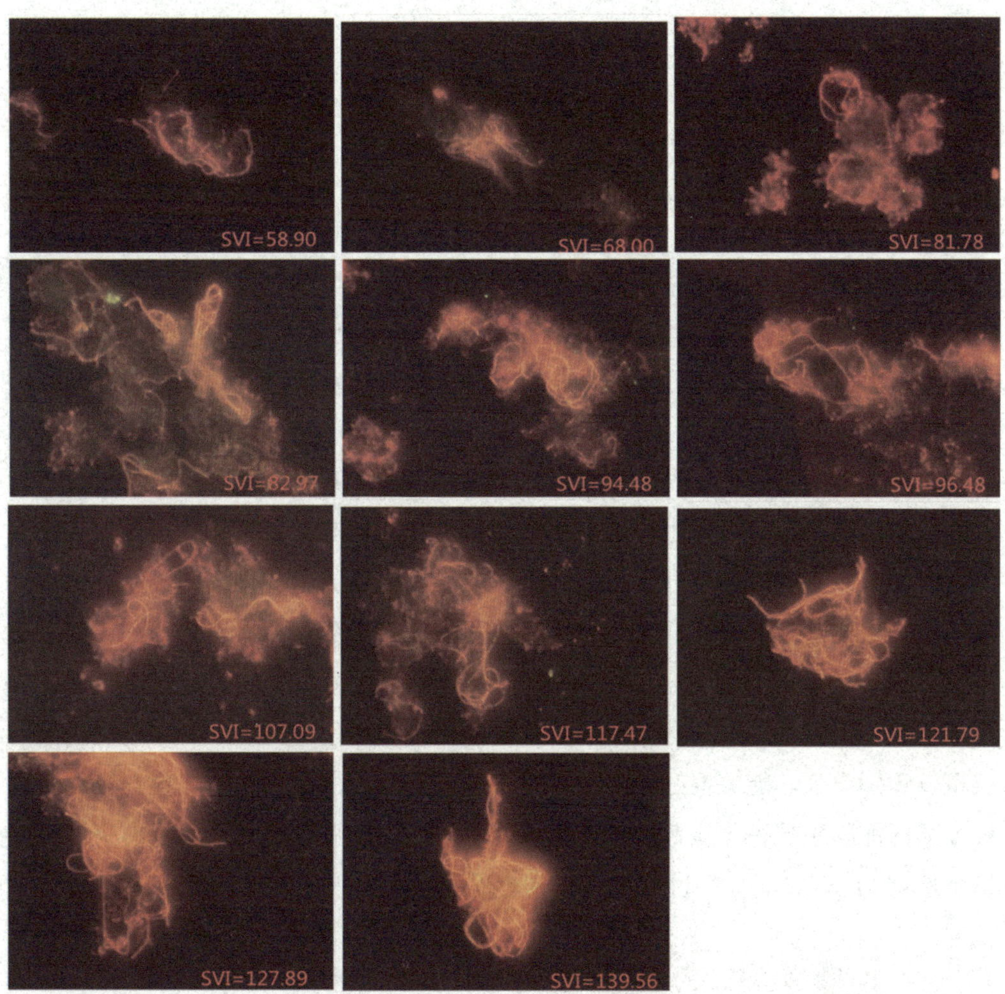

图 5.7 荧光探针标记不同 SVI 值污泥样品的效果图

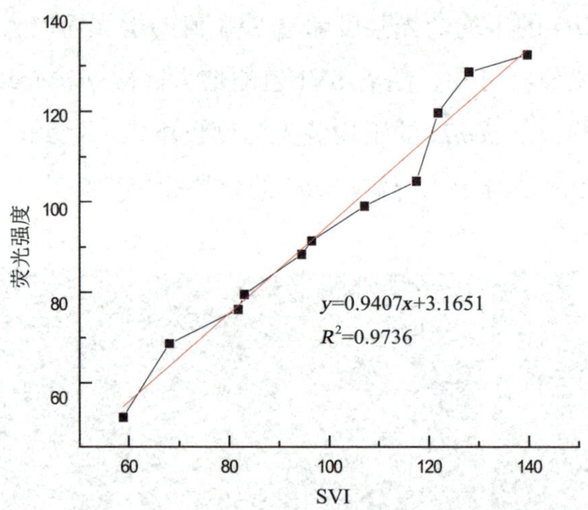

图 5.8 平均荧光强度与 SVI 的关系曲线

根据以上分析建立 SVI 与平均荧光强度的关系可以作为污泥膨胀的预警模型，所以初步建立了活性污泥系统中目标菌群 *M. parvicella* 的污泥膨胀预警模型，模型为 y=0.9407x+3.1651，R^2=0.9736。

此外，正常活性污泥的 SVI 值为 50 ～ 150，当 SVI 值大于 200 并继续增大时，认为发生了污泥膨胀。采用传统方法结合测定 SVI 值与革兰氏染色进行污泥膨胀判断时，只有当 SVI 值大于 150 且 *M. parvicella* 大量繁殖并伸出菌胶团外时，才能通过测定 SVI 值和革兰氏染色判断出是否发生污泥膨胀，具有滞后性。而利用本研究设计的荧光探针进行识别时，即使 SVI 值很低（58.90），通过革兰氏染色不能识别出有 *M. parvicella* 存在时，只要活性污泥中出现 *M. parvicella* 荧光探针，就可以识别出来，能够很好地实现污泥预警。另外，已建立的 SVI 值与平均荧光强度的污泥膨胀预警模型，也可以很好地实现污泥膨胀预警，从而提前采取有效措施抑制 *M. parvicella* 的过度生长，有效控制污泥膨胀的发生。

5.5 本章小结

本章利用合成的具有不同碳链长度的长链烷烃修饰的荧光探针，在原位条件下对活性污泥样品进行标记和识别，并研究不同浓度的荧光探针对标记效果的影响以及碳链长度和作用时间等因素对标记效果的影响。此外，还使用 Image Pro

Plus 6.0 图像处理软件对图片进行处理，建立了在不同 SVI 值条件下 SVI 值与平均荧光强度的对应关系。

实验结果表明：设计合成的荧光探针具有很好的标记和识别效果，菌胶团之间及隐藏在菌胶团内部的 *M. parvicella* 菌丝在荧光灯下发出橙红色的荧光，且荧光强度比菌胶团荧光强度大，因此可以清晰地识别出菌胶团中的 *M. parvicella*；污泥样品中的探针浓度为 1.0×10^{-2}mmol/L 时，识别效果最佳，探针浓度过低时，菌丝亮度与菌胶团亮度区别不大，不能实现很好的识别效果，而浓度过则会导致荧光强度过大而干扰识别；随着碳链长度的增加，荧光探针识别 *M. parvicella* 的效果也在增加，在最佳浓度下，18C 修饰的荧光探针的识别效果最好；荧光探针加入样品后即可立即实现很好的识别效果，作用时间对标记效果几乎没有影响，荧光探针可以长时间稳定而不被 *M. parvicella* 代谢。

本研究所设计的荧光探针以 *M. parvicella* 摄食 LCFA 及其具有的强疏水性的特性为依据，利用代谢特征设计探针具有不可替代性。该荧光探针的最大激发波长和最大发射波长均比较大，量子产率高，斯托克斯位移大，可有效避开生物自发荧光干扰，还可以在污泥原位条件下对 *M. parvicella* 进行识别，将识别的靶点移至 *M. parvicella* 菌体表面，既避免了荧光探针对 *M. parvicella* 细胞结构的破坏，也避免了 FISH 技术因为细胞壁结构的存在，造成 FISH 探针穿透率不足等问题。同时，在原位条件下对 *M. parvicella* 的进行识别，探针剂量小，识别效率高，即使 *M. parvicella* 的含量比较低，也可实现识别，克服了 FISH 技术的 rRNA 含量低、杂交不易实现的缺点。此外，荧光探针的光稳定性好，不易荧光淬灭，可以在 24h 甚至更长的时间内保持稳定，克服了 FISH 探针自身容易荧光褪色的问题。

第 6 章

不同碳源条件下的污泥膨胀与群体感应调控

6.1 引言

由于生物脱氮和除磷的过程都需要碳源，因此碳源对系统脱氮除磷起着至关重要的作用[296-297]。此外，研究也表明碳源对污泥特性和微生物群落也有很大影响[298-300]。目前，虽然已经有许多关于不同碳源对活性污泥系统影响的研究，但这些研究主要关注的是碳源对系统性能和微生物动态演替的影响，微生物与群体感应之间的协同作用尚未被考虑。近年来，群体感应在污水处理系统中的调控作用越来越受到关注[50, 177]。由于微生物对不同的碳源有不同的代谢途径，群体感应可能参与介导相关基因表达和调节某些生理行为，因此碳源对群体感应调控的影响是一个值得研究的课题。

挥发性脂肪酸是废水的重要组成部分，乙酸是一种典型的挥发性脂肪酸，在许多研究中采用乙酸钠作为碳源[301-303]。葡萄糖是一种单糖，可以为细胞代谢提供能量，也被广泛用作碳源[303-304]。淀粉作为高分子有机化合物，也经常被用作碳源[305-306]。此外，据报道，长链脂肪酸（LCFA）是废水的重要组成部分[142]，油酸为典型的LCFA，但其不溶于水，而吐温80是一种水溶性液体，每克含有0.22g油酸[299]，故通常用吐温80提供油酸。因此，本章在现有研究的基础上，选取4种不同类别具有代表性的碳源——乙酸钠、葡萄糖、淀粉和吐温80，用于研究不同碳源条件下的反应器系统运行、群体感应调控作用和微生物群落演替规律。

6.2 材料与方法

6.2.1 实验设备与试剂

本章研究所用到的主要实验设备和试剂分别见表6.1和表6.2。

表6.1 主要实验设备

名称	型号	生产厂家
便携式溶解氧测定仪	HQ30d	美国哈希
COD消解仪	BOX-389	美国哈希
双光束紫外可见分光光度计	TU-1900	北京普析

续表

名 称	型 号	生 产 厂 家
显微镜	BX53	日本奥林巴斯
荧光分光光度计	F-7000	日本日立
旋转蒸发仪	RE-52AA	上海亚荣
高效液相色谱 - 质谱联用仪	1290-6470	美国安捷伦
智能节能恒温槽	DC-0510	宁波新芝

表 6.2 主要实验试剂

名 称	纯 度	生 产 厂 家
重铬酸钾	GR	天津市基准化学试剂有限公司
硫酸银	AR	博欧特（天津）化工贸易有限公司
硫酸	AR	天津市津东天正精细化学试剂厂
乙酸乙酯	AR	天津市津东天正精细化学试剂厂
硫酸亚铁铵	AR	天津市津科精细化工研究所
钼酸铵	AR	天津市津科精细化工研究所
抗坏血酸	AR	天津市津科精细化工研究所
氨基磺酸	AR	天津市津科精细化工研究所
酒石酸钾钠	AR	天津市津科精细化工研究所
盐酸	AR	天津市津科精细化工研究所
草酸铵	AR	天津市津科精细化工研究所
碘	AR	天津市博迪化工有限公司
磺胺	AR	上海笛柏生物科技有限公司
N -（1- 萘基) 乙二胺二盐酸盐	AR	国药集团化学试剂有限公司
结晶紫	BS	国药集团化学试剂有限公司
藏红 T	BS	国药集团化学试剂有限公司
乙酸铵	HPLC	美国 Fisher chemical
甲酸	HPLC	美国 Fisher chemical
甲醇	HPLC	美国 Fisher chemical

6.2.2 实验装置

本研究所采用的反应器示意图如图 6.1 所示。反应器呈圆柱形，由有机玻璃制成，有效容积为 4L，内径为 15cm，高度为 30cm。为使反应器温度保持恒定，将循环水恒温水浴夹层设于反应器外部，由恒温槽确保循环水保持恒温。在反应器侧壁上隔一定距离设有进水口、出水口、取样口和底部放空口等。反应器顶部配有机械搅拌用于使污泥处于悬浮状态，在反应器底部设有曝气头通过曝气泵提供氧气。反应器采用序批式运行，由微电脑时空开关通过设定不同时间程序进行控制以改变运行模式。

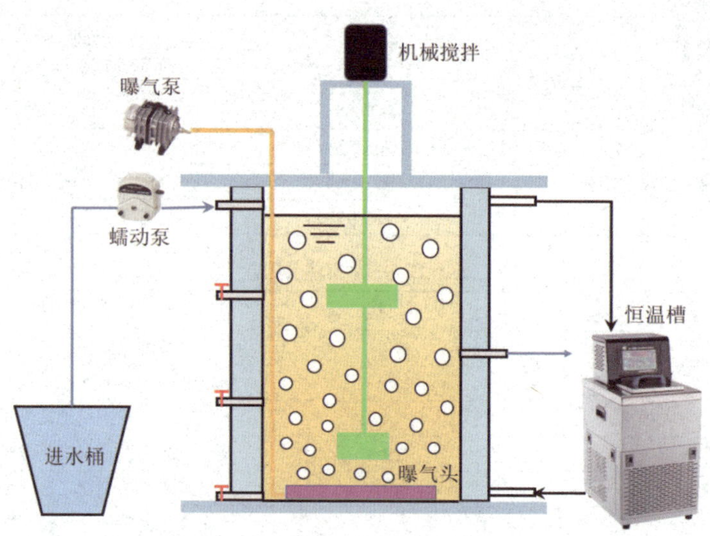

图 6.1 反应器示意图

6.2.3 反应器的启动与运行

反应器接种污泥取自天津某采用 A/O 工艺的污水处理厂二沉池。接种污泥的浓度约为 6.8g/L，SVI 为 93.47mL/g，污泥沉降性良好。每个反应器接种 2L 污泥，接种后每个反应器内的污泥浓度及挥发性悬浮固体浓度分别约为 3.4g/L 和 2.1g/L。反应器以 A/O 方式运行，包括进水、厌 / 缺氧搅拌、好氧曝气、沉淀、排水、闲置等过程。其中，进水为 10min，厌 / 缺氧搅拌为 110min，好氧曝气 180min，沉淀 50min，排水 7min，闲置 3min，每个周期共计 6h，每天运行 4 个周期。在每个周期的进水阶段，2L 模拟废水经蠕动泵泵入反应器内，同时在排水阶段排出 2L 废水，水力停留时间为 12h。每天从反应器内排出约 200mL 污泥混合液，使污泥龄保持在 20 天左右。

污泥膨胀是全球范围内采用活性污泥法的污水处理厂经常发生的现象之一，而报道称碳源对污泥膨胀也有很大的影响 [142, 298- 299]。因此，不同的碳源对污泥膨胀的影响也应该被考虑。因为低温和低溶解氧（DO）有利于丝状菌的过度生长而导致污泥膨胀 [88, 90, 92]，所以反应器的运行温度为低温，其由循环水恒温水浴夹层保持在（14.5±0.5）℃。为了系统地研究不同 DO 浓度下碳源的影响，整个试验过程根据曝气结束时 DO 浓度的不同分为三个阶段：1～37 天，

DO 2～3mg/L（第Ⅰ阶段）；38～77天，DO 1.0～1.5mg/L（第Ⅱ阶段）；78～123天，DO 0.5～0.8mg/L（第Ⅲ阶段）。

6.2.4 模拟废水

反应器进水采用人工配制的模拟废水，每天配制后由蠕动泵泵入反应器。4个反应器进水的总COD均为300mg/L，分别由乙酸钠（编号为R1）、葡萄糖（编号为R2）、淀粉（编号为R3）和吐温80提供（编号为R4），其余成分均相同，具体组成见表6.3。

表6.3 模拟废水的组成

药品	含量/(g/L)			
	R1	R2	R3	R4
无水乙酸钠（COD 300mg/L）	0.3844	—	—	—
无水葡萄糖（COD 300mg/L）	—	0.2813	—	—
淀粉（COD 300mg/L）	—	—	0.3000	—
吐温80（COD 300mg/L）	—	—	—	0.1495
KH_2PO_4（P 5mg/L）	0.0219			
$(NH_4)_2SO_4$（N 30mg/L）	0.1414			
$MgSO_4 \cdot 7H_2O$	0.2000			
无水 $CaCl_2$	0.0300			
$NaHCO_3$	0.5000			

注：配水所用试剂均为分析纯，购自天津市津科精细化工研究所（下同）。除上述成分外，每升水添加1mL的维生素储备液和1mL的微量元素储备液，具体配制方法见参考文献[299]。

6.2.5 EPS的提取与分析

在研究过程中，可以每隔10天在反应器曝气结束后取活性污泥样品进行EPS的提取与分析。EPS的提取按照Zhang等[248]所报道的热提法进行，将提取的EPS放于-20℃的冰箱内保存。多糖（PS）的测定采用蒽酮法，将葡萄糖作为标准品，而蛋白质（PN）的测定采用上海生工的改良型Lowry法蛋白浓度测定试剂盒，以PS与PN含量之和作为EPS的总含量。

对EPS的成分进行分析，可以采用F-7000荧光分光光度计（日本日立）测定所提取EPS的三维荧光光谱。将发射波长（Em）和激发波长（Ex）的扫描范围

分别设置为 280 ～ 550nm 和 200 ～ 450nm，Ex 和 Em 的扫描间隔均为 5nm，扫描速度为 1200nm/min。将所得的三维荧光光谱数据用 MATLAB R2009a（美国，Math Works）进行处理。为了消除瑞利散射的干扰，将瑞利散射线附近的三维荧光光谱数据设为零[307]。使用 MATLAB R2009a 的 DOMFluor/toolbox 对处理后的三维荧光光谱数据进行平行因子分析（PARAFAC）[308]。最后，将采用平行因子分析法得到的各组分的荧光强度 F_{max} 来表示 EPS 中各组分的含量。

6.2.6 信号分子的提取与检测

信号分子 AHLs 的提取参考 Tang 等[252]的方法进行改进，具体如下。取反应器出水 200mL，将其过 0.45μm 滤膜（美国密理博）；取过滤后的水样与相同体积的乙酸乙酯混合，置于摇床上，在 300rpm 条件下萃取 10min，用分液漏斗收集有机相；重复萃取 3 次后，将收集的萃取液合并，然后加入适量无水硫酸镁除水，除去吸水后的硫酸镁，用旋转蒸发仪在 40℃的条件下脱溶；最后用 2mL 甲醇将脱溶得到的化合物重新溶解，过 0.45μm 滤膜（津腾）后转移至 2mL 自动进样瓶中，于 - 20℃的条件下保存。

根据 Wang 等[309]所采用的高效液相色谱 - 质谱法（HPLC-MS）对所有样品的 AHLs 进行定量分析。HPLC-MS 采用 1290 Infinity Ⅱ液相色谱与 6470 三重四极质谱仪联用系统（美国安捷伦），色谱柱为 Sunfire C18 柱（50mm×2.1mm，3.5 μm，美国沃特世），柱温 35℃。色谱条件为：流速设为 0.2mL/min，10μL 进样量，流动相由含 2mM 乙酸铵和 0.1% 甲酸的水溶液（流动相 A）与甲醇（流动相 B）组成，总分析时间为 10min，后运行 1min。为了获得良好的分离效果，采用的梯度洗脱条件见表 6.4。

质谱条件：采用正离子扫描模式，离子源为安捷伦特有的射流电喷雾离子源（AJS ESI），监测模式采用多反应监测（MRM）模式；干燥气温度（GasTemp）为 350℃，干燥气流速（Gas Flow）为 8L/min；雾化器压力（Nebulizer）为 30psi；鞘气温度（Sheath Gas Temp）为 350℃，鞘气流速（Sheath Gas Flow）为 11L/min；毛细管电压（Capilary Voltage）为 3500V；喷嘴电压（Nozzle Voltage）为 0V。MRM 模式下优化的质谱参数见表 6.5。

表 6.4 梯度洗脱条件

时间 /min	流动相 A/%	流动相 B/%
0	40	60
2	30	70
3	20	80
5	0	100
7	0	100
7.1	40	60
10	40	60

表 6.5 MRM 模式下优化的质谱参数

化合物	母离子	子离子 *	裂解电压	碰撞能	碰撞加速电压
C4-HSL	172	102	95	10	5
C6-HSL	200	102	95	10	5
3OC6-HSL	214	102	95	10	5
C7-HSL	214	113	95	10	5
C8-HSL	228	102	95	10	5
3OC8-HSL	242	102	95	10	5
C10-HSL	256	102	100	10	5
3OC10-HSL	270	102	100	10	5
C12-HSL	284	102	100	10	5
3OC12-HSL	298	102	100	10	5
C14-HSL	312	102	110	10	5
3OC14-HSL	326	102	110	15	5

注：* 表示子离子为定量子离子。

6.2.7 高通量测序分析

将接种污泥和系统运行的每个阶段末（即第 37 天、77 天和 123 天）从每个反应器中取出的污泥混合液样品储存于 - 80℃冰箱，待所有样品收集完毕后进行 16S rDNA 测序。本研究所收集的污泥样品全部送往苏州金唯智生物科技有限公司进行 DNA 提取及利用 Illumina MiSeq 测序平台进行测序，详细的高通量测序流程如图 6.2 所示。高通量测序数据分析流程如图 6.3 所示。

活性污泥样品

↓

用 Hipure Soil DNA 试剂盒（中国 Magen）进行 DNA 提取，并使用 Qubit 2.0Fluorometer（美国 Invitrogen）检测 DNA 样品浓度

↓

以 20 ～ 30ng DNA 为模板，使用金唯智设计的引物 CCTACGGRRBGCASCAGKVRVGAAT 和 GGACTACNVGGGTWTCTAATCC 对 V3 和 V4 这两 个高度可变区进行扩增

↓

PCR 扩增条件：预变性 94℃ 3min，变性 94℃ 5s，退火 57℃ 90s，延伸 72℃ 10s，终延伸 72℃ 5min，共进行 24 个循环

↓

将纯化后的 PCR 产物，使用 Ilumina MiSeq 测序平台进行 2×250bp 双端测序

图 6.2 高通量测序流程

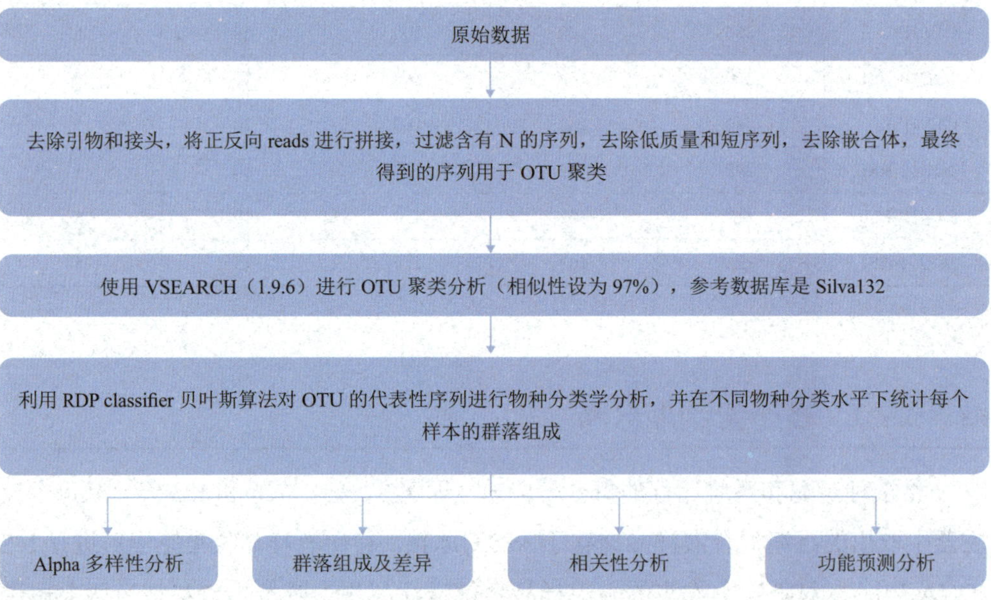

图 6.3　高通量测序数据分析流程

6.2.8 其他分析方法

每天取反应器的进出水进行常规水质指标（COD、NH_4^+-N、TN 和 PO_4^{3-}-P）测定，测定方法参照《水和废水监测分析方法（第四版 增补版）》[310] 中相应指标的方法。污泥浓度（MLSS 和 VSS）采用重量法测定，污泥沉降性采用体积法测定。DO 和温度由溶解氧测定仪进行测定。定期取污泥混合液进行涂片、风干后，通过革兰氏染色，采用显微镜观察污泥形态 [311]。污泥粒径的测定由马尔文激光粒度仪（Mastersizer 2000）在泵速为 1600r/min 的条件下测定。皮尔逊相关分析和典范对应分析（CCA）利用 OmicShare 在线工具进行。

6.3 结果与讨论

6.3.1 出水水质的变化

自反应器启动后，每天取出水进行水质指标测定。4 个反应器均持续运行了 123 天，在此运行期间，4 个反应器的出水 COD 浓度变化如图 6.4 所示。由图 6.4 可以看出，对于以乙酸钠（R1）、葡萄糖（R2）和淀粉（R3）为进水碳源的反应器，其出水 COD 浓度在整个运行周期内基本都低于 50mg/L，满足一级 A 排放标准，并且彼此之间没有呈现出明显的差异。但是，对于以吐温 80 为进水碳源的 R4 反应器，其出水 COD 浓度明显高于其他 3 个反应器。乙酸钠和葡萄糖属于小分子化合物 [80]，易于被微生物所降解利用；尽管淀粉属于大分子化合物，但可溶性淀粉很容易被水解成单糖，并被活性污泥中的微生物用作碳源 [312]，所以反应器 R1、R2 和 R3 的出水 COD 浓度都保持在较低水平。而吐温 80 属于不易被微生物降解的大分子有机物，仅有少量细菌能够通过 β 氧化将其转化为乙酸 [313-314]，所以反应器 R4 的出水 COD 浓度比较高。此外，在反应器 R4 启动运行的初期（1 ～ 10 天），系统对 COD 的去除率不高，其出水 COD 浓度均在 200mg/L 以上，可能是由于微生物处于适应期对该运行条件不适应。此后随着运行时间的增加，反应器 R4 的出水 COD 浓度逐渐降低，并在第 56 ～ 68 天达到最低。这一方面可能是由于微生物对系统的适应能力，另一方面可能是系统内能够代谢吐温 80 的微生物增多的原因。

从图 6.5 可以看出，4 个反应器的出水 NH_4^+-N 浓度的变化相对较大，主要可能是由于系统 DO 浓度的变化。在系统启动的前 10 天，4 个反应器的出水 NH_4^+-N 浓度均比较高，但呈现出递减的趋势，可能原因是微生物对系统适应需要一定时间，对系统适应后，出水 NH_4^+-N 浓度逐渐降低，在运行 15 天后，出水 NH_4^+-N 浓度基本保持在 0.1 ～ 0.5mg/L 范围。在运行第 38 天，当 DO 浓度降至 1.0 ～ 1.5mg/L 时，4 个反应器的出水 NH_4^+-N 浓度均升高至 5mg/L 以上，此后逐渐降低，于 45 天之后基本保持在 0 ～ 0.5mg/L 范围。然而，当 DO 浓液降至 0.5 ～ 0.8mg/L 时，4 个反应器出水 NH_4^+-N 浓度始终保持在较高的浓度并呈现出上升的趋势。这些结果表明，DO 浓度对出水 NH_4^+-N 浓度影响较大。NH_4^+-N 氧化主要是通过 AOB 将 NH_4^+-N 转化为 NO_2^--N 以及 NOB 将 NO_2^--N 转化为 NO_3^--N 这两个步骤来实现的，但 AOB 易于受到 DO 影响而抑制 NH_4^+-N 的氧化，从而使其出水浓度比较高 [315-316]。另外注意到，在第Ⅲ阶段，反应器 R4 的出水 NH_4^+-N 浓度［（7.65±2.98 ）mg/L］明显低于其他反应器［（14.25±4.06）mg/L、（9.93±3.78）mg/L、（12.62±2.86）mg/L］，可能是吐温 80 不易降解且不利于异养菌生长，而使 R4 中 AOB 等自养菌的相对丰度较高的原因。

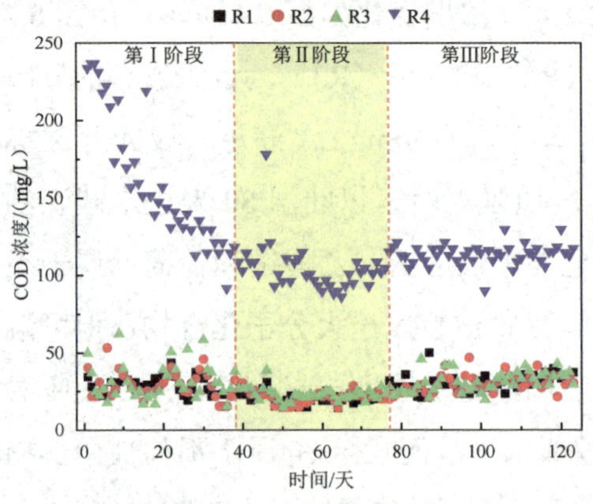

图 6.4 4 个反应器的出水 COD 浓度变化

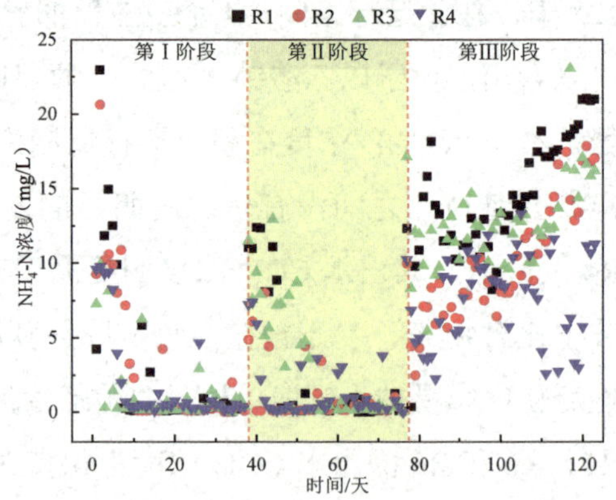

图 6.5 4 个反应器的出水 NH_4^+–N 浓度变化

4 个反应器的出水 TN 浓度变化如图 6.6 所示。从图 6.6 中可以看到，TN 浓度变化趋势与出水 NH_4^+-N 浓度变化趋势类似。在第Ⅰ阶段和第Ⅱ阶段出水 NH_4^+-N 浓度保持相对稳定期间（15 ～ 37 天和 46 ～ 77 天），各反应器的出水 TN 浓度也保持相对稳定，两个阶段的出水 TN 平均浓度分别为（9.11±0.90）mg/L 和（8.55±0.97）mg/L（R1）、（7.82±0.83）mg/L 和（8.17±1.24）mg/L（R2）、

（8.50±1.04mg/L 和（10.24±1.53）mg/L（R3）、（10.56±1.42）mg/L 和（10.19±1.01）mg/L（R4）。两个阶段 R4 的出水 TN 浓度略高于其他 3 个反应器，表明 R4 的反硝化能力略低于其他 3 个反应器。由于反硝化作用需要消耗碳源，而吐温 80 不易降解被反硝化利用，因此致使 R4 反硝化能力较低。R3 在第Ⅱ阶段的出水 TN 浓度较高可能是由于发生污泥膨胀（详见 6.3.3 小节），反硝化菌被丝状菌抑制。第Ⅲ阶段的出水 TN 浓度与出水 NH_4^+-N 浓度相差无几，主要是 DO 浓度低使 NH_4^+-N 氧化不完全，出水中的氮主要以 NH_4^+-N 形式存在。

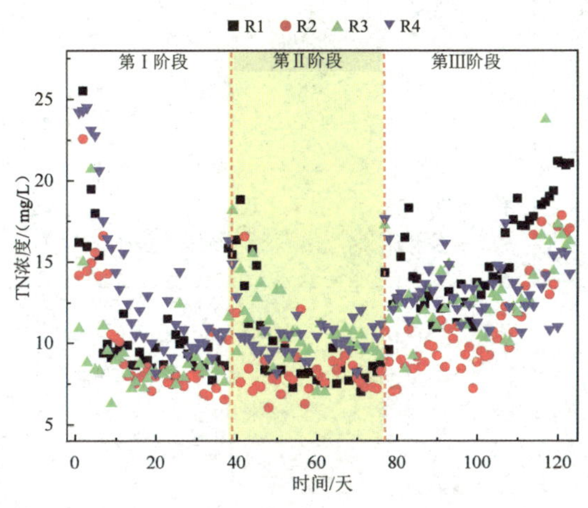

图 6.6　4 个反应器的出水 TN 浓度变化

通常认为短链的挥发性脂肪酸（乙酸、丙酸等）是最利于聚磷菌除磷的碳源[301-302]，而由于聚糖菌比聚磷菌在利用葡萄糖方面具有更大的代谢优势，因此一般认为以葡萄糖为碳源会破坏系统生物的除磷性能[317]。但是由图 6.7 可以看出，以葡萄糖和淀粉为碳源的反应器（R2 和 R3）和以乙酸钠为碳源的反应器（R1）的出水 PO_4^{3-}-P 浓度没有显著差异。Gebremariam 等[318]和 Xie 等[319]的研究表明，以葡萄糖为碳源也可以取得很好的除磷效果，Luo 等[305-306]系统地研究了以淀粉为碳源时系统能够实现较好除磷效果的机理。另外，需要注意的是，R4 的出水 PO_4^{3-}-P 浓度明显高于其他反应器出水。反硝化细菌与聚磷菌之间存在碳源竞争，但是机碳优先被反硝化细菌利用而不是聚磷菌[320]。在反应器 R4 中只有部分吐温 80 可以被水解，而被水解的吐温 80 优先被反硝化细菌利用以实现反硝化，致使没有足够的碳源供聚磷菌进行释磷，进而在好氧阶段聚磷菌没有足够的能量进行吸磷，使磷的去除效果不佳而导致 R4 的出水 PO_4^{3-}-P 浓度偏高。然而，乙酸钠、

葡萄糖和淀粉都很容易被聚磷菌所利用而保证 PO_4^{3-}-P 的释放，因此反应器 R1、R2 和 R3 的出水 PO_4^{3-}-P 浓度均低于反应器 R4。此外，可以看到反应器 R1、R2 和 R3 的出水 PO_4^{3-}-P 浓度在不同运行阶段，没有特别显著的差异，故不同浓度的 DO 对除磷效果影响不大。

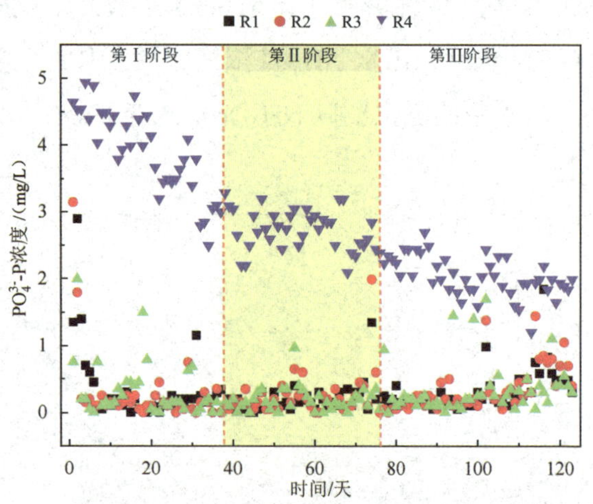

图 6.7 4 个反应器的出水 PO_4^{3-}-P 浓度变化

6.3.2 污染物转化去除的差异

为了进一步阐明不同碳源对系统运行和污染物去除的影响，分别在第 73 天和第 117 天测定了 COD、氮、磷等污染物在一个典型周期内的变化情况。典型周期反应器内污染物的变化情况如图 6.8 和图 6.9 所示。在第 73 天的典型周期中（图 6.8），在进水完成后（10min 时），4 个反应器内 COD、NH_4^+-N 和 PO_4^{3-}-P 的浓度均较进水有所下降，这主要是由于进水被稀释所致。但是，R1、R2、R3、R4 的 NO_3^--N 浓度分别增加到 3.54mg/L、3.33mg/L、4.62mg/L 和 5.42mg/L，这是由于上一个运行周期排水后，反应器内的混合液含有一定量的 NO_3^--N 与进水混合而使反应器内的 NO_3^--N 浓度较进水有所增加。在厌 / 缺氧搅拌期间（10 ～ 120min），COD 浓度逐渐降低，在 120min 时，各反应器内的浓度分别为 22.04mg/L、26.37mg/L、23.57mg/L 和 121.04mg/L；在 COD 降低的同时伴随出现的是 NO_3^--N 浓度下降和 PO_4^{3-}-P 浓度升高。在 4 个反应器内，COD 去除主要发生在 10 ～ 30 min 期间，同时反硝化也主要发生在此期间，并且反应器 R1、R2 和 R3 的 PO_4^{3-}-P 最大释放速率也发生在此期间。在此期间，由于进水刚刚完成，底物充足利于被反硝化菌和聚磷菌所利用进行反硝化与释磷。但反应器 R4 在此期间并未发生 PO_4^{3-}-P 的释放，而是在 30min 后系统内的 PO_4^{3-}-P 浓度才稍有增加。究其原因，可能是吐温 80 水解后首先被反硝化菌用于反硝化，所有 NO_3^--N 被反硝化后，聚磷菌才能利用碳源进行释磷，但反硝化后能够利用的碳源有限，使聚磷菌释磷不充分。此外，还可以看到，在厌/缺氧搅拌末期（120min）各个反应器内的 PO_4^{3-}-P 含量达到最高，分别为 22.26mg/L、9.88mg/L、9.90mg/L 和 5.79mg/L，由此可以看出，不同碳源对聚磷菌释磷影响较大。虽然以葡萄糖和淀粉为碳源也能达到较好的除磷效果，但是乙酸钠仍然是除磷的最佳碳源。

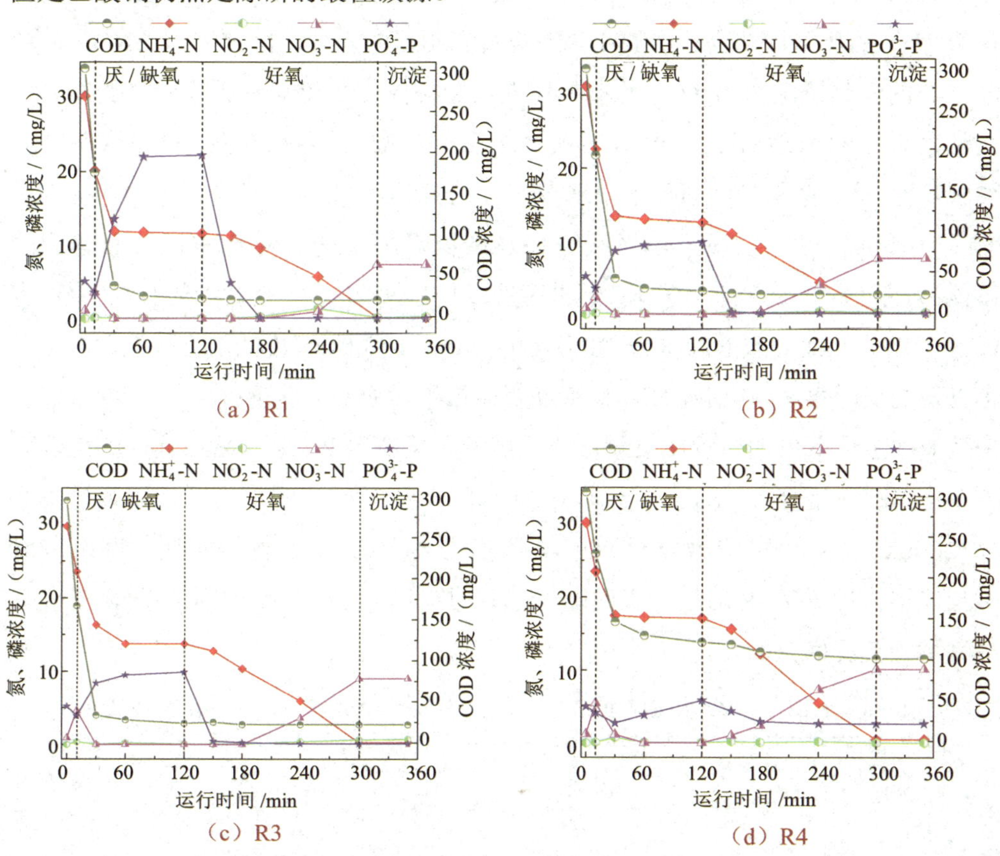

图 6.8 第 73 天典型周期反应器内污染物的变化情况

在好氧阶段（120～300min），反应器 R1、R2、R3、R4 中 NH_4^+-N 的浓度分别由 11.61mg/L、12.61mg/L、13.75mg/L、17.10mg/L 逐渐降低至 0.14mg/L、0.20mg/L、0.26mg/L、0.45mg/L，同时在此期间，NO_3^--N 的浓度逐渐升高至 7.39mg/L、7.68mg/L、9.01mg/L、10.10mg/L，而 NO_2^--N 几乎始终保持在较低浓

度。这些结果表明，在好氧阶段，4 个反应器均能够实现完全硝化，将 NH_4^+-N 几乎全部转化为 NO_3^--N 实现 NH_4^+-N 的去除。另外，聚磷菌在好氧条件下发生吸磷，在 120 ～ 180min 内聚磷菌已基本完成 PO_4^{3-}-P 的去除，在之后的 180 ～ 300min 系统内，PO_4^{3-}-P 的浓度基本保持不变。好氧条件下聚磷菌对 PO_4^{3-}-P 的吸收与缺氧条件下释磷能力的大小密切相关，所以反应器 R1 具有最大吸磷速率，而反应器 R4 在厌氧阶段释磷不充分，导致在好氧阶段 PO_4^{3-}-P 的吸收受到限制，使出水 PO_4^{3-}-P 浓度较高。

在第 117 天的典型周期实验中，4 个反应器中 COD 和 NO_2^--N 的变化趋势与第 73 天的典型周期实验中的变化趋势没有明显的差异，但 NH_4^+-N、NO_3^--N 和 PO_4^{3-}-P 的变化情况与第 73 天的典型周期实验中的变化趋势有比较明显的差异。文献表明，与 AOB 相比，NOB 对低 DO 条件更敏感，更易在低 DO 条件下受到抑制[316]，从而在低 DO 条件下出现 NO_2^--N 的积累。在本研究中，当 DO 降低到 0.5 ～ 0.8mg/L 时，出现了较严重的 NH_4^+-N 积累，而没有出现 NO_2^--N 积累。最可能的原因是低 DO 抑制了 AOB 的活性，使 NH_4^+-N 不能有效地转化为 NO_2^--N 或 NO_3^--N，从而导致 R1、R2、R3 出水中 NO_2^--N 和 NO_3^--N 的浓度较低。但是，可以发现反应器 R4 的出水 NH_4^+-N 浓度明显低于其他反应器且有 NO_3^--N 的形成。在低 DO 条件下出现这种现象最可能是由于在反应器 R4 中，AOB 和 NOB 等自养菌丰度高削弱了低 DO 对硝化反应的不利影响[316]。此外，在厌 / 缺氧阶段末（120min），4 个反应器内的 PO_4^{3-}-P 浓度均高于第 77 天典型周期时间对应时刻反应器内的 PO_4^{3-}-P 浓度，表明随着运行时间的增加，系统内聚磷菌含量或者活性增加使释磷量明显提高。

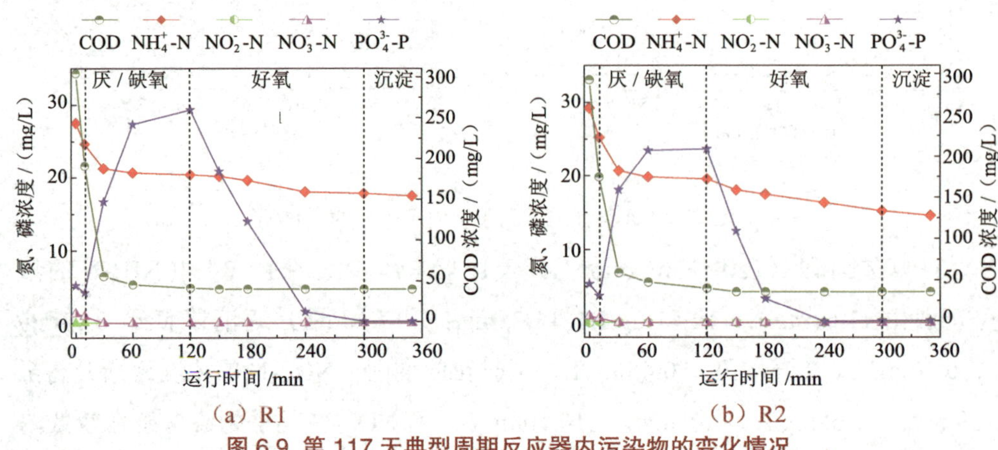

图 6.9 第 117 天典型周期反应器内污染物的变化情况

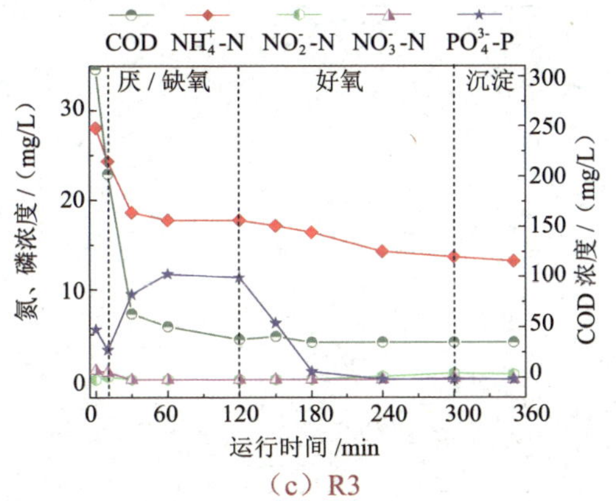

（c）R3

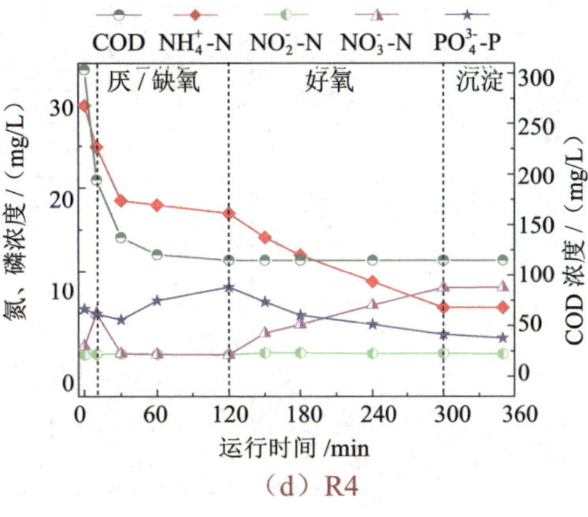

（d）R4

图 6.9 （续）

6.3.3 污泥沉降性的变化

在运行周期内，4个反应器内污泥沉降性的变化如图6.10所示。由图6.10可以看出，4个反应器内的污泥沉降性呈现出不同的变化趋势，表明不同碳源对污泥沉降性的影响是不同的。在运行的前11天，反应器R1、R2、R3的SVI均呈增加趋势，然后逐渐下降，在第20天左右降至100mL/g以下。出现这种污泥沉降性短暂的恶化现象，可能是由于实验室条件下的反应器与实际污水处理厂运行方式及系统进水等存在较大的差异，取自污水处理厂的种泥对实验室条件下的反应器系统需要一定的适应期[145]。然而，反应器R4的SVI在前40天始终保持在66～80mL/g的范围内。从第40天开始，4个反应器内的污泥沉降性呈现出不同的趋势。在运行周期的第Ⅱ阶段（38～77天），反应器R1、R2、R4的SVI均在100mL/g以下，具有良好的沉降性能，但是以淀粉为碳源的反应器R3的SVI逐渐增加至150mL/g以上，出现污泥膨胀，表明以淀粉为碳源更易引起污泥膨胀。在运行周期的第Ⅲ阶段（78～123天），R3的SVI继续增大并维持在150mL/g以上，在此阶段内，R4的SVI也呈现逐渐增加的趋势，而在第100天之后，R1的SVI迅速增加并超过150mL/g，在第114天之后，R2的沉降性能也逐渐恶化。

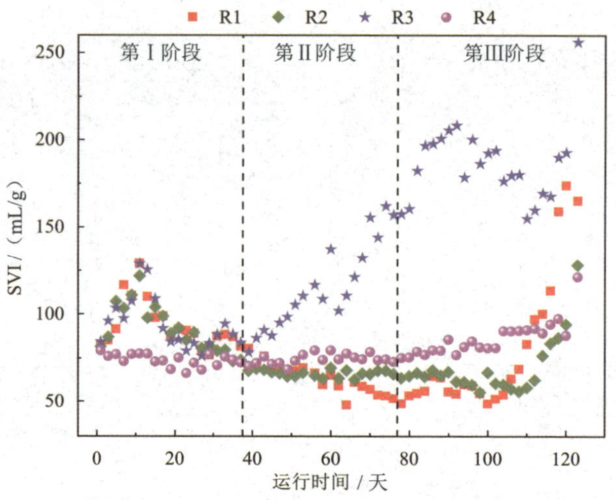

图 6.10 运行周期 4 个反应器内污泥沉降性的变化

为进一步分析污泥特性的差异，采用革兰氏染色后用显微镜观察反应器内污泥的形态。接种污泥的 SVI 约 110mL/g，沉降性良好，经革兰氏染色观察可以看到丝状菌（图 6.11），以微丝菌（*M. parvicella*）为优势丝状菌。在反应器启动后的前 10 天，R1、R2、R3 的 SVI 略有增加（图 6.10），但从镜检图来看，这 3 个反应器内丝状菌的丰度较接种污泥出现迅速降低（图 6.11），说明 SVI 的增加可能是由于污泥对系统的不适应所分泌的 EPS 增加导致的。与此同时，反应器 R4 内的丝状菌丰度较接种污泥稍有降低，同时可以看到菌胶团较接种污泥有明显的减少，使大多数丝状菌延伸至菌胶团外，原因可能是吐温 80 不易降解使 R4 内可利用的碳源较少，而较大的曝气（DO 浓度 2 ～ 3mg/L）使污泥解体所致。如图 6.12 所示，在第Ⅰ阶段运行末期（第 36 天），反应器 R1、R2、R3 几乎没有丝状菌，而 R4 中仍有少量丝状菌。当运行至第Ⅱ阶段（DO 降至 1.0 ～ 1.5mg/L 后）末期时（第 75 天），在反应器 R2、R3 和 R4 内分别观察到了不同丰度的丝状菌，同时 R2 和 R3 内的优势丝状菌为 *Thiothrix*，而 R4 内的优势丝状菌仍为 *M. parvicella*。当 DO 进一步降低到 0.5 ～ 0.8mg/L 时，在第Ⅲ阶段末期（第 121 天），在 4 个反应器内均观察到大量丝状菌，且优势丝状菌均为 *Thiothrix*，但在 R4 中也仍能观察到相对数量的 *M. parvicella*。这些结果进一步表明，低 DO 有利于丝状菌的繁殖，而高 DO 不利于丝状菌生长[123]。同时各反应器内优势丝状菌的种类和丰度差表明碳源不仅影响污泥膨胀的程度，而且影响优势丝状菌的种类[298-299]。

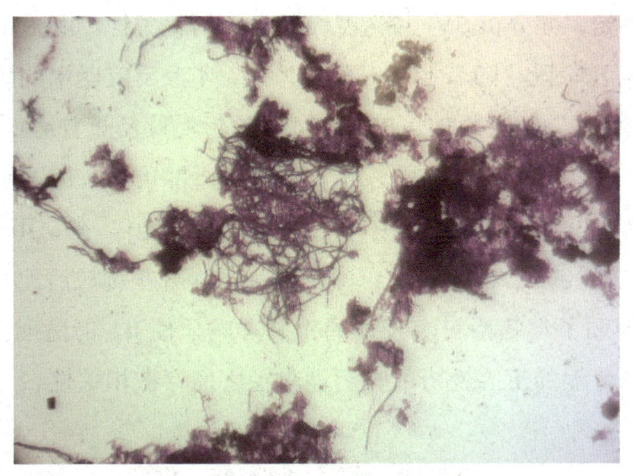

图 6.11 接种污泥镜检图（400×）

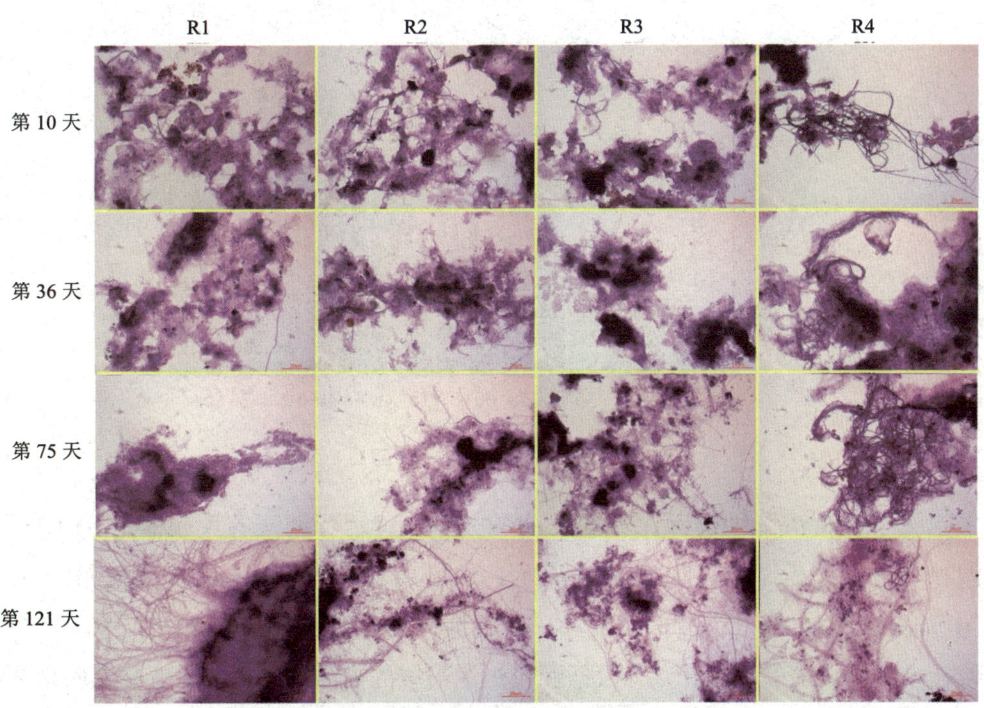

图 6.12 各反应器不同运行时间的污泥镜检图（1000×）

此外，从图6.12中可以看出，在第121天的R1镜检图中观察到大量的丝状菌，但其对应的SVI仍然比较小（约170mg/L），同时在该图中也观察到了大的絮凝体，因此，有可能是大絮体对沉降性的促进作用减少了丝状菌对沉降性的不利影响，从而使系统呈现出较好的沉降性。为了验证这一设想，在运行期间对各反应器内

污泥粒径进行测定，并分析 SVI 与污泥粒径之间的相关性。由图 6.13 可以看出，在第Ⅰ阶段和第Ⅱ阶段，随着运行时间的增加，4 个反应器中的污泥粒径均逐渐增大，但在第Ⅲ阶段，反应器 R2、R3 和 R4 中的污泥粒径随着运行时间略有减小，而反应器 R1 的污泥粒径却呈现显著增大趋势。通常认为，污泥粒径大于 200μm 即形成颗粒污泥[321]。从图 6.12 和图 6.13 可以明显看出，在第Ⅲ阶段的 R1 中形成了颗粒污泥（粒径大于 300μm）。由于丝状菌附着在颗粒污泥表面，颗粒污泥良好的沉降性削弱了丝状菌对沉降性的不利影响，使 R1 仍呈现出较低的 SVI。这些结果表明，污泥的沉降性可能与污泥粒径之间存在相关性。

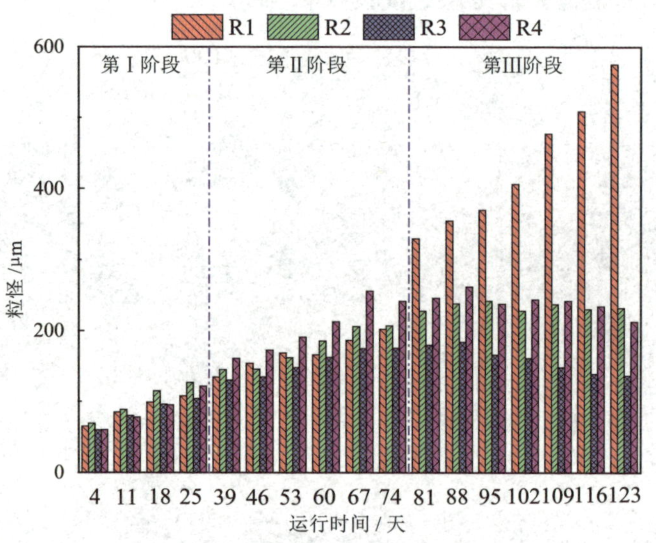

图 6.13 运行期间污泥粒径的变化

为了分析沉降性与污泥粒径之间的关系，将运行期间各反应器的 SVI 与污泥粒径进行分析，结果如图 6.14 所示。由图 6.14 可以看出，4 个反应器的 SVI 与污泥粒径均具有线性相关。其中，以乙酸钠为碳源的反应器 R1 的 SVI 与污泥粒径呈现出最强的线性相关，根据颗粒污泥形成的前后，线性关系被分成两部分，分别为 $y = -3.1117x + 373.48$（$R^2 = 0.9356$）和 $y = 1.9974x + 263.07$（$R^2 = 0.8399$）。而以吐温 80 为碳源的反应器 R4 的 SVI 与污泥粒径之间呈现出最差的线性关系（$y = 4.6115x - 170.13$，$R^2 = 0.2246$）。这些结果表明，碳源对活性污泥的沉降性及污泥絮体的大小均有较大的影响。

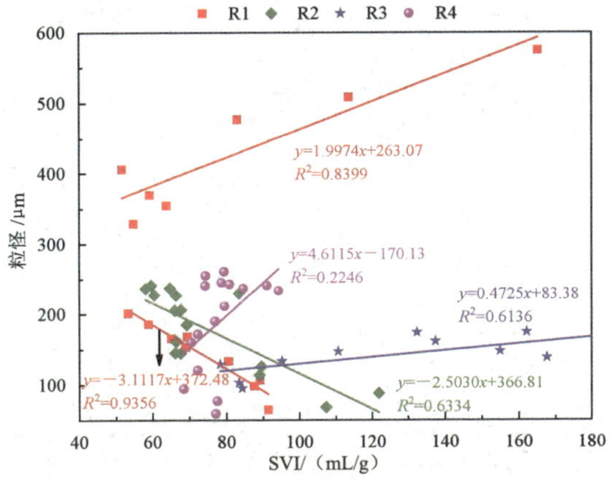

图 6.14 污泥沉降性与污泥粒径之间的相关性

6.3.4 EPS 含量的变化

EPS 是在特定的环境条件下产生的，研究表明，EPS 对微生物聚集体的空间结构和污泥沉降能力等理化性质会产生很大的影响 [322]，因此需要对系统的 EPS 进行研究，4 个反应器内 PN、PS 和 EPS 含量变化见表 6.6。从表 6.6 中可以看到，第 II 阶段 4 个反应器内 EPS 的含量［（54.61±12.53）mg/g VSS、（55.68±6.29 ）mg/g VSS、（64.16±16.98）mg/g VSS、（59.64±4.18）mg/g VSS］，均比第 I 阶段各反应器内 EPS 的含量［（95.47±18.95mg/g VSS、83.02±19.19mg/g VSS、97.15±47.48mg/g VSS、97.86±9.97mg/g VSS］和第III阶段各反应器内 EPS 的含量［（121.14±23.53）mg/g VSS、（108.90±12.93 ）mg/g VSS、（115.71±5.95 ）mg/g VSS、（146.41±11.97 ）mg/g VSS］要低。在反应器运行的第 I 阶段，系统有一段的适应期；在第III阶段，低 DO 不利于系统的运行；但从反应器运行来看，第 II 阶段达到了稳定的运行，这些结果表明，在不利条件下，系统会产生更多的 EPS。同时还可以看到，与另外两个阶段相比，所有的反应器在第III阶段都产生了更多的 EPS。Wei 等 [323] 指出 EPS 对低 DO 浓度（0.3 ～ 0.8mg/L）很敏感，所以在低 DO 浓度的条件下会产生较多的 EPS。同时第III阶段各反应器的污泥沉降性也比其他两个阶段的沉降性差，这与之前报道的 EPS 对系统泥水分离性能的影响是一致的，过量的 EPS 会恶化系统的污泥沉降性 [324-325]。报道称 EPS 对营养物的传质也有显著影响 [322]，所以高含量的 EPS 会影响营养物质的传输，这可能是第III阶段各反应器内污染物去除率低的原因之一。

表 6.6 4 个反应器内 PN、PS 和 EPS 含量变化

		R1	R2	R3	R4
PN /（mg/g VSS）	Ⅰ	81.39 ± 17.76	69.11 ± 20.65	81.48 ± 41.49	85.28 ± 8.00
	Ⅱ	44.86 ± 12.20	48.27 ± 6.68	53.73 ± 16.29	54.05 ± 4.01
	Ⅲ	99.10 ± 15.68	92.18 ± 10.32	96.61 ± 3.30	131.74 ± 10.50
PS/（mg/g VSS）	Ⅰ	14.08 ± 1.81	13.91 ± 1.91	15.67 ± 5.99	12.58 ± 3.38
	Ⅱ	9.74 ± 1.32	7.41 ± 1.57	10.43 ± 0.85	5.59 ± 1.21
	Ⅲ	22.05 ± 8.21	16.72 ± 3.42	19.10 ± 3.14	14.67 ± 1.93
EPS /（mg/g VSS）	Ⅰ	95.47 ± 18.95	83.02 ± 19.19	97.15 ± 47.48	97.86 ± 9.97
	Ⅱ	54.61 ± 12.53	55.68 ± 6.29	64.16 ± 16.98	59.64 ± 4.18
	Ⅲ	121.14 ± 23.53	108.90 ± 12.93	115.71 ± 5.95	146.41 ± 11.97

此外，从表 6.6 可以注意到，在 4 个以不同碳源为进水的反应器中，PN、PS 以及 EPS 的含量都存在较大的差异，但 4 个反应器中的 EPS 含量总体呈现出 R4 ＞ R3 ＞ R1 ＞ R2 的规律，这表明碳源对 EPS 的产生有明显的影响。Li 和 Yang[326] 也曾报道过以不同碳源为进水的反应器的 EPS 含量不同，他们认为主要原因可能是不同碳源的代谢途径不同。吐温 80 首先被水解成 LCFA，而 LCFA 再被脂肪酰辅酶 A 降解，然后通过 β 氧化将 LCFA 生成乙酰辅酶 A[314]，与乙酸钠、葡萄糖和淀粉的代谢相比，吐温 80 的代谢过程更复杂，可能涉及更多的酶，所以在以吐温 80 为进水的反应器中观察到较高的 EPS 含量。

与 EPS 含量相比，对 EPS 组成的研究更有助于 EPS 的功能和性质分析 [322]。采用三维荧光光谱对 EPS 的主要成分进行测定，利用平行因子分析法（PARAFAC）分析得到 EPS 各组分的荧光强度（F_{max}）。使用平行因子分析法在 EPS 中识别出 3 种组分。其中，组分 1 包括一个荧光峰，该荧光峰的中心大概位于 Ex/Em=280/350nm 处，属于类蛋白荧光峰 [327-328]；组分 2 包括两个荧光峰，这两个荧光峰的中心分别位于 Ex/Em=225/340nm 和 Ex/Em=275/340nm 处，属于类色氨酸荧光峰 [308, 329]；而组分 3 也仅包括一个荧光峰，该荧光峰的中心大概位于 Ex/Em=350/440nm 处，属于类腐殖酸荧光峰 [327]。

运行期间各反应器内 EPS 的 3 种组分的荧光强度变化见表 6.7。由该表可以看出，在运行过程中，各反应器内 EPS 的 3 种组分的荧光强度呈现出明显的变化规律。EPS 均是以类蛋白物质为主要组成部分，分别是类色氨酸物质和类腐殖酸物质，这与之前的报道是一致的 [330]。类色氨酸物质的荧光强度在第Ⅱ阶段较第Ⅰ阶段呈降低趋势，但其在第Ⅲ阶段又增加，表明在不利条件下可能产生更多类色氨酸物质。Zhou 等 [331] 最近的研究也表明类色氨酸在应对不利条件时发挥了重要的自我保护作用，从而产生较多的类色氨酸。另外，Zhang 等 [332] 研究表明颗粒污泥形成过程中 EPS 中含有大量类蛋白物质，所以在第Ⅱ阶段和第Ⅱ阶段的 R1 反应器内，其类蛋白物质的荧光强度比其他 3 个反应器内类蛋白物质的荧光强度要高。

表 6.7 运行期间各反应器内 EPS 的 3 种组分的荧光强度变化

		R1	R2	R3	R4
组分 1（类蛋白）	Ⅰ	1121.66 ± 296.16	1043.34 ± 183.12	1151.92 ± 193.47	712.47 ± 303.01
	Ⅱ	2251.20 ± 122.35	1628.54 ± 124.53	1743.82 ± 262.13	1689.92 ± 125.51
	Ⅲ	1607.21 ± 324.42	1486.28 ± 277.99	1346.69 ± 196.54	1563.97 ± 186.40
组分 2（类色氨酸）	Ⅰ	621.82 ± 56.75	646.99 ± 64.36	702.90 ± 74.80	728.03 ± 78.44
	Ⅱ	599.72 ± 78.37	578.98 ± 196.85	409.65 ± 24.78	700.86 ± 78.71
	Ⅲ	902.46 ± 130.72	596.91 ± 92.87	671.70 ± 88.44	711.52 ± 96.87
组分 3（类腐殖酸）	Ⅰ	429.38 ± 19.50	344.95 ± 46.82	226.48 ± 35.88	213.55 ± 69.54
	Ⅱ	266.16 ± 23.63	182.55 ± 26.21	264.65 ± 63.75	232.44 ± 73.86
	Ⅲ	137.86 ± 33.80	129.09 ± 32.46	148.69 ± 24.30	171.23 ± 15.24

6.3.5 群体感应的差异

在运行过程中，在 4 个反应器内均检测到以下 10 种 AHLs 类信号分子：C4-HSL、C6-HSL、3OC6-HSL、C7-HSL、C8-HSL、3OC8-HSL、C10-HSL、3OC10-HSL、C12-HSL 和 3OC12-HSL，这表明 4 个反应器内都存在群体感应调控现象。但只有 C4-HSL、C8-HSL、C10-HSL 和 C12-HSL 这 4 种信号分子的浓度在运行过程中有较大波动（图 6.15），其余几种信号分子的浓度基本保持不变，故在此仅分析 C4-HSL、C8-HSL、C10-HSL 和 C12-HSL 这 4 种信号分子对系统的影响。由图 6.15 可以看出，在第 30 ～ 80 天反应器 R2 内 C4-HSL 的浓度明显高于其他反应器内 C4-HSL 的浓度，并且在第 40 ～ 70 天反应器 R2 内 C4-HSL 的浓度呈现逐渐下降趋势。C8-HSL 在各反应器内的浓度并没有观察到明显的变化规律。另外，与其他 3 个反应器相比，反应器 R1 内 C12-HSL 的浓度是比较高的，并且在第 80 ～ 120 天（第Ⅲ阶段）呈现逐渐增加的趋势。同时，也注意到反应器 R1 内 C10-HSL 的浓度在 80 ～ 120 天（第Ⅲ阶段）也呈增加趋势。之前的一些研究表明，AHLs 能够促进颗粒污泥的形成 [183, 248, 250]，所以 C10-HSL 和 C12-

HSL 可能介导了反应器 R1 在第Ⅲ阶段颗粒污泥的形成。

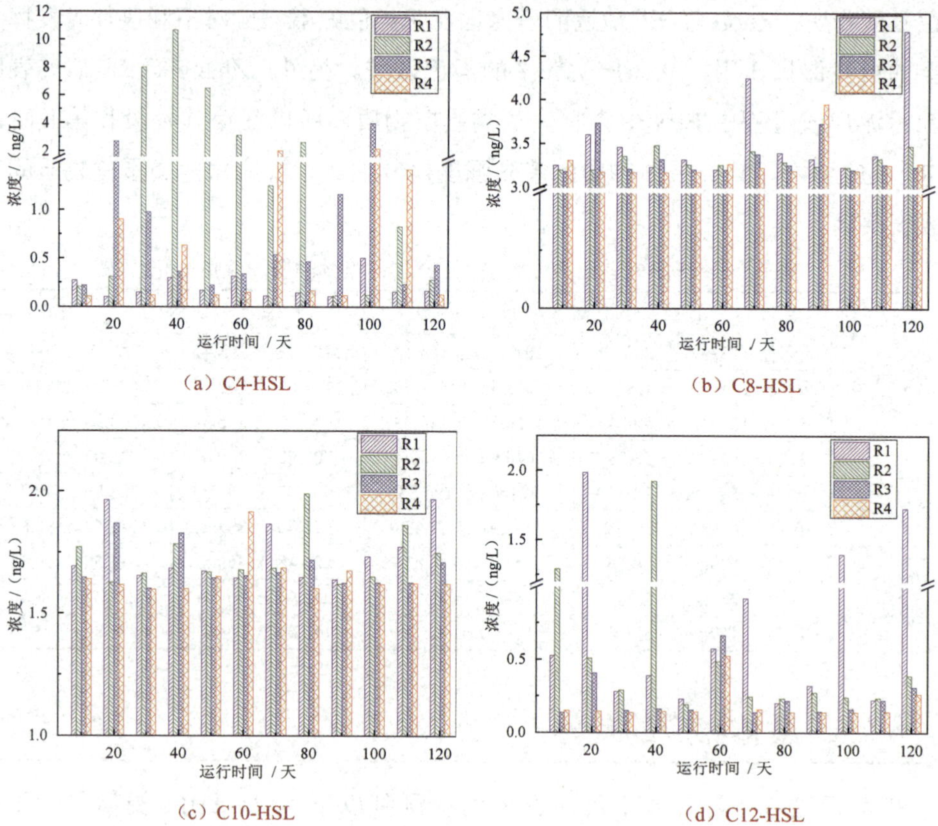

（a）C4-HSL

（b）C8-HSL

（c）C10-HSL

（d）C12-HSL

图 6.15　运行期间各反应器内 AHLs 的浓度变化

AHLs 除了可以介导颗粒污泥的形成之外，文献报道其在污染物去除、EPS 的产生等代谢行为中也具有重要作用[50, 232, 248]。为了分析群体感应对系统的调控作用，采用皮尔逊相关分析对 AHLs、污染物去除、粒径、EPS 含量以及 EPS 组分等之间的潜在相互作用进行分析，得到不同反应器中存在的相关性，如图 6.16 所示。由图 6.16 可以看到，在反应器 R1 中并没有得到群体感应显著介导相关代谢行为的相关性，在反应器 R2 中，C4-HSL 浓度与 EPS 含量之间具有显著的负相关（$p < 0.05$）。而在反应器 R3 中，C4-HSL 浓度与类色氨酸物质（组分 2）之间具有显著正相关（$p < 0.05$），同时 C10-HSL 浓度与类腐殖酸物质（组分 3）之间具有显著的正相关（$p < 0.05$）。另外，在反应器 R4 中观察到了更多的相关性，C10-HSL 和 C12-HSL 均与类蛋白物质（组分 1）之间具有极显著的正相关（$p < 0.01$），C8-HSL 与类色氨酸物质（组分 2）之间以及 C10-HSL 与类腐殖酸物质（组

分 3）之间均具有显著的正相关（$p < 0.05$）。可以发现上述相关性均是 AHLs 与 EPS 或 EPS 组分之间的，而 4 个反应器中均未发现 AHLs 与污染物去除、污泥沉降性及粒径之间存在显著的相关性，这表明群体感应主要介导了 EPS 的产生。

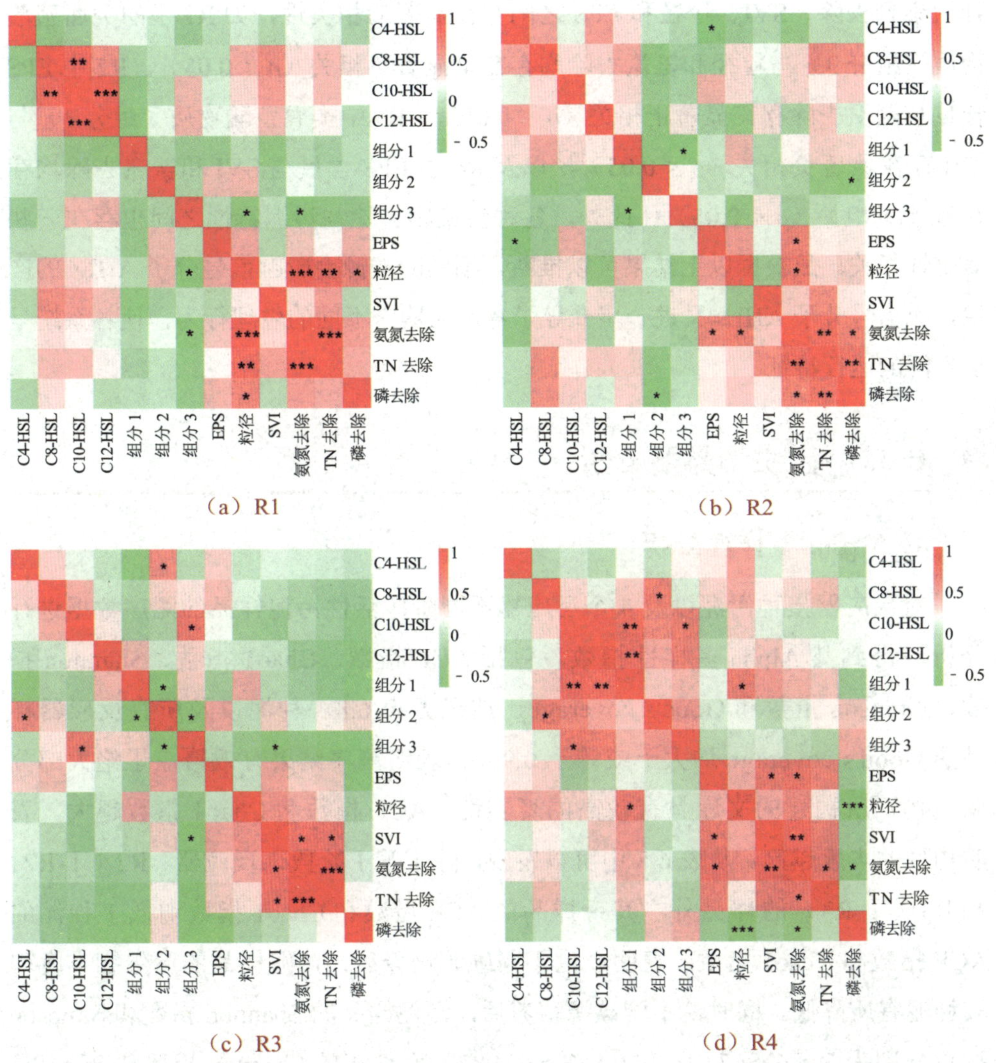

图 6.16 不同反应器中的皮尔逊相关分析（* $p < 0.05$; ** $p < 0.01$; *** $p < 0.001$）

另外，在图 6.16（a）中并没有观察到 C10-HSL 或 C12-HSL 与粒径之间存在显著的相关性，而仅对第Ⅲ阶段反应器 R1 中的 C10-HSL、C12-HSL 与粒径进行皮尔逊相关分析发现，C10-HSL 与粒径之间存在极显著的相关性（$p < 0.01$），其相关系数为 0.97，表明 C10-HSL 在反应器 R1 污泥颗粒化过程中起主要调控作

用。而在图 6.16（a）中没有呈现出显著的相关性，可能是在第Ⅰ阶段和第Ⅱ阶段内 C10-HSL 与粒径之间的相关性不显著。虽然在各反应器内并未观察到 AHLs 与营养物去除、SVI 及粒径之间具有显著的相关性，但是在 4 个反应器内均观察到污染物去除、SVI、粒径和 EPS 之间存在显著的相关性，如 R1 中的类腐殖酸物质（组分 3）与粒径和氨氮去除均存在呈显著负相关（$p < 0.05$）、R2 中 EPS 含量与氨氮去除存在显著正相关（$p < 0.05$）、R3 中类腐殖酸物质（组分 3）与 SVI 存在显著负相关（$p < 0.05$），以及 R4 中 EPS 含量与 SVI 和氨氮去除均存在显著正相关（$p < 0.05$）。此外，各种污染物去除与污泥特性之间也存在一些显著性相关。故根据以上结果可以推断，不同的碳源会影响信号分子 AHLs 的产生，而信号分子 AHLs 又进一步介导了各反应器内不同的生理行为，使各系统呈现不同的运行特征。

6.3.6 微生物群落分析

1. Alpha 多样性分析

对反应器接种污泥以及 4 个反应器不同阶段活性污泥样品的测序数据进行分析，得到其 Alpha 多样性指数，包括 ACE 指数、Chao1 指数、Shannon 指数、Simpson 指数和 Good's coverage，结果见表 6.8。种泥以及所有反应器样品的 Good's coverage 均大于或等于 0.998，表明测序结果有效覆盖了绝大部分微生物，所构建的文库具有较高的真实性。ACE 指数和 Chao1 指数越大，表明物种的丰度越高。从表 6.8 中可以发现，除了第Ⅰ阶段末反应器、R2（Ⅰ-R2）和 R3（Ⅰ-R3）的样品外，其余样品的 ACE 指数和 Chao1 指数均低于种泥的 ACE 指数和 Chao1 指数，表明经过不同碳源培养后，污泥样品的微生物丰度均较种泥有所降低。同时，不同碳源培养后，污泥样品的 Shannon 指数和 Simpson 指数分别为 5.086 ～ 7.014 和 0.897 ～ 0.982，而种泥的 Shannon 指数和 Simpson 指数分别为 7.103 和 0.985。Shannon 指数和 Simpson 指数越大，表示其物种多样性越高，故与种泥相比，经过不同碳源培养后污泥的微生物群落多样性较低。另外，可以注意到 4 个反应器污泥样品的 Alpha 多样性指数也存在较大的差异，这表明其微生物在丰富度和多样性上存在不可忽视的差异，造成这种差异的主要原因可能是不同的碳源在促进微生物生长方面发挥了不同的作用。

表 6.8 微生物的丰富度和多样性指数

样品	ACE	Chao1	Shannon	Simpson	Good' s coverage
Seed	522.917	529.838	7.103	0.985	0.998
Ⅰ -R1	522.675	537.323	7.014	0.982	0.998
Ⅰ -R2	550.669	551.63	5.858	0.932	0.998
Ⅰ -R3	530.662	542.758	6.301	0.958	0.999
Ⅰ -R4	503.375	518.1	6.699	0.973	0.998
Ⅱ -R1	458.859	468.786	6.036	0.945	0.999
Ⅱ -R2	503.036	510.158	6.002	0.955	0.998
Ⅱ -R3	488.386	494.385	5.496	0.917	0.998
Ⅱ -R4	461.022	473.312	6.193	0.968	0.998
Ⅲ -R1	415.214	421.324	5.086	0.897	0.998
Ⅲ -R2	463.975	466.5	5.352	0.928	0.998
Ⅲ -R3	467.271	491.833	5.251	0.931	0.998
Ⅲ -R4	430.852	438.405	5.428	0.944	0.998

注：Seed 为种泥样品；Ⅰ -R1、Ⅰ -R2、Ⅰ -R3 和Ⅰ -R4 分别为第Ⅰ阶段末反应器 R1、R2、R3 和 R4 的污泥样品；Ⅱ -R1、Ⅱ -R2、Ⅱ -R3 和Ⅱ -R4 分别为第Ⅱ阶段末反应器 R1、R2、R3 和 R4 的污泥样品；Ⅲ -R1、Ⅲ -R2、Ⅲ -R3 和Ⅲ -R4 分别为第Ⅲ阶段末反应器 R1、R2、R3 和 R4 的污泥样品。

2. 群落结构分析

种泥及 4 个反应器内的污泥样品均分布在 21 个门，在门水平上各样品的微生物群落结构如图 6.17 所示。其中将相对丰度排序在第 10 ~ 21 的门归入 others。由图 6.17 可以看到，门水平的微生物群落结构存在较大的差异。种泥中相对丰度较高的优势门为 *Proteobacteria*（35.43%）、*Bacteroidetes*（35.24%）和 *Acidobacteria*（10.81%），而经过不同碳源培养后各反应器内的污泥样品以 *Proteobacteria*（18.28% ~ 82.04%）、*Bacteroidetes*（10.13% ~ 39.93%）和 *Patescibacteria*（2.89% ~ 52.84%）为优势菌门。同时，在经过不同碳源培养的不同反应器中，污泥样品的优势门及其相对丰度也存在着较大的差异。在整个运行期间，反应器 R1 和 R4 中的相对丰度最高的细菌门均为 *Proteobacteria*，其在两个反应器中的相对丰度分别为 46.3% ~ 77.3% 和 66.85% ~ 82.04%，并且其在两个反应器中的相对丰度均随着运行时间的增加而增加。但在反应器 R2 中，第Ⅰ阶段和第Ⅱ阶段内 *Patescibacteria* 为相对丰度最高的细菌门，但第Ⅲ阶段内 *Proteobacteria* 变为相对丰度最高的细菌门；而在反应器 R3 中，第Ⅰ阶段和第Ⅱ阶段内 *Bacteroidetes* 为相对丰度最高的细菌门，但第Ⅲ阶段内 *Patescibacteria* 变

为相对丰度最高的细菌门。这些结果表明，碳源及运行条件对微生物群落结构具有显著的影响，这是因为不同的碳源需要不同的代谢途径将其进行代谢，而这些不同的代谢途径需要不同的菌群来实现，那么就必然会出现优势菌群的差异。

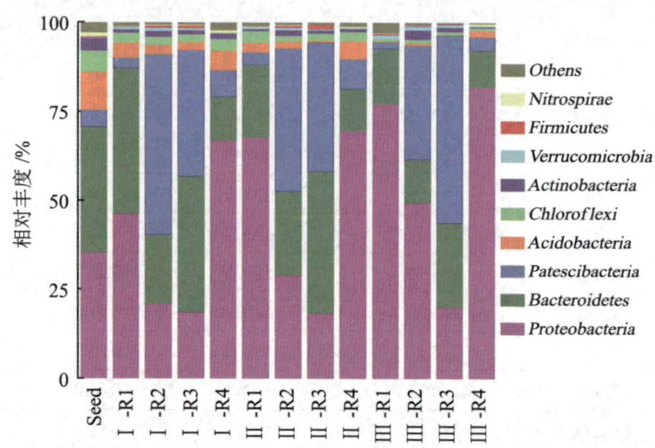

图 6.17 主要微生物群落在门水平上的相对丰度

为了更深入地分析不同反应器内微生物群落的差异，对各反应器样品在属水平上进行分析。各样品在属水平均检测到大于 100 个菌属，其中各样品在属水平上相对丰度前 30 的微生物群落组成如图 6.18 所示。由图 6.18 可以看到，各反应器样品在属水平上的微生物群落存在较大差异。其中，在第 I 阶段和第 II 阶段的反应器 R1 内均以 *Candidatus* Competibacter 为优势菌，其在两个阶段的相对丰度分别为 13.38% 和 23.13%，但在第III阶段的反应器 R1 内以 *Thiothrix* 为优势菌，相对丰度为 27.92%，同时，*Candidatus Competibacter* 仍占有相对较高的丰度，为 21.92%。而反应器 R2 在前两个运行阶段的优势菌属均为 *f_uncultured_gamma_proteobacterium_Unclassified*，相对丰度分别为 9.28% 和 5.78%，在第III阶段以 *Thiothrix* 为优势菌，相对丰度为 7.08%。反应器 R3 在 3 个运行阶段的优势菌属分别为 *f_Saprospiraceae_Unclassified*（13.12%）、*f_Saprospiraceae_Unclassified*（22.83%）和 *Metagenome*（6.71%），反应器 R4 在 3 个运行阶段的优势菌属分别为 *Sphingobium*（10.90%）、*Sphingobium*（9.86%）和 *Ramlibacter*（16.41%）。*Candidatus* Competibacter 为典型的聚糖菌菌属，能够代谢和储存碳源，*f_uncultured_gamma_proteobacterium_Unclassified* 被报道具有除磷的功能[333]，*Saprospiraceae* 能够代谢葡萄糖、半乳糖等[334]，*Sphingobium* 能够降解芳香族化合物[335]，故上述大部分菌群成为不同反应器内的优势菌属主要是由碳源引起的。

Thiothrix 是一种引起污泥膨胀的丝状菌属[336]，*Ramlibacter* 是一种厌氧或者兼性厌氧菌[337]，低 DO 环境利于它们的生长使其在第Ⅲ阶段成为优势菌属。因此，碳源和 DO 溶度的差异是微生物群落差异的主要因素。

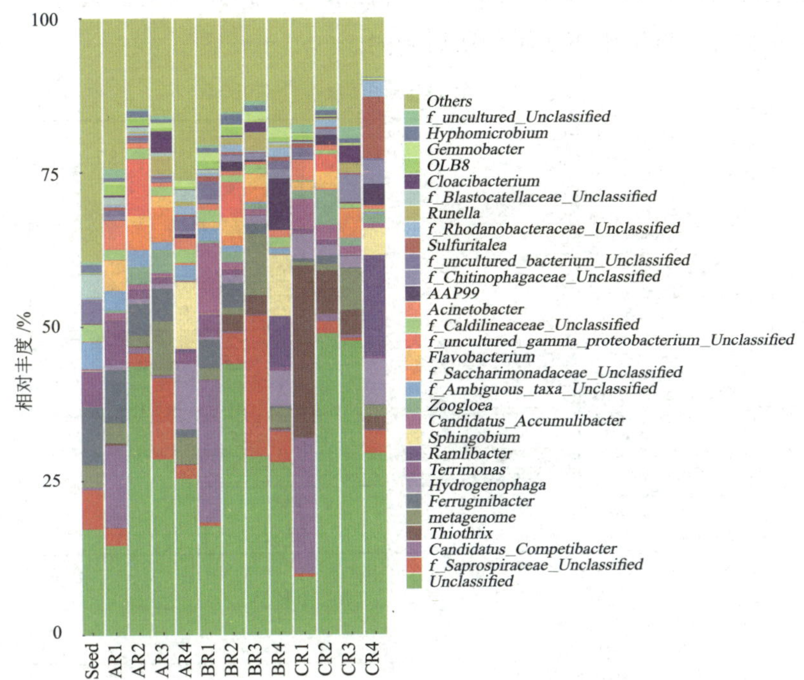

图 6.18 各样品在属水平上相对丰度前 30 的微生物群落组成

3. 功能微生物差异分析

鉴于功能微生物在废水处理过程中起着重要作用，因此，对以不同碳源为进水的反应器中功能菌的差异进行分析具有重要意义。根据以往文献所报道的具有代谢功能的微生物，对本研究中检测到的微生物中相对丰度前 20 的功能菌属进行分析，如图 6.19 所示。从图 6.19 可以看到，不同功能菌属在不同反应器中及不同运行阶段都有很大的差异，如在第Ⅰ阶段 4 个反应器中丰度最大的功能菌属分别为：在 R1 中相对丰度为 13.38% 的 *Candidatus* Competibacter、在 R2 中相对丰度为 1.7% 的 *Terrimonas*、在 R3 中相对丰度为 1.9% 的 *Flavobacterium* 和在 R4 中相对丰度为 10.58% 的 *Hydrogenophaga*；而在第Ⅱ阶段 4 个反应器中丰度最大的功能菌属分别为：在 R1 中相对丰度为 27.92% 的 *Thiothrix*、在 R2 中相对丰度为 7.08% 的 *Thiothrix*、在 R3 中相对丰度为 4.35% 的 *f_*

Chitinophagaceae_Unclassified 和在 R4 中相对丰度为 7.44% 的 *Hydrogenophaga*。*Candidatus* Competibacter 为典型的聚糖菌菌属，而根据文献报道，*Terrimonas*、*Flavobacterium*、*Hydrogenophaga*、*Thiothrix* 都与反硝化有关[46]，同时 Wang 等[317]曾报道过碳源对聚糖菌和脱氮等的影响，因此，上述主要功能菌属的变化可能主要是由于 4 个反应器进水碳源不同所引起的。

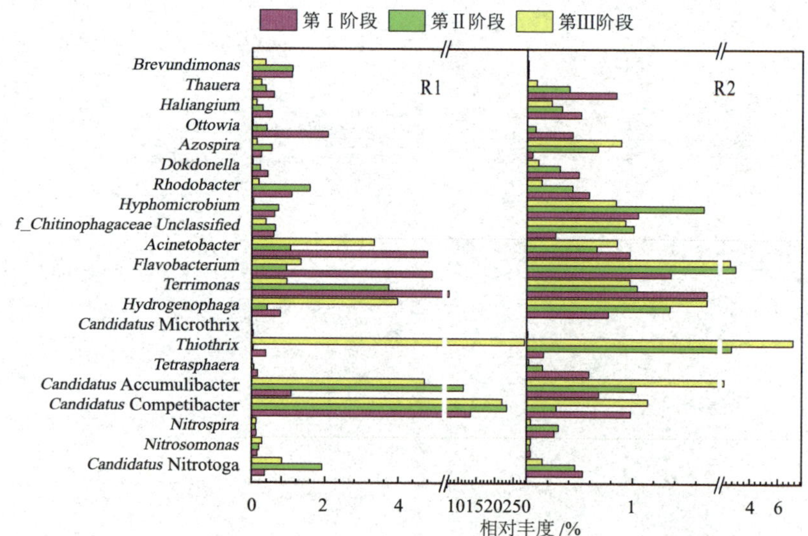

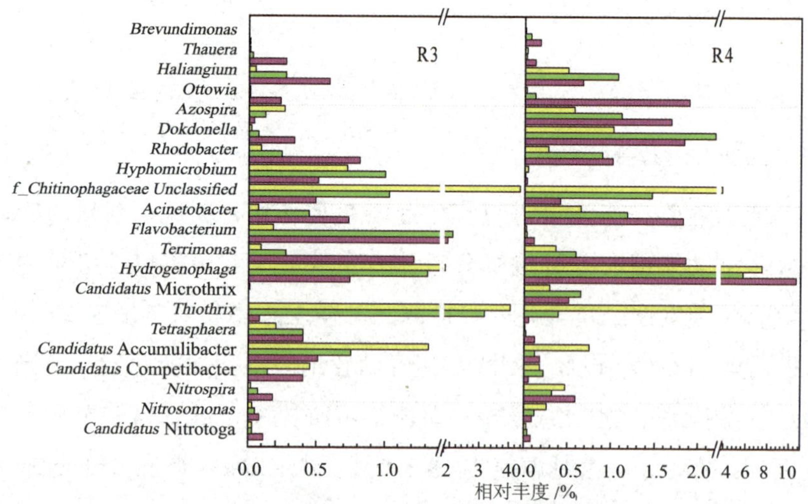

图 6.19　各反应器内丰度前 20 的功能菌属

脱氮主要是通过 AOB、NOB 和反硝化菌的共同作用实现的。本研究所检测到的 AOB 为文献中经常报道的 *Nitrosomonas*，其相对丰度为 0.03% ～ 0.28%。虽然在第Ⅰ阶段和第Ⅱ阶段，各个反应器，AOB 的丰度相对较低，但 NH_4^+-N 去除效果很好。已有研究表明，在适宜条件下，低丰度的 AOB 仍能实现良好的 NH_4^+-N 去除效果[330]。同时可以看到，在第Ⅲ阶段，反应器 R4 内 AOB 的相对丰度较高（0.26%），高丰度的 AOB 降低了低 DO 对硝化的不利影响[316]，这可能是第Ⅲ阶段反应器 R4 的出水 NH_4^+-N 浓度低于其他反应器的主要原因。*Nitrospira* 是文献报道最多的 NOB 之一，其在本研究中检测到的相对丰度为 0.02% ～ 0.59%。同时，最近新发现的一种 NOB 菌属——*Candidatus* Nitrotoga[39]，也在本研究中检测到且具有更高的丰度（0.03% ～ 1.92%）。Lücker 等[39]在低温条件下检测到较高丰度的 *Candidatus* Nitrotoga，同样，本研究中的反应器均在低温条件下运行，这可能是 *Candidatus* Nitrotoga 的相对丰度高于 *Nitrospira* 的主要原因。当 DO 浓度降低为 0.5 ～ 0.8mg/L 时，4 个反应器内 *Nitrospira* 和 *Candidatus* Nitrotoga 的丰度均下降，表明 NOB 对低 DO 条件比较敏感，低 DO 不利于 NOB 生长。*Nitrosomonas*、*Nitrospira* 和 *Candidatus* Nitrotoga 的协同作用为 NH_4^+-N 向 NO_2^--N 及 NO_3^--N 的转化及后续脱氮奠定了基础。许多具有反硝化功能的菌属也被检测到，如 *Terrimonas*、*Flavobacterium*、*Acinetobacter*、*f_Chitinophagaceae_Unclassified*、*Hyphomicrobium* 等[46, 338]。大部分反硝化菌均属于异养菌，在降解有机物的同时，进行反硝化脱氮[338]，因此反硝化作用易受有机碳源的影响。从图 6.19 中可以看到，4 个以不同碳源为进水的反应器中反硝化菌的丰度差异较大，相对丰度前 20 的功能菌属中，反硝化菌的总丰度分别为 7.11% ～ 24.35%（R1）、7.71% ～ 9.63%（R2）、5.55% ～ 7.12%（R3）和 7.32% ～ 11.6%（R4），这与 TN 去除率的结果是一致的。

在所有反应器的样品中均检测到两种具有除磷功能的聚磷菌 *Candidatus* Accumulibacter 和 *Tetrasphaera*[42]，但在所有样品中，*Candidatus* Accumulibacter 的丰度（0.12% ～ 11.42%）均高于 *Tetrasphaera* 的丰度（0.01% ～ 0.59%），表明 *Candidatus* Accumulibacter 是主要的除磷功能菌。4 个反应器中 *Candidatus* Accumulibacter 的丰度由高到低依次为 R1（1.06% ～ 11.42%）> R2（0.68% ～ 2.23%）> R3（0.51% ～ 1.32%）> R4（0.12% ～ 0.75%），表明在 4 种碳源中乙酸钠是最适合 *Candidatus* Accumulibacter 生长的碳源，而吐温 80 最不利于 *Candidatus* Accumulibacter 生长。同时，由于反应器 R4 中 *Candidatus* Accumulibacter 丰度较低，因此使 R4 的出水 PO_4^{3-}-P 浓度高于其他反应器。另

外，也发现，4 个反应器中聚糖菌 *Candidatus* Competibacter 的丰度由高到低也呈现出 R1> R2> R3> R4 的顺序。许多研究表明，聚糖菌 *Candidatus* Competibacter 与聚磷菌 *Candidatus* Accumulibacter 之间存在竞争关系[42, 46, 317]，如果 *Candidatus* Competibacter 占优势，则会使系统除磷效果恶化。而在反应器 R1 中，*Candidatus* Competibacter 的相对丰度（13.38% ～ 23.13%）是 *Candidatus* Accumulibacter 相对丰度（1.06% ～ 11.42%）的 1.03 ～ 11.62 倍，但系统 PO_4^{3-}-P 的去除效果并没有恶化，表明在本研究中聚糖菌 *Candidatus* Competibacter 并未对系统除磷作用产生显著的影响。

此外，在第Ⅲ阶段的 4 个反应器内，*Thiothrix* 的相对丰度较高，分别为 27.92%、7.08%、4.03% 和 2.15%。*Thiothrix* 是一种经常引起污泥膨胀的丝状菌，低 DO 和较高浓度小分子脂肪酸存在的条件利于其增殖[339]，故在第Ⅲ阶段各反应器内 *Thiothrix* 的丰度较高主要是由低 DO 引起的。*Candidatus* Microthrix 是另一种经常引起污泥膨胀的丝状菌，在一些样品中也被检测到。以吐温 80 为进水碳源的 R4 反应器在运行过程中始终存在一定数量的 *Candidatus* Microthrix，而以乙酸钠、葡萄糖和淀粉为进水碳源的反应器内，*Candidatus* Microthrix 的含量很少或没有。因为每克吐温 80 含有 0.22g 油酸，所以上述结果与之前报道的 LCFA 有利于 *Candidatus* Microthrix 的生长是一致的[142, 299]。此外，一些能够产生 EPS 以及与群体感应相关的菌属也在样品中检测到，如 *Flavobacterium*、*Acinetobacter*、 *Thauera*、*Dechloromonas*、*Rhodobacter*、*Devosia* 等，它们可能与 EPS 的产生或者 AHLs 的形成有关[46, 50]。

为了进一步研究反应器运行、群体感应调控以及微生物群落之间的相关性，采用典范对应分析（CCA）对它们进行分析，结果如图 6.20 所示。由图 6.20 可知，由于 COD 去除与磷去除之间呈锐角，故磷去除与 COD 去除呈密切相关，这与之前的讨论（6.3.1 小节）是一致的。同时，可以观察到感应信号分子 C8-HSL、C10-HSL 和 C12-HSL 与 COD 和磷去除之间也呈现相关性，表明 C8-HSL、C10-HSL 和 C12-HSL 可能参与调控 COD 和磷的去除；而聚糖菌 *Candidatus* Competibacter 和聚磷菌 *Candidatus* Accumulibacter 与 C8-HSL、C10-HSL 和 C12-HSL 之间也存在密切相关，由此可以推断，C8-HSL、C10-HSL 和 C12-HSL 可能通过调控 *Candidatus* Competibacter 和 *Candidatus* Accumulibacter 的生理行为进而来实现对 COD 和磷去除的调控。此外，还可以观察到 C8-HSL 和 C10-HSL

与污泥粒径之间存在相关性，C4-HSL 可能与 SVI 和 EPS 密切相关，污泥粒径大小、EPS 及 SVI 之间也存在相关性，C12-HSL 与 TN 去除相关且 TN 去除与 *Terrimonas, Thauera* 和 *Acinetobacter* 之间也具有相关性。通过 CCA 分析表明，反应器运行、群体感应调控及微生物群落之间存在显著的相关性。

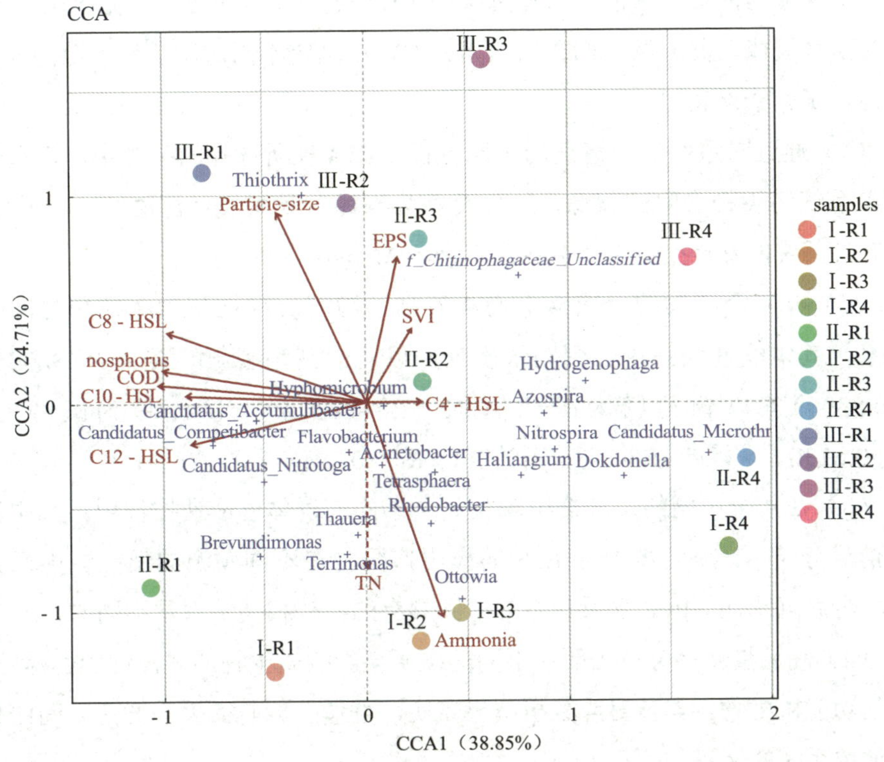

图 6.20 反应器运行、群体感应调控以及微生物群落之间的相关性分析

综上所述，可以得到不同碳源条件下系统运行、群体感应及微生物群落之间的调控关系，具体如下。当活性污泥系统采用不同的进水碳源时，不同的系统内会形成不同的代谢途径，而不同的代谢途径参与反应的微生物群落和酶也会有很大的差异，因此不同碳源会导致不同系统内微生物群落的显著差异。微生物群落结构的差异会使系统内群体感应信号分子的产生存在差异，进而通过产生的信号分子进行微生物群落之间的交流，以调控相应的生理行为（如 EPS 产生、脱氮等），同时，群体感应信号分子也能够对微生物群落进行反馈调节。群体感应与微生物群落之间的相互作用调控系统内污染物的去除以及污泥特性等，使系统稳定运行。

6.4 本章小结

本章以乙酸钠、葡萄糖、淀粉和吐温 80 作为反应器进水碳源，分析不同碳源条件下反应器的运行效能、污泥沉降性、EPS 产生、群体感应调控作用和微生物群落演替规律，并分析它们之间的相关性，以确定不同碳源条件下微生物群体的行为。研究结果表明：

（1）通过对系统运行情况的对比分析，在 4 种所选择的碳源中，乙酸钠是最利于系统污染物去除的碳源，而以淀粉为碳源时易引发污泥膨胀，以吐温 80 为碳源时系统能够产生更多的 EPS，且利于 *M. parvicella* 的生长。

（2）在 4 个不同的反应器中均观察到了污泥沉降性与污泥粒径之间的线性关系，其中线性关系由强到弱依次为：以乙酸钠为碳源的 R1（R^2=0.9356，R^2= 0.8399）> 以葡萄糖为碳源的 R2（R^2=0.6334）> 以淀粉为碳源的 R3（R^2=0.6136）> 以吐温 80 为碳源的 R4（R^2 = 0.2246）。

（3）在 4 个不同的反应器中观察到了不同的群体感应调控作用，其中群体感应信号分子 AHLs 主要介导 EPS 的产生，同时在不同碳源的反应器中污染物去除、污泥沉降性、EPS 含量和组分之间具有的显著相关关系是不同的。

（4）高通量测序分析表明，不同的碳源会影响微生物的多样性和群落结构，特别是功能微生物。典范对应分析结果表明，群体感应与微生物群落之间的相互作用调控系统的运行。

第 7 章

不同乙酸/油酸比条件下的污泥膨胀与群体感应调控

7.1 引言

迄今为止，许多研究者已经进行了活性污泥影响因素的研究，如碳源[340]、水力停留时间[341]、污泥龄[342]、溶解氧[343]、缺氧/好氧比[344]等。无论是现有研究，还是第2章的研究结果均表明，碳源是影响活性污泥系统运行的关键因素。碳源主要用于系统中聚磷菌释磷、反硝化菌反硝化以及其他异养菌的生长代谢[345]。聚磷菌释磷在很大程度上依赖于碳源的含量和类型，特别是挥发性脂肪酸（VFA）[306]，反硝化菌进行反硝化也优先利用易降解的有机物。因此，碳源的易降解部分，尤其是VFA的含量是实现良好脱氮除磷的前提。

城市污水中含有多种物质[305]，因为VFA含量有限，所以不足以实现同步脱氮除磷的目的。据报道，脂类物质占生活污水中有机物的20%～25%，且其中脂类物质的组成以油酸、棕榈酸、硬脂酸和亚油酸4种长链脂肪酸（LCFA）为主[346]。Dunkel等的研究也表明，废水中有含量较高的LCFA，且LCFA的含量与引发污泥膨胀的*M. parvicella*丰度存在显著的相关性[142]，其他的一些研究也表明，LCFA的存在利于*M. parvicella*的生长[141, 299, 347]。然而，废水中过量的LCFA对微生物是有毒害作用的，会导致系统性能较差[348]。因此，LCFA对废水的影响不容忽视。虽然许多研究已经分析了碳源对微生物群落和反应器性能的影响，但这些研究大多使用单一碳源（如乙酸钠、葡萄糖）的模拟废水[318, 349]，忽略了其他类型碳源（如LCFA）在废水中的存在。目前，有关VFA与LCFA的比例对活性污泥系统的运行及微生物群落的影响有待阐明。乙酸和油酸分别是最常见的VFA和LCFA，因此，本章将研究不同的乙酸/油酸比对活性污泥系统的影响，重点研究不同乙酸/油酸比条件下微生物群体的行为及相关性。

7.2 材料与方法

7.2.1 反应器的启动与运行

本章所用反应器同6.2.2小节，反应器接种污泥取自天津某采用A/O工艺的污水处理厂二沉池。接种污泥的浓度约为5.8g/L，SVI为121.74mL/g，污泥沉降性良好。每个反应器接种污泥 2.3L，接种后每个反应器内的污泥浓度及挥发性悬浮固体浓度分别约为 3.3g/L 和 2.1g/L。反应器运行周期同 2.2.3 小节，每天运行 4 个周期，每个周期为 6h。排水比为 50%，曝气末端的 DO 浓度控制范围为 1 ～ 1.5mg/L，水力停留时间为 12h，污泥龄约为 20 天。

7.2.2 模拟废水

反应器进水采用人工配制的模拟废水，每天配制后由蠕动泵泵入反应器。4 个反应器进水的乙酸 / 油酸比分别为 80%/20%（R1）、60%/40%（R2）、40%/60%（R3）和 20%/80%（R4），其总 COD 均为 300mg/L。因为吐温 80 为水溶性的且每克吐温 80 含 0.22g 油酸，所以乙酸和油酸分别由乙酸钠和吐温 80 提供。模拟废水的组成见表 7.1。

表 7.1 模拟废水的组成

药 品	含量 / (g/L)			
	R1	R2	R3	R4
无水乙酸钠	0.3075	0.2306	0.1538	0.0769
吐温 80	0.0299	0.0598	0.0897	0.1196
KH_2PO_4（P 5mg /L）	0.0219			
NH_4Cl（N 30mg /L）	0.1146			
$MgSO_4 \cdot 7H_2O$	0.02000			
无水 $CaCl_2$	0.0300			
$NaHCO_3$	0.5000			

注：除上述成分外，每升水添加 1mL 的维生素储备液和 1mL 的微量元素储备液，具体配制方法见参考文献 [299]。

7.2.3 活性实验

1. 反硝化速率（DNR）的测定方法

首先取 200mL 活性污泥，沉淀后去除上清液，然后加入纯水搅拌均匀后沉淀以去除上清液，重复三次上述操作以去除污泥中的污染物，最后加入纯水恢复体积至 200mL。将样品转移至碘量瓶中，加入少量亚硫酸钠以去除样品中的氧气提供缺氧环境。加入 KNO_3 使 NO_3^--N 的浓度为 50mg/L，并同时加入乙酸钠使

COD 的浓度为 500mg/L，然后在碘量瓶顶部塞入玻璃塞子以阻绝空气进入。利用磁力搅拌器使污泥样品处于混合状态，每 15min 取样测定 NO_3^--N 浓度，反应结束后测定碘量瓶内污泥的浓度（VSS）。DNR 的计算公式如下：

$$DNR=\frac{\left[NO_3^--N\right]_0-\left[NO_3^--N\right]_T}{T\cdot VSS} \tag{7.1}$$

式中：$[NO_3^--N]_0$ 和 $[NO_3^--N]_T$ 分别为开始和 T 时刻的 NO_3^--N 浓度，mg/L；T 为时间，min；VSS 为污泥浓度，g/L。

2. 释磷速率（PRR）的测定方法

曝气结束后，从反应器内取 200mL 活性污泥，沉淀后去除上清液，然后再加入纯水搅拌均匀后沉淀以去除上清液，重复三次上述操作以去除污泥中的污染物，最后加入纯水恢复体积至 200mL。将样品转移至碘量瓶中，加入少量亚硫酸钠以去除样品中的氧气提供缺氧环境。加入乙酸钠使 COD 浓度为 500mg/L，然后在碘量瓶顶部塞入玻璃塞子以阻绝空气进入。利用磁力搅拌器使污泥样品处于混合状态，每 15min 取样测定 PO_4^{3-}-P 浓度，反应结束后测定碘量瓶内的污泥浓度（VSS）。PRR 的计算公式如下：

$$PRR=\frac{\left[PO_4^{3-}-P\right]_T-\left[PO_4^{3-}-P\right]_0}{T\cdot VSS} \tag{7.2}$$

式中：$[PO_4^{3-}-P]_0$ 和 $[PO_4^{3-}-P]_T$ 分别为开始和 T 时刻的 PO_4^{3-}-P 浓度，mg/L。

3. 吸磷速率（PUR）的测定方法

厌氧搅拌结束后从反应器内取 200mL 活性污泥，沉淀后去除上清液，然后再加入纯水搅拌均匀后沉淀以去除上清液，重复三次上述操作以去除污泥中的污染物，最后加入纯水恢复体积至 200mL。将样品转移至锥形瓶中，加入 KH_2PO_4 使 PO_4^{3-}-P 初始浓度为 40mg/L，同时加入乙酸钠使 COD 浓度为 500mg/L，以确保碳源不是该过程中的限制因素。然后向锥形瓶中持续曝气以使 DO 浓度保持在 4mg/L 以上，每 15min 取样测定 PO_4^{3-}-P 浓度，反应结束后测定碘量瓶内的污泥浓度（VSS）。PUR 的计算公式如下：

$$PUR=\frac{\left[PO_4^{3-}-P\right]_0-\left[PO_4^{3-}-P\right]_T}{T\cdot VSS} \tag{7.3}$$

式中：$[PO_4^{3-}-P]_0$ 和 $[PO_4^{3-}-P]_T$ 分别为开始和 T 时刻的 PO_4^{3-}-P 浓度，mg/L。

7.2.4 信号分子的提取与检测

采用固相萃取法提取 AHLs 类信号分子，使用 Bond Elut ENV 固相萃取柱（500mg 6mL，Agilent）进行萃取。每 10 天从反应器取 200mL 出水经 0.45μm 滤膜过滤后进行固相萃取，其详细流程如图 7.1 所示。采用 HPLC-MS 对 AHLs 进行定量，具体方法同 6.2.6 小节。

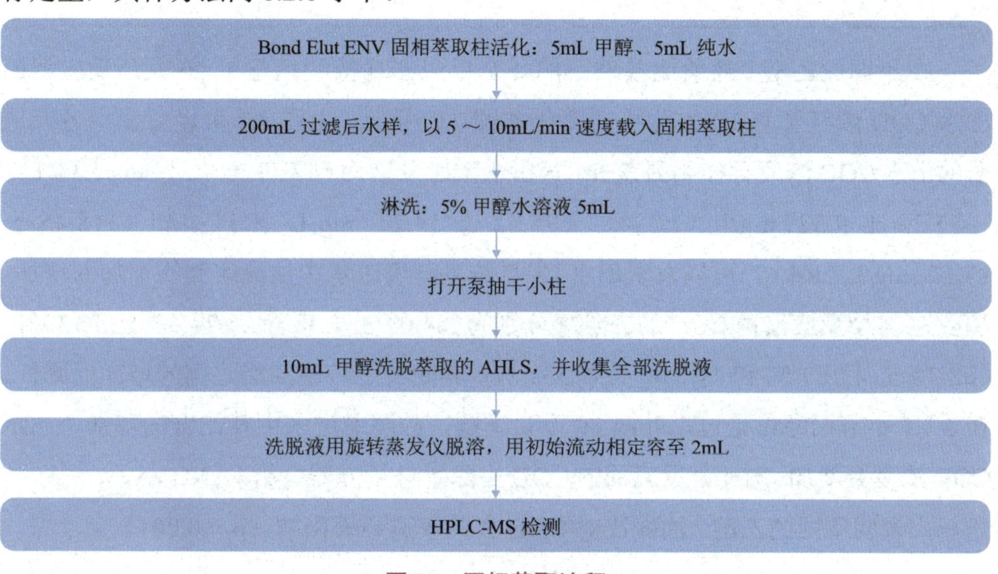

图 7.1 固相萃取流程

7.2.5 高通量测序分析

在系统运行的第 30 天、60 天和 90 天，分别从每个反应器中取污泥混合液样品储存于- 80℃冰箱，待所有样品收集完毕后，送往苏州金唯智生物科技有限公司进行 DNA 提取及利用 Illumina MiSeq 测序平台进行测序，详细的测序及数据分析方法方法同 6.2.7 小节。

7.2.6 指标测定及分析方法

EPS 的提取与分析同 6.2.5 小节。常规水质指标（COD、NH_4^+-N、TN 和 PO_4^{3-}-P）测定、SVI 和污泥浓度（MLSS 和 VSS）测定、粒径测定等同 6.2.8 小节。定期取污泥混合液涂片并进行风干后，通过革兰氏染色，采用显微镜观察污泥形态[311]。用 SPSS 21.0 进行 ANOVE 分析以确定数据之间是否存在显著差异，

利用 OmicShare 在线工具分析皮尔逊相关。

7.3 结果讨论

7.3.1 出水水质的变化

在不同的乙酸 / 油酸比条件下的 4 个反应器均持续运行了 90 天，反应器的出水 COD 浓度及 COD 去除率的变化如图 7.2 所示。由图 7.2 可以看出，各反应器的出水 COD 浓度存在明显差异，其出水浓度分别为（47.59 ± 7.31）mg/L（R1）、（77.26 ± 9.52）mg/L（R2）、（95.62 ± 14.21）mg/L（R3） 和（118.45 ± 17.62）mg/L（R4），可以发现出水 COD 浓度随着进水中油酸比例的增加而增加。相应地，4 个反应器内 COD 的去除率分别为（84.03 ± 2.38）%、（74.42 ± 3.13）%、（68.33 ± 4.76）% 和（61.60 ± 5.53）%，其随着进水中油酸比例的增加而降低。在 6.3.1 小节已经讨论过，吐温 80 不易降解，故随着进水中其比例的增加，出水 COD 浓度会增加。对 4 个反应器的 COD 去除率进行方差分析（ANOVA），如表 7.2 所示，表明不同的乙酸 / 油酸比对 COD 去除率有显著影响（$p < 0.001$）。

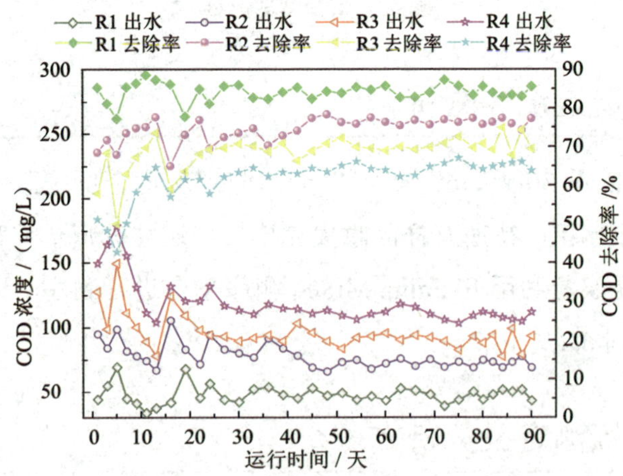

图 7.2 4 个反应器的出水 COD 浓度及 COD 去除率的变化

运行过程中各反应器的出水 NH_4^+-N 浓度及 NH_4^+-N 去除率的变化如图 7.3 所示。由图 7.3 可知，除个别异常状况外，4 个反应器的出水 NH_4^+-N 浓度几乎都能稳定在小于 1mg/L，故各反应器的 NH_4^+-N 去除率几乎都能够大于 90%，分别为

(94.76 ± 12.24) % (R1)、(94.77 ± 12.21) % (R2)、(94.68 ± 10.76) % (R3) 和 (93.77 ± 13.97) % (R4)，表明在各反应器内均实现了 NH_4^+-N 的良好去除。对各反应器的 NH_4^+-N 去除率进行方差分析（表 7.2）表明，各反应器之间 NH_4^+-N 的去除情况不存在显著差异（$p > 0.05$）。由于 AOB 为典型的自养菌，基本不受碳源的影响，因此在不同的乙酸 / 油酸比条件下，系统内的 AOB 基本不受影响，从而使不同反应器之间 NH_4^+-N 的去除情况没有显著差异。

表 7.2 污染物去除情况及方差分析

		去除率 /%	p 值			去除率 /%	p 值
COD	R1	84.03 ± 2.38	0.000	NH_4^+-N	R1	94.76 ± 12.24	0.946
	R2	74.42 ± 3.13			R2	94.77 ± 12.21	
	R3	68.33 ± 4.76			R3	94.68 ± 10.76	
	R4	61.60 ± 5.53			R4	93.77 ± 13.97	
TN	R1	75.09 ± 9.78	0.000	PO_4^{3-}-P	R1	96.91 ± 2.30	0.000
	R2	70.29 ± 9.95			R2	96.14 ± 3.08	
	R3	70.20 ± 9.83			R3	96.11 ± 2.35	
	R4	64.97 ± 11.74			R4	66.34 ± 12.61	

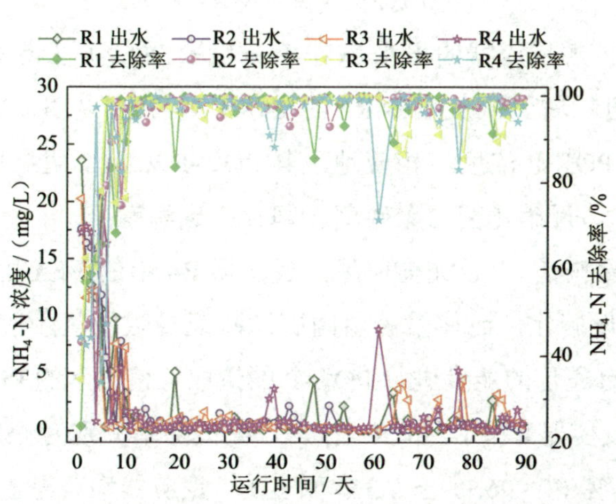

图 7.3 4 个反应器的出水 NH_4^+-N 浓度及 NH_4^+-N 去除率的变化

虽然 4 个反应器在 NH_4^+-N 去除方面不存在显著差异，但是 4 个反应器的出水 TN 浓度及 TN 去除率各不相同。由图 7.4 可以看出，反应器 R4 的出水 TN 浓

度明显高于其他 3 个反应器的出水 TN 浓度，相应地，反应器 R4 的 TN 去除率最低，且 TN 的去除率随着进水油酸比例的增加而降低。据报道，LCFA 通过 β 氧化被转化成乙酸和氢气，但是只有部分细菌能够进行 β 氧化而降解 LCFA[313]，所以油酸难以被降解或者只有少部分能够降解。在进水总 COD 一定的条件下，进水中的油酸比例越高，则所含的 VFA 越少，所以反应器 R4 中能够被利用的 VFA 含量最少。而反硝化菌通常利用易生物降解的有机物特别是 VFA 进行反硝化，VFA 含量越低则其反硝化作用越差，从而使 TN 去除率越低。

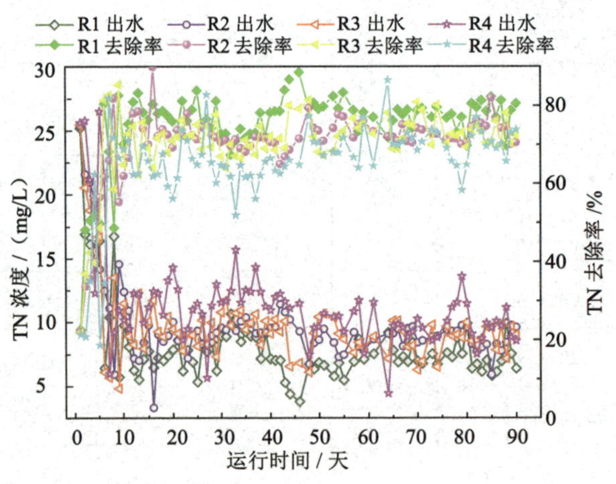

图 7.4 4 个反应器内的 TN 去除率的变化

运行过程中，各反应器的出水 PO_4^{3-}-P 浓度及 PO_4^{3-}-P 去除率的变化如图 7.5 所示。由图 7.5 可以看到，反应器 R4 的出水 PO_4^{3-}-P 浓度明显高于反应器 R1、R2 和 R3 的出水 PO_4^{3-}-P 浓度，相应地，其 PO_4^{3-}-P 去除率明显低于反应器 R1、R2、R3 的去除率。反硝化菌与聚磷菌之间存在碳源竞争，有机碳优先被反硝化细菌利用而不是聚磷菌 [320]。如前所述，反应器 R4 中的 VFA 含量有限，其优先被反硝化菌用于反硝化，而使聚磷菌因碳源缺乏导致缺氧阶段释磷不充分，进而在好氧阶段没有充足的能量进行 PO_4^{3-}-P 的摄取，使出水的 PO_4^{3-}-P 浓度较高。在运行过程中，反应器 R1、R2 和 R3 的 PO_4^{3-}-P 去除率分别为（96.91 ± 2.30）%、（96.14 ± 3.08）% 和（96.11 ± 2.35）%，3 个反应器均获得了良好的 PO_4^{3-}-P 去除效果，且没有明显差异，表明在 VFA 含量高于 120mg/L 时，系统可以获得较好的同步脱氮除磷效果。综上所述，乙酸 / 油酸比对 COD、TN 和 PO_4^{3-}-P 的去除均具有较显著的影响。

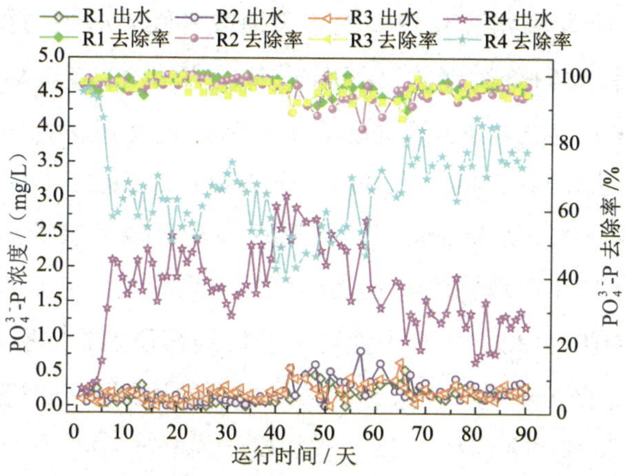

图 7.5 4 个反应器的出水 PO_4^{3-}–P 浓度及 PO_4^{3-}–P 去除率的变化

7.3.2 生物活性的变化

鉴于不同的乙酸 / 油酸比对系统脱氮除磷效果有显著差异，为了进一步分析这种差异产生的原因，对不同反应器的生物活性进行测定，各反应器与氮和磷去除相关的生物活性见表 7.3。由表 7.3 可以发现，反硝化速率的平均值由高到低依次为 R1[（11.43 ± 0.50）mg N/g VSS/h]>R2[（11.36 ± 0.82）mg N/g VSS/h]>R3[（10.34 ± 1.23）mg N/g VSS/h]>R4[（8.99 ± 0.38）mg N/g VSS/h]，表明反应器 R1 比反应器 R2、R3 和 R4 具有更多的反硝化菌或更高的反硝化活性。反硝化速率的高低与 4 个反应器的 TN 去除率的高低是一致的，所以反应器 R1 比其他 3 个反应器的 TN 去除效果好可能是由于其反硝化速率高。同时可以观察到反应器 R2 的反硝化速率与反应器 R1 相比没有明显差异，表明当油酸浓度低于一定的阈值时，不会对系统内反硝化菌或反硝化活性产生显著影响。而反应器 R3 和 R4 较低的反硝化速率表明，进水中易降解部分有机物（如乙酸）含量低不利于反硝化菌的生长而使其在系统内逐渐减少。综上可知，4 个反应器内 TN 去除率的差异主要是由于不同的乙酸 / 油酸比条件下不同系统内反硝化菌数量的不同所导致的。

由表 7.3 可知，反应器 R2 的释磷速率最高，平均值为（19.02 ± 0.48 ）mg PO_4^{3-}-P/g VSS/h，其次为反应器 R1 ［（18.81 ± 1.11）mg PO_4^{3-}-P/g VSS/h］、反应器 R3 ［（17.24 ± （0.50）mg PO_4^{3-}-P/g VSS/h］和反应器 R4 ［（14.94 ± 0.64）mg PO_4^{3-}-P/g VSS/h］。此外，各反应器的吸磷速率与释磷速率呈现相似的结果，也呈现出 R2 > R1 > R3 > R4 的变化趋势。释磷速率和吸磷速率的结果均表明，反

应器 R2 较其他 3 个反应器具有较多的聚磷菌或者较高的聚磷菌活性，则其在 4 个反应器中具有最大的除磷能力，即意味着反应器 R2 应该具有最高的 PO_4^{3-}-P 去除率。反应器 R1、R2 和 R3 的释磷速率和吸磷速率虽然存在一定的差异，但是它们对 PO_4^{3-}-P 去除率［（R1：（96.91 ± 2.30）%、R2：（96.14 ± 3.08）%、R3：（96.11 ± 2.35）%］无显著差异。释磷速率和吸磷速率等活性实验虽然可以反映系统中聚磷菌的丰度或活性，但是活性污泥系统是一个复杂的系统，在系统运行过程中，聚磷菌对 PO_4^{3-}-P 的去除还可能受到其他因素的影响 [350]，所以即使系统中有较高丰度的聚磷菌，PO_4^{3-}-P 的去除也只能达到某一程度。另外，反应器 R4 具有最低的释磷速率和吸磷速率，与其最差的 PO_4^{3-}-P 去除效果是一致的，这一结果再次表明，系统内可以利用的 VFA 含量过低不利于聚磷菌的生长，使其在系统中的数量逐渐减少，进而导致较差的 PO_4^{3-}-P 去除效果。

表 7.3 各反应器与氮和磷去除相关的生物活性

		第 30 天	第 60 天	第 90 天	平均值
反硝化速率（mg N/g VSS/h）	R1	11.51 ± 0.41	11.89 ± 0.66	10.89 ± 0.52	11.43 ± 0.50
	R2	11.43 ± 0.45	12.14 ± 0.56	10.51 ± 0.69	11.36 ± 0.82
	R3	10.63 ± 0.69	11.40 ± 0.62	8.98 ± 0.34	10.34 ± 1.23
	R4	8.95 ± 0.41	9.39 ± 0.34	8.64 ± 0.35	8.99 ± 0.38
释磷速率（mg PO_4^{3-}-P/g VSS/h）	R1	17.78 ± 0.34	18.65 ± 0.30	19.99 ± 0.27	18.81 ± 1.11
	R2	18.51 ± 0.30	19.09 ± 0.35	19.45 ± 0.25	19.02 ± 0.48
	R3	17.35 ± 0.44	16.69 ± 0.37	17.67 ± 0.33	17.24 ± 0.50
	R4	15.15 ± 0.54	14.22 ± 0.49	15.45 ± 0.42	14.94 ± 0.64
吸磷速率（mg PO_4^{3-}-P/g VSS/h）	R1	7.68 ± 0.36	8.01 ± 0.22	8.57 ± 0.21	8.09 ± 0.45
	R2	7.88 ± 0.34	8.12 ± 0.12	8.44 ± 0.25	8.15 ± 0.28
	R3	7.52 ± 0.34	6.92 ± 0.47	7.63 ± 0.23	7.35 ± 0.38
	R4	5.96 ± 0.35	5.26 ± 0.27	6.12 ± 0.28	5.78 ± 0.46

7.3.3 污泥沉降性的变化

如图 7.6 所示，4 个反应器的污泥沉降性在整个运行过程中呈现出明显不同的变化趋势。在开始运行的前 10 天，4 个反应器的 SVI 均呈下降趋势，且没有明显差异。在此之后，4 个反应器的沉降性呈现较大差异。运行 10 天之后，反应器 R4 的 SVI 迅速升高，在第 17 天超过污泥膨胀的阈值（150mL/g）达到 215mL/g，并在后续一段时间继续升高，表明反应器 R4 中发生污泥膨胀且日趋恶化。在运行 10 天之后，虽然反应器 R2 和 R3 的 SVI 也呈升高趋势，但是它们呈现出较缓慢的升高。在运行 25 天后，反应器 R3 的 SVI 开始逐渐大于 150mL/g，发生污泥膨胀，且其 SVI 远远低于反应器 R4 的 SVI。而反应器 R2 的 SVI 在 80 ～ 186mL/g 范围内波动，在 71 天以后超过 150mL/g，逐渐开始发生膨胀，但是其膨胀为微膨胀（SVI 介于 150 ～ 250mL/g 范围）[351]。另外，反应器 R1 在整个运行过程中污泥沉降性良好，其 SVI 始终低于 100mL/g。上述结果表明，进水中油酸含量较高时容易引发污泥膨胀。油酸含量较高则意味着可以利用的易降解有机物比较少，而这部分有限的易降解有机物被反硝化菌和聚磷菌充分利用，从而大大降低了菌胶团对有机物的储存能力。低基质储存能力不利于菌胶团的优势生长，所以系统很难保持良好的污泥沉降性[336]。

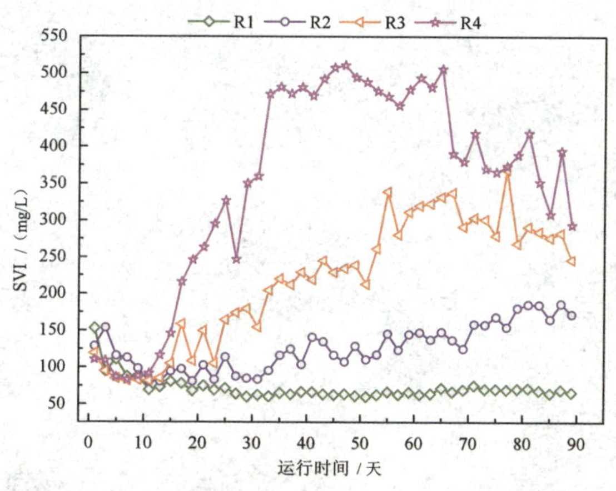

图 7.6 运行期间 4 个反应器的污泥沉降性变化

为了进一步分析各反应器内 SVI 变化的原因，对 4 个反应器的污泥样品进行显微镜观察，结果如图 7.7 所示。由图 7.7 可以看出，在第 30 天，4 个反应器内均存在不同丰度的丝状菌，均以 *M. parvicella* 为主要优势菌。第 60 天，4 个反应器内除了存在一定丰度的 *M. parvicella* 外，还观察到了一定丰度的 *Thiothrix*，但在第 90 天，4 个反应器内均以 *Thiothrix* 为优势丝状菌。同时，可以注意到，反应器 R4 内的丝状菌大量存在，而反应器 R1 内的丝状菌丰度较低，反应器内丝状菌的丰度与其对应的 SVI 是相符的，故 4 个反应器内 SVI 的差异主要是由丝状菌丰度的高低所导致的。此外，丝状菌的丰度随着油酸含量的增加而增加，表明油酸有利于丝状菌的增殖，特别是有利于维持 *M. parvicella* 的生长[142, 299]。

上述结果表明，乙酸 / 油酸比对系统的污泥沉降性有显著的影响。反应器 R2 的进水中油酸浓度为 13mg/L，其浓度在 Dunkel 等 [142] 报道的城市污水中总 LCFA 含量的范围内（10 ～ 23mg/L），并与 Mamais 等报道的希腊 Ioannina 一污水处理厂进水中 LCFA 浓度的结果接近（平均浓度为 13.7mg/L）。综上所述，当进水中 LCFA 含量不应该超过 13mg/L，否则系统可能会发生污泥膨胀；当进水中 LCFA 的浓度超过 13mg/L 时，应及时采取必要的措施以防止发生污泥膨胀，如增加曝气等。

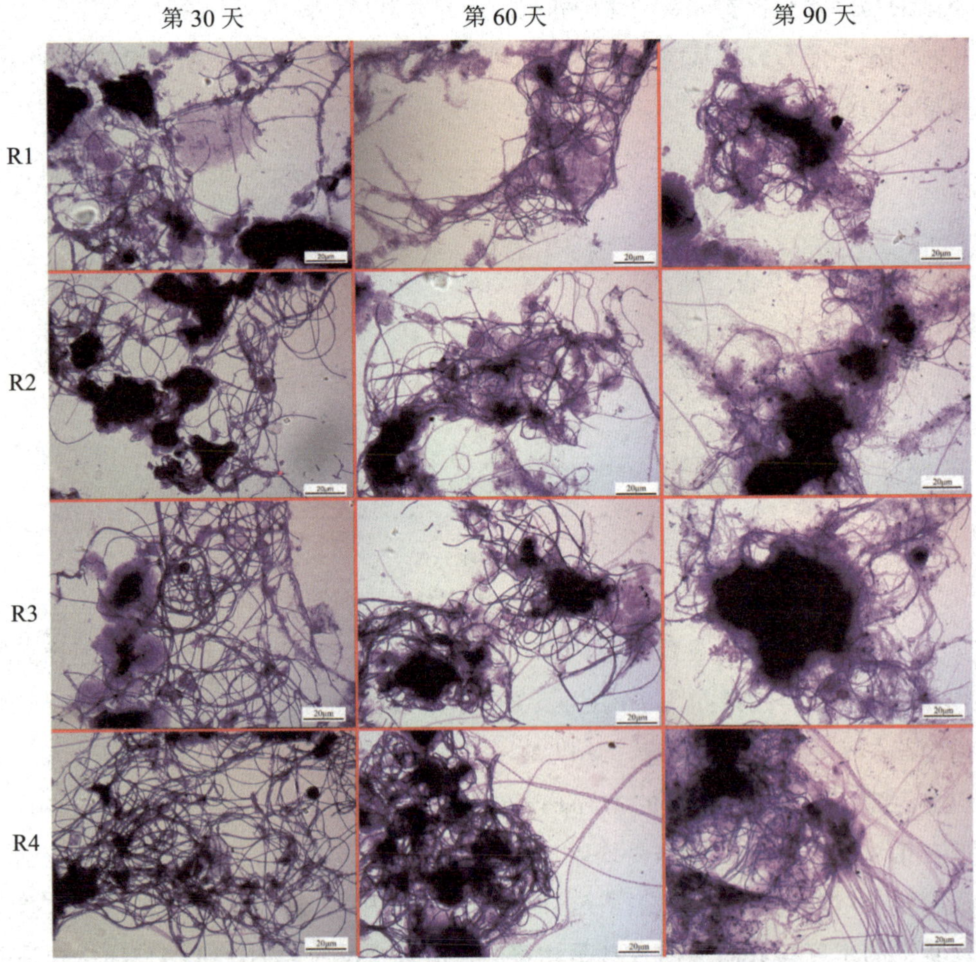

	第 30 天	第 60 天	第 90 天
R1			
R2			
R3			
R4			

图 7.7 各反应器在不同运行时间的污泥镜检图（1000×）

7.3.4 EPS 含量的变化

据报道，EPS 对环境条件比较敏感，进水成分的差异会影响微生物的生理行为及 EPS 的分泌[352]。此外，EPS 的含量和 PN/PS 的差异也会导致污泥沉降性的差异，较高的 EPS 对污泥沉降性不利[322]。在整个运行期间，4 个反应器的 EPS 含量及 PN/PS 变化如图 7.8 所示。由图 7.8 可以看出，各反应器的 EPS 含量在运行期间虽然有一定的波动，但总体呈上升趋势。同时可以看到，各反应器的 PN/PS 总体上呈现出 R4 > R3 > R2 > R1 的趋势。鉴于各反应器的 SVI 也呈现逐渐增加的趋势，且各反应器 SVI 也呈现出 R4 > R3 > R2 >R1 的趋势，故各反应器的污泥沉降性可能与 EPS 含量及 PN/PS 存在相关性。

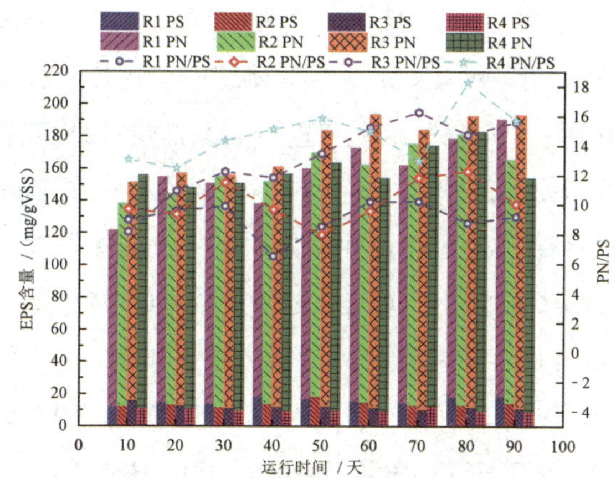

图 7.8 运行期间 4 个反应器的 EPS 含量及 PN/PS 的变化

对 SVI 与 PS、PN、EPS、PN/PS 进行皮尔逊相关分析，结果见表 7.4。由表 7.4 可以看到，虽然 SVI 与 EPS 含量之间并无显著相关性（相关系数为 0.2522，$p > 0.05$），但是 SVI 与 PN/PS 之间呈现极显著的正相关（$p < 0.001$），其相关系数为 0.8298。You 等[353]研究表明，EPS 对污泥沉降性的影响主要是通过影响污泥表面的电负性来实现的，而 Morgan 等[354]指出，PN/PS 对 EPS 的表面电荷有显著影响。由于 PN 表面带负电荷，PS 表面带正电荷，所以 EPS 的表面电荷由 PN 和 PS 共同确定[322]。因此，当 PN/PS 升高时，EPS 的电负性也增大，进而导致污泥沉降性能发生恶化。此外，SVI 与 PS 之间呈极显著的负相关（$p < 0.001$），其相关系数为-0.7307，这与 Liao 等[355]研究表明的 PS 含量与表面电荷呈负相关的结果是一致的。同时还发现，与反应器 R1 和 R2 相比，反应器 R3 和 R4 中 PS 的含量相对较低，且通过方差分析表明 4 个反应器内 PS 的含量存在显著差

异（$p < 0.001$）。这可能是由于反应器 R3 和 R4 中可利用的碳源有限，PS 作为碳源被消耗了，进而导致反应器 R3 和 R4 中 PS 的含量较低[356]。

表 7.4 SVI 与 PS、PN、EPS、PN/PS 之间的皮尔逊相关分析

	PS	PN	EPS	PN/PS
SVI	-0.7307***	0.3666*	0.2522	0.8298***

注：* $p < 0.05$, ** $p < 0.01$, *** $p < 0.001$。

7.3.5 群体感应调控作用

在运行过程中，4 个反应器内均检测到以下 10 种 AHLs 类信号分子：C4-HSL、C6-HSL、3OC6-HSL、C7-HSL、C8-HSL、3OC8-HSL、C10-HSL、3OC10-HSL、C12-HSL 和 3OC12-HSL，这表明群体感应调控现象在 4 个反应器内都存在。大量研究表明，AHLs 介导的群体感应对污染物去除、EPS 产生和生物膜形成具有重要作用[48, 50, 177, 225]。经上述分析可知，各反应器在污染物（COD、氮、磷）的去除、污泥沉降性和 EPS 含量等方面均存在显著差异，因此有必要确定 AHLs 介导的群体感应是否在这些差异的产生过程中发挥重要作用。

对系统所检测到的信号分子 AHLs 与污染物（COD、氮、磷）的去除、污泥沉降性和 EPS 含量等进行皮尔逊相关分析，结果如图 7.9 所示。由图 7.9 可知，信号分子 AHLs 对 COD 和 TN 的去除、SVI、污泥粒径、EPS 的含量等均具有显著的调控作用。其中，C7-HSL、3OC10-HSL、C12-HSL 以及总 AHLs 的浓度均与 COD 去除呈显著的正相关，C7-HSL 与 TN 去除呈显著正相关，但是 C4-HSL 与 TN 去除呈显著负相关。上述结果表明，4 个反应器内 COD 去除的差异主要是由群体信号分子 C7-HSL、3OC10-HSL 和 C12-HSL 调控所导致的，而信号分子 C4-HSL 和 C7-HSL 的相互作用可能介导系统 TN 的去除。另外，并未观察到信号分子 AHLs 与 NH_4^+-N 和 PO_4^{3-}-P 去除之间存在显著相关。此前，已有研究报道了信号分子 AHLs 在污染物生物降解或生物转化过程中的重要作用。例如，C6-HSL 能够提高 NH_4^+-N 的降解速率[225]，C6-HSL、C8-HSL 和 3OC8-HSL 对在总有机碳的去除中发挥重要作用[357]。然而在本研究中并未观察到这些现象，可能是由于进水水质、反应器运行等环境因素不同[177]，且如 Maddela 等[50] 所述群体感应信号分子对能够去除污染物的功能菌的调控作用目前尚不完全清楚，有关群体感应与功能菌之间长期动态响应还有待进一步研究。

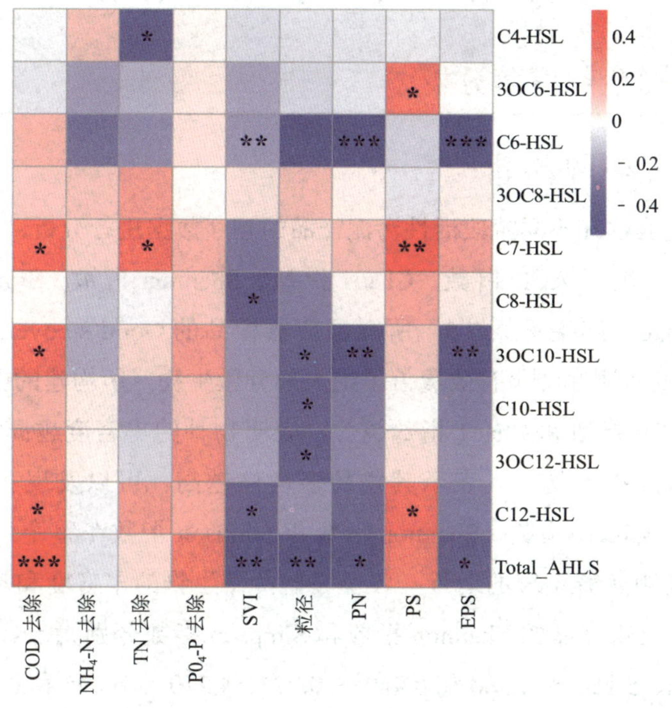

图 7.9 AHLs 与系统运行之间的相关性（* $p < 0.05$; ** $p < 0.01$; *** $p < 0.001$）

为了阐明 AHLs 在调控 EPS 产生中的作用，研究者进行了许多研究，大部分研究表明，AHLs 介导的群体感应参与 EPS 合成，尤其是在颗粒污泥和生物膜的形成过程中[183, 358]。而在本研究中，C6-HSL、3OC10-HSL 及总 AHLs 浓度与 PN、EPS 含量呈较强的负相关，而 3OC6-HSL、C7-HSL 及 C12-HSL 浓度与 PS 含量呈显著正相关，表明 C6-HSL、3OC10-HSL 和总 AHLs 能够降低 PN 的产生，而 3OC6-HSL、C7-HSL、C12-HSL 却能够增加 PS 的合成。出现这种现象可能有以下两个原因。首先，通过干扰或降解群体感应信号分子来抑制基因表达和介导细菌行为的群体淬灭现象[177]也存在于系统中。*Acinetobacter* 和 *Afipia* 这两种已报道的群体淬灭菌[359]在系统中被检测到，其相对丰度分别为 0.01% ～ 3.19% 和 0.32% ～ 2.25%，证实了群体淬灭现象也存在于系统内。其次，可能是系统内污泥膨胀的发生。信号分子 AHLs 的浓度与 SVI 呈负相关（图 7.9），表明污泥膨胀的发生会降低 AHLs 的浓度，这可能是因为丝状菌过度生长抑制了群体感应菌的生长，从而使分泌的 AHLs 含量降低。此外，细菌胞外的无论是生物因素还是非生物因素等环境因素都会影响 AHLs 的浓度[177]，从而会削弱 AHLs 介导的群

体感应与系统运行之间的相关性。

7.3.6 微生物群落分析

1. Alpha 多样性分析

对 4 个反应器在不同阶段活性污泥样品的测序数据进行分析，得到其 Alpha 多样性指数，包括 ACE 指数、Chao1 指数、Shannon 指数、Simpson 指数和 Good’s coverage，结果见表 7.5。所有反应器样品的 Good’s coverage 均大于或等于 0.999，表明测序结果有效覆盖了绝大部分微生物，所构建的文库具有较高的真实性。ACE 指数和 Chao1 指数越大，表明物种的丰富度越高；而 Shannon 指数和 Simpson 指数越大，表示其物种多样性越高。可以发现各反应器样品的 ACE 指数、Chao1 指数、Shannon 指数和 Simpson 指数在整个运行期间均呈降低趋势，表明随着系统的运行，各反应器内微生物的丰富度和多样性均逐渐降低。4 个反应器样品的 Shannon 指数和 Simpson 指数分别为 5.416 ～ 6.393 和 0.954 ～ 0.978、5.250 ～ 6.386 和 0.949 ～ 0.977、4.770 ～ 6.292 和 0.906 ～ 0.976、4.754 ～ 5.770 和 0.900 ～ 0.958，可以发现随着油酸比例的增加，系统内微生物的多样性在逐渐下降。这可能是由于油酸含量过高引发污泥膨胀，丝状菌的过度生长抑制了其他微生物的生长，从而使微生物的多样性降低。

表 7.5 微生物的丰富度和多样性指数

样品	ACE	Chao1	Shannon	Simpson	Good’s coverage
AR1	263.211	265.200	6.393	0.978	1.000
BR1	263.163	264.000	5.979	0.970	1.000
CR1	253.327	251.000	5.416	0.954	1.000
AR2	266.612	273.333	6.386	0.977	1.000
BR2	265.884	264.588	5.490	0.948	1.000
CR2	265.779	266.333	5.250	0.949	0.999
AR3	267.618	270.600	6.292	0.976	1.000
BR3	263.347	263.125	4.989	0.926	1.000
CR3	257.834	265.250	4.770	0.906	0.999
AR4	266.013	265.714	5.770	0.958	1.000
BR4	268.340	267.048	4.647	0.900	1.000
CR4	244.834	253.000	4.754	0.911	0.999

注：AR1、AR2、AR3 和 AR4 分别为第 30 天反应器 R1、R2、R3 和 R4 的污泥样品；BR1、BR2、BR3 和 BR4 分别为第 60 天反应器 R1、R2、R3 和 R4 的污泥样品；CR1、CR2、CR3 和 CR4 分别为第 90 天反应器 R1、R2、R3 和 R4 的污泥样品。

2. 群落结构分析

4个反应期内的污泥样品在门水平上的微生物群落结构如图7.10所示。由图7.10可以看到，门水平的微生物群落结构存在较大的差异。观察到所有反应器均以*Proteobacteria*为主要优势菌门，其在各反应器内的相对丰度分别为61.05%～85.8%（R1）、60.97%～87.26%（R2）、59.08%～85.94%（R3）、60.28%～87.53（R4）。其他相对丰度较高的菌门为*Patescibacteria*和*Bacteroidetes*，在4个反应器内的丰度分别为6.85%～19.91%和4.26%～13.41%（R1）、5.02%～22.56%和4.73%～10.23%（R2）、3.58%～25.1%和3.7%～9.63%（R3）、2.24%～25.83%和3.22%～7.05%（R4）。*Proteobacteria*和*Bacteroidetes*是活性污泥系统的优势菌门，特别是*Proteobacteria*已经被多次报道[360, 361]，上述结果与之前的报道结果一致。另外，4个反应器内*Proteobacteria*的丰度没有特别明显的差异，但是其他菌门的丰度存在比较显著的差异，如*Patescibacteria*和*Bacteroidetes*等。虽然4个反应器内的污泥样品在门水平上的微生物群落组成是相似的，但是各菌门的相对丰度在不同乙酸/油酸比条件下是不同的，表明乙酸/油酸比对微生物群落的组成有显著的影响。

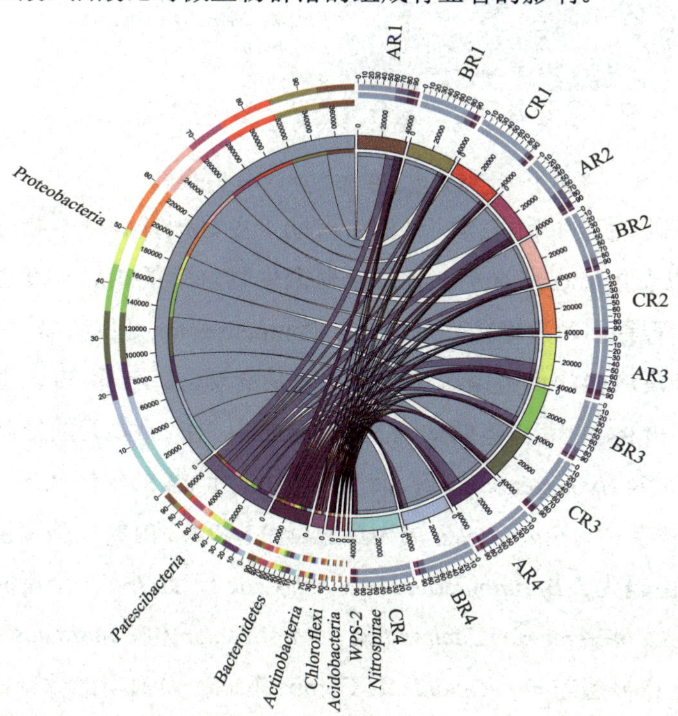

图7.10 4个反应器的污泥样品在门水平上的微生物群落结构

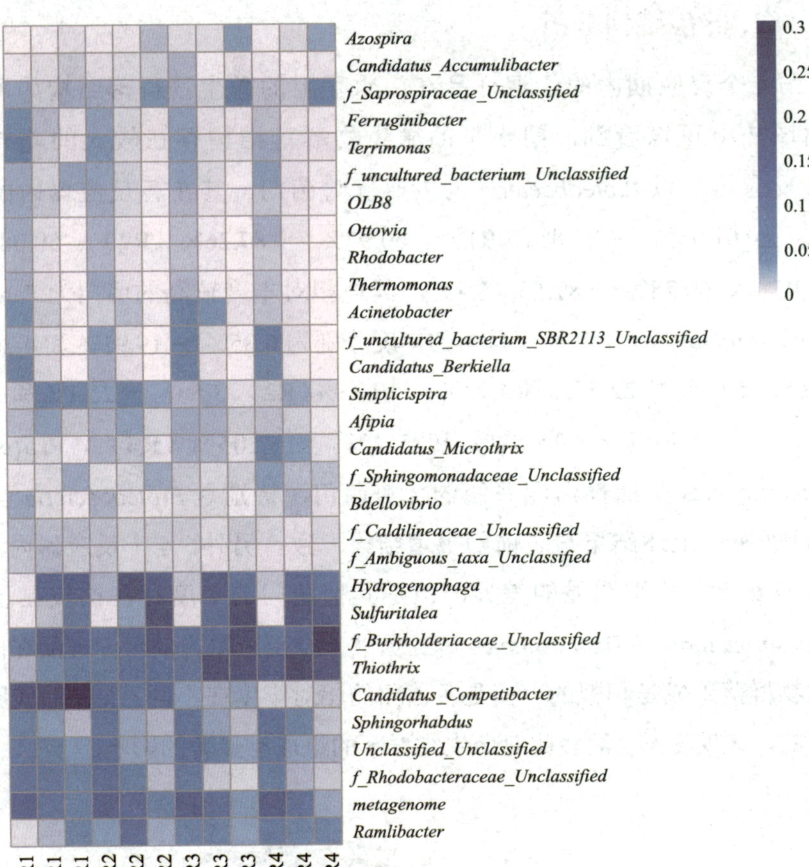

图 7.11 主要微生物群落在属水平上的相对丰度

在属水平上对微生物群落的分析将有助于更好地理解微生物群落的演化。由图 7.11 可以看出，在属水平上各反应器微生物群落的相对丰度也存在显著差异。在整个运行期间，聚糖菌 *Candidatus* Competibacter 是反应器 R1 内的优势菌属，其他 3 个反应器的优势菌属在运行期间是变动的。在第 30 天的样品中，反应器 R2、R3 和 R4 的优势菌属均为 *Metagenome*；在第 60 天的样品中，反应器 R2 的优势菌属为 *Hydrogenophaga*，而反应器 R3 和 R4 的优势菌属为 *Thiothrix*；在第 90 天的样品中，*Sulfuritalea* 成为反应器 R2 和 R3 内的优势菌属，而反应器 R4 内的优势菌属为 *f_Burkholderiaceae_Unclassified*。此外，4 个反应器内的其他菌属如 *f_Rhodobacteraceae_Unclassified*、*Ramlibacter* 和 *Candidatus* Microthrix 的相对丰度也存在显著差异。*Candidatus* Competibacter 是典型的聚糖菌菌属，能够代谢和储存碳源，*Hydrogenophaga* 作为一种反硝化菌可以利用碳源进行反硝化[46]，另外，*f_Rhodobacteraceae_Unclassified* 也被报道具有降解有机物和脱氮的功能[362]。*Sulfuritalea* 和 *Ramlibacter* 是厌氧或兼性厌氧菌，它们通过还原硫酸盐、硝酸盐和亚硝酸盐等含氧阴离子进行生长[337]。*Thiothrix* 和 *Candidatus* Microthrix 是经常引起污泥膨胀的丝状菌[336]，在本研究中，它们的丰度均随着油酸比例的增加而增加（图 7.11）。因此，这些相对丰度变化较大的菌属都与碳源有关，表明 4 个反应器内微生物群落的差异主要是由不同的乙酸 / 油酸比所导致的。

3. 功能菌分析

由于反应器的运行能力主要取决于功能菌，因此对不同的乙酸 / 油酸比条件下反应器中的功能菌进行分析具有重要意义。在本研究中，经常报道的 AOB 菌属 *Nitrosomonas* 和 NOB 菌属 *Nitrospira* 均在所有样品中检测到[340]，同时最近新发现的一种 NOB 菌属 *Candidatus* Nitrotoga[39] 也在样品中检测到，它们主要负责系统内硝化作用的实现。另外，各反应器样品中还检测到 20 多种具有反硝化能力的菌属，如 *Hydrogenophaga*、*Simplicispira*、*Terrimonas*、*Acinetobacter*、*f_Rhodobacteraceae_Unclassified* 等[46]，同时，具有除磷功能的菌属 *Candidatus* Accumulibacter 和 *Tetrasphaera*[42] 在所有反应器的系统内都被检测到。AOB、NOB、反硝化菌、聚磷菌和聚糖菌等这些功能菌的协同作用实现了系统的稳定运行。可以注意到这些功能菌的相对丰度在 4 个反应器内是有差异的。因此，对反应器性能与功能菌属之间的相关性进行研究，以阐明功能菌对反应器性能的影响。

由图 7.12 可以看到，*Candidatus* Competibacter、*Denitratisoma* 和 *Zoogloea* 均与乙酸 / 油酸比和 COD 去除呈显著正相关，表明 *Candidatus* Competibacter、*Denitratisoma* 和 *Zoogloea* 是主要负责碳代谢的优势菌属，受乙酸 / 油酸比影响显著。*Hydrogenophaga*、*Simplicispira* 和 *Dechloromonas* 与 TN 去除呈正相关，但并没有得到 AOB 菌属 *Nitrosomonas* 与 NH_4^+-N 去除之间显著的相关性。已有研究表明，在适宜的条件下，即使在 AOB 丰度较低的条件下，系统仍然取得了良好的 NH_4^+-N 去除效果[330]，这可能是 AOB 丰度与 NH_4^+-N 去除之间没有观察到显著相关性的原因。因此，4 个反应器内的总氮去除的差异主要是由反硝化菌属 *Hydrogenophaga*、*Simplicispira* 和 *Dechloromonas* 引起的。*Denitratisoma* 与 PO_4^{3-}-P 去除之间呈显著正相关，而典型的聚磷菌 *Candidatus* Accumulibacter 与 PO_4^{3-}-P 去除之间的显著相关性却没有观察到。*Denitratisoma* 是 *Rhodocyclaceae* 菌科的一个新属，其可以直接将亚硝酸

盐转化为 N_2，所以被认为是一种反硝化菌[363]，其是否具有除磷功能，还需要进一步研究确定。4 个反应器内聚磷菌 *Candidatus* Accumulibacter 的丰度存在显著差异，其丰度由高到低总体上为 R1 > R2 > R3 > R4，但是反应器 R1、R2、R3 对 PO_4^{3-}-P 去除并无显著差异，进而可能削弱了聚磷菌 *Candidatus* Accumulibacter 与 PO_4^{3-}-P 去除之间的相关性。

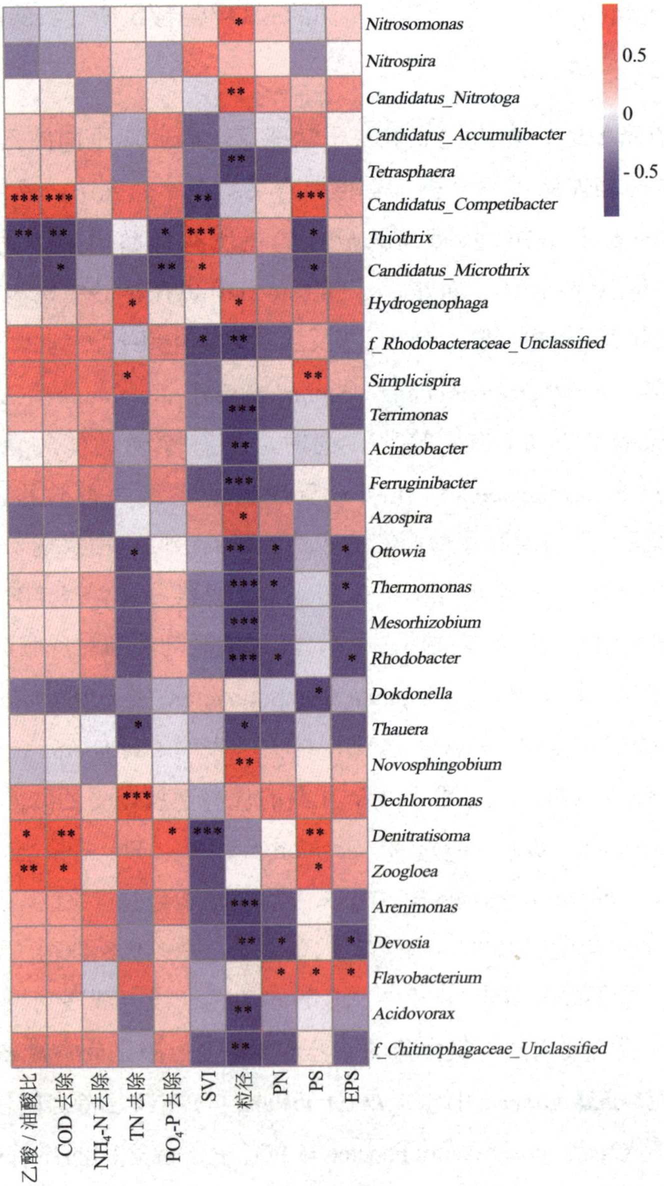

图 7.12 系统运行与功能菌之间的相关性

此外，污泥特性与功能菌之间也存在相关性。其中，丝状菌 *Thiothrix* 和 *Candidatus* Microthrix 均与 SVI 呈显著正相关，这与 7.3.3 小节的结果“4 个反应器内 SVI 的差异主要是由于丝状菌丰度不同”是一致的。同时，*Thiothrix* 和 *Candidatus* Microthrix 与乙酸 / 油酸比和 COD 去除均呈负相关，表明油酸有利于丝状菌的生长。有报道称，硝化细菌通常呈聚集生长且有利于颗粒污泥的形成[364, 365]。在本研究中也发现了类似的现象，*Nitrosomonas* 和 *Candidatus* Nitrotoga 均与粒径呈显著正相关，它们有利于污泥粒径的增加。此外，*Hydrogenophaga*、*Azospira* 和 *Novosphingobium* 也均与粒径呈正相关，故 *Nitrosomonas*、*Candidatus* Nitrotoga、*Hydrogenophaga*、*Azospira* 和 *Novosphingobium* 与系统粒径变化有关。另外可以注意到，虽然 *Candidatus* Competibacter、*Simplicispira* 和 *Denitratisoma* 均与 PN 呈显著正相关，但是只有 *Flavobacterium* 与 PN 和 EPS 含量均呈显著正相关。而文献报道能够产生 EPS 的其他菌属，如 *Acinetobacter*、*Thauera*、*Dechloromonas* 和 *Devosia* 等[46]，在本研究中没有观察到与 PN 和 EPS 呈现显著正相关。Chen 等[48] 认为出现这一现象的原因是在整个运行期间能够产生 EPS 菌属的丰度发生了变化，在不同的运行时期可能出现不同的 EPS 产生菌占主导地位，进而削弱了 EPS 含量与 EPS 产生菌属之间的相关性。

4. 群体感应与细菌属的相关性

对 AHLs 与细菌属之间的相关性进行研究以阐明群体感应与细菌属之间的关系。AHLs 与细菌属的相关性如图 7.13 所示，可以看到许多细菌属与 AHLs 呈正相关，且大多数与 AHLs 呈现显著相关的菌属的相对丰度均比较低。Panchavinin 等[49] 认为与氮等宏量营养物质代谢相比，由群体感应介导的微生物活动就相对要少很多，所以与 AHLs 产生相关的菌属的丰度低也就不足为奇了。C4-HSL、3OC10-HSL、3OC12-HSL 与 5 个以上的细菌属均呈显著正相关，而其余的 AHLs 只与少数的细菌属呈显著正相关，表明 C4-HSL、3OC10-HSL 和 3OC12-HSL 的含量对系统中细胞之间的通讯起着至关重要的作用。同时，C4-HSL、3OC10-HSL 和 3OC12-HSL 也是之前废水处理系统相关研究中经常报道的 AHLs[48, 248, 366]。*f_PHOS_HE36_Unclassified*、*Candidatus* Competibacter、*f_Caldilineaceae_Unclassified*、*Falsirhodobacter* 和 *Pseudorhodobacter* 与至少两种 AHLs 和总 AHLs 浓度呈显著正相关，这一结果表明它们是主要的 AHLs 产生菌

属。*Thiothrix*、*Ramlibacter* 和 *Candidatus* Microthrix 与几乎所有的 AHLs 呈负相关关系，表明它们具有 AHLs 降解能力或对 AHLs 的产生具有抑制作用。已有研究发现 *Candidatus* Competibacter 与 AHLs 呈正相关 [183]，但是其他菌属如 *Falsirhodobacter*、*Pseudorhodobacter*、*Thiothrix* 等是否能够产生或降解 AHLs 目前尚没有相关报道。由于所检测到的 AHLs 浓度是 AHLs 的产生和降解达到平衡后的浓度，因此 AHLs 浓度与细菌属的相关性并不能作为 AHLs 产生的直接证据 [48, 49]。但是由于活性污泥中富含多种微生物群落，而目前群体感应的识别方法有限，因此，对细菌属与 AHLs 浓度之间进行相关性分析仍是研究活性污泥中群体感应菌的唯一有效方法 [49, 183]。

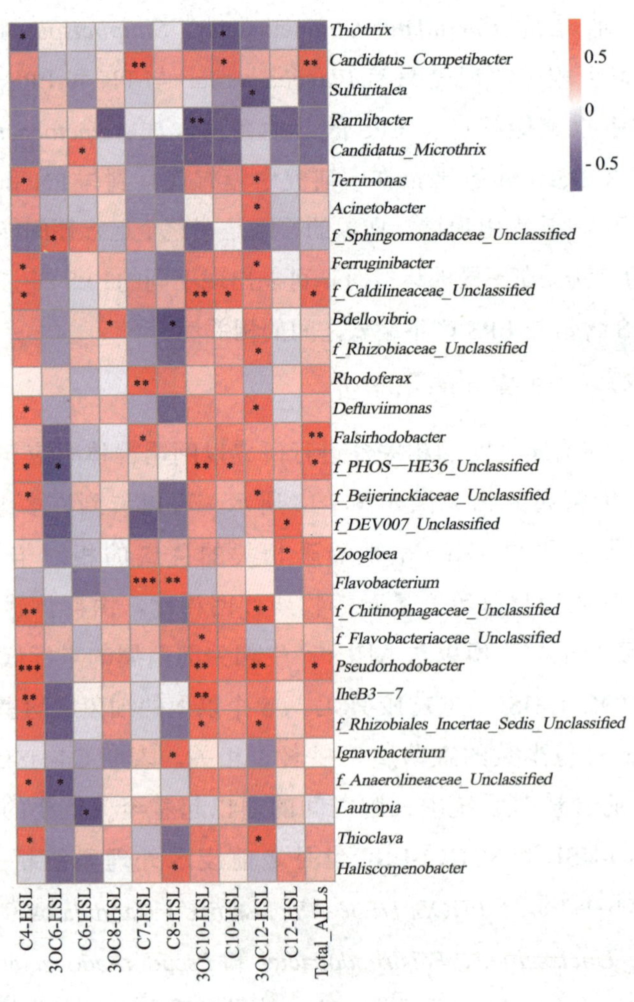

图 7.13 AHLs 与细菌属的相关性

7.4 本章小结

本章综合考察了不同的乙酸 / 油酸比（80%/20%、60%/40%、40%/60%、20%/80%）对活性污泥系统的影响，特别是不同的乙酸 / 油酸比条件下微生物群体的行为及相关性，研究结果表明：

（1）不同的乙酸 / 油酸比对系统 NH_4^+-N 的去除并无显著的影响，COD、TN 和 PO_4^{3-}-P 的去除均随油酸比例的增加而逐渐降低，且不同的乙酸 / 油酸比条件下的去除情况存在显著差异。生物活性实验结果表明，TN 和 PO_4^{3-}-P 去除差异的原因主要是不同的乙酸 / 油酸比导致系统内反硝化菌和聚磷菌丰度不同。

（2）随着油酸比例的增加，系统内污泥丝状膨胀越严重，则越有利于油酸丝状菌的增殖，特别是有利于维持 *M. parvicella* 的生长。皮尔逊相关分析结果表明，污泥沉降性与 PN/PS 呈显著正相关（$p < 0.001$）。

（3）信号分子 AHLs 介导的群体感应不仅对 COD 和 TN 的去除具有显著的调控作用，还对污泥沉降性和污泥粒径具有显著的调控作用，同时对 EPS 的含量特别是 PN 和 PS 的产生也具有显著的调控作用。

（4）高通量测序表明，不同的乙酸 / 油酸比对微生物群落的丰富度、多样性及群落结构均具有显著的影响。对功能菌与系统运行之间的相关性分析揭示了系统运行差异产生的原因，而信号分子 AHLs 与细菌菌属之间的相关性分析揭示了群体感应调控差异产生的原因。

第 8 章

不同进水负荷条件下的污泥膨胀与群体感应调控

8.1 引言

目前，许多研究已经表明进水负荷会对活性污泥系统产生显著影响。李思敏等[367]和邹仲勋等[368]的研究均表明，进水负荷对系统 COD、氮和磷等污染物的去除具有显著影响，Shao 等[369]的研究发现进水负荷对微生物群落也有重要影响。Yang 等的研究表明，进水负荷会对硝化污泥的 EPS 和物化特性产生影响[370]，而其他研究者却发现进水负荷对污泥沉降性及丝状菌等也具有重要影响[371-373]。此外，一些研究者也报道了进水负荷在污泥颗粒化过程中具有重要作用[374-375]。但这些研究主要关注的是进水负荷对系统性能和微生物动态演替的影响，微生物群落与群体感应之间的协同作用尚未被考虑。因此，本章将研究不同进水负荷对活性污泥系统的影响，重点研究不同进水负荷条件下微生物群体的行为及相关性。

8.2 材料与方法

8.2.1 反应器的启动与运行

所用反应器同 6.2.2 小节，反应器接种污泥取自采用 A/O 工艺的天津某污水处理厂二沉池。接种污泥的浓度约为 5.4g/L，SVI 为 80.38mL/g，污泥沉降性良好。每个反应器接种 2.6L 污泥，接种后每个反应器内的污泥浓度及挥发性悬浮固体浓度分别约为 3.5g/L 和 1.9g/L。反应器运行周期同 6.2.3 小节，每天运行 4 个周期，每个周期 6h。排水比为 50%，曝气末端的 DO 浓度控制在 1 ～ 1.5mg/L，水力停留时间为 12h，污泥龄约为 20 天。

8.2.2 模拟废水

反应器进水采用人工配制的模拟废水，每天配制后由蠕动泵泵入反应器。3 个反应器的进水负荷不同。其中，R1 进水的 COD、NH_4^+-N 和 PO_4^{3-}-P 浓度分别为 100mg/L、12mg/L 和 2mg/L，R2 进水的 COD、NH_4^+-N 和 PO_4^{3-}-P 浓度分别为 150mg/L、18mg/L 和 3mg/L，R3 进水的 COD、NH_4^+-N 和 PO_4^{3-}-P 浓度分别为 250mg/L、30mg/L 和 5mg/L。其中的 COD 按照乙酸 / 油酸比为 60%/40% 分别由

乙酸钠和吐温 80 提供。模拟废水的组成见表 8.1。

表 8.1 模拟废水的组成

药 品	含量 / (g/L)		
	R1	R2	R3
无水乙酸钠	0.0769	0.1153	0.1922
吐温 80	0.0199	0.0299	0.0498
KH_2PO_4	0.088	0.0131	0.0219
NH_4Cl	0.0458	0.0688	0.1146
$MgSO_4 \cdot 7H_2O$	0.0200		
无水 $CaCl_2$	0.0300		
$NaHCO_3$	0.5000		

注：除上述成分外，每升水添加 1mL 的维生素储备液和 1mL 的微量元素储备液，具体配制方法见参考文献[299]。

8.2.3 高通量测序分析

在系统运行的第 30 天、第 60 天和第 90 天，分别从每个反应器中取污泥混合液样品储存于 - 80℃冰箱，待所有样品收集完毕后，送往苏州金唯智生物科技有限公司进行 DNA 提取及利用 Illumina MiSeq 测序平台进行测序，详细的测序及数据分析方法同 6.2.7 小节。

8.2.4 指标测定及分析方法

EPS 的提取与分析同 6.2.5 小节，信号分子的提取与检测同 7.2.4 小节。常规水质指标（NH_4^+-N、TN 和 PO_4^{3-}-P）测定、SVI 和污泥浓度（MLSS 和 VSS）测定、粒径测定等同 6.2.8 小节。定期取污泥混合液涂片且风干后，通过革兰氏染色，采用显微镜观察污泥形态[311]。SPSS 21.0 用于 ANOVE 分析以确定数据之间是否存在显著差异，OmicShare 在线工具用于皮尔逊相关分析。

8.3 结果讨论

8.3.1 出水水质的变化

在不同的进水负荷条件下，3 个反应器均持续运行了 90 天，各反应器的出

水 NH_4^+-N 浓度及 NH_4^+-N 去除率的变化如图 8.1 所示。由图 8.1 可知，在反应器开始运行一段时间（1 ～ 30 天），反应器 R3 的出水 NH_4^+-N 浓度比反应器 R1 和 R2 的出水 NH_4^+-N 浓度相对较高，除个别异常状况外，3 个反应器的出水 NH_4^+-N 浓度几乎都能稳定在小于 1mg/L，故各反应器的 NH_4^+-N 去除率几乎都能够大于 90%。由于反应器 R3 的进水负荷较大，虽然其前 30 天的出水 NH_4^+-N 浓度相对较高，但是其 NH_4^+-N 去除率反而略大于反应器 R1。在整个运行期间，各反应器的 NH_4^+-N 去除率分别为（97.96 ± 1.53）%（R1）、（98.42 ± 2.10）%（R2）和（98.58 ± 2.52）%（R3），表明在各反应器内均实现了 NH_4^+-N 的良好去除。对各反应器内的 NH_4^+-N 去除率进行方差分析（表 8.2），表明各反应器之间的 NH_4^+-N 去除情况不存在显著差异（$p > 0.05$）。由于 AOB 为好氧自养菌，其最容易受到溶解氧影响 [316]，而在本研究中所提供的溶解氧基本能够使 AOB 将 NH_4^+-N 完全氧化，因此在不同的进水负荷条件下，不同的反应器之间的 NH_4^+-N 去除情况不存在显著差异。

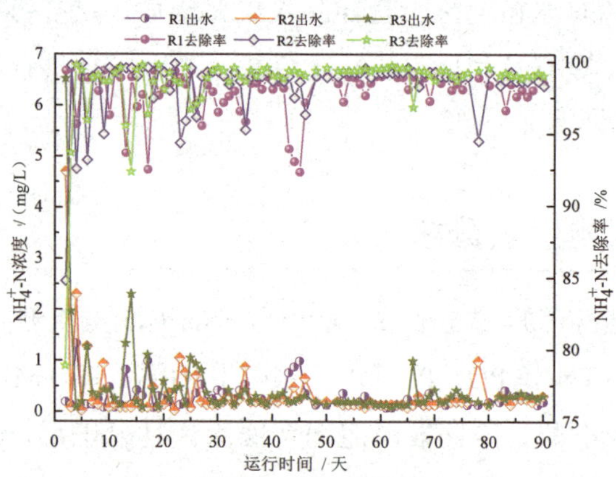

图 8.1 3 个反应器的出水 NH_4^+-N 浓度及 NH_4^+-N 去除率的变化

表 8.2 污染物去除情况及方差分析

	NH_4^+-N 去除率 /%	TN 去除率 /%	PO_4^{3-}-P 去除率 /%
R1	97.96 ± 1.53	75.17 ± 3.78	77.07 ± 22.72
R2	98.42 ± 2.10	73.06 ± 3.23	95.40 ± 4.09
R3	98.58 ± 2.52	75.77 ± 2.63	97.64 ± 1.61
p 值	0.139	0.000	0.000

虽然3个反应器之间的NH_4^+-N去除情况不存在显著差异，但是其出水TN浓度及TN去除率各不相同。由图8.2可以看出，反应器R1的出水TN浓度为3～4mg/L，R2的出水TN浓度为4～6mg/L，R3的出水TN浓度为7～9mg/L，可以发现出水TN浓度随着进水负荷的增大而增大。但3个反应器的TN去除率在70%～80%的范围波动，各反应器的TN去除率分别为（75.17 ± 3.78）%（R1）、（73.06 ± 3.23）%（R2）和（75.77 ± 2.63）%（R3）。对3个反应器的TN去除率进行ANOVE分析，发现3个反应器的TN去除率存在显著差异（$p < 0.05$），表明进水负荷对TN去除率具有显著影响。

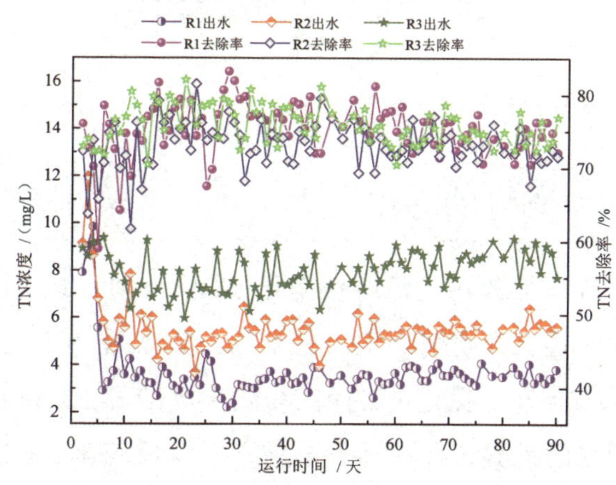

图8.2 3个反应器内的TN去除率的变化

在运行过程中，各反应器的出水PO_4^{3-}-P浓度及PO_4^{3-}-P去除率如图8.3所示。由图8.3可以看到，在反应器运行的前40天，3个反应器的出水PO_4^{3-}-P浓度均能够稳定在0.25mg/L以下，相应地，其PO_4^{3-}-P均能实现良好的去除。而自40天以后，反应器R1的出水PO_4^{3-}-P浓度逐渐升高，运行至90天时，其PO_4^{3-}-P去除率已降低至20%左右。同时，自70天以后，反应器R2和R3的出水PO_4^{3-}-P浓度也有所升高。对3个反应器的PO_4^{3-}-P去除率进行ANOVE分析，结果表明进水负荷对PO_4^{3-}-P的去除具有显著影响（$p < 0.05$）。同时，在运行过程中，各个反应器的PO_4^{3-}-P去除率分别为（77.07 ± 22.72）%（R1）、（95.40 ± 4.09）%（R2）和（97.64 ± 1.61）%（R3），发现PO_4^{3-}-P的去除率随着进水负荷的增大而增大。聚磷菌通常是利用有机物进行厌氧释磷，但在好氧条件下进行吸磷实现磷的去除，但在低负荷条件下，可能由于系统中能够利用的有机物有限，从而使

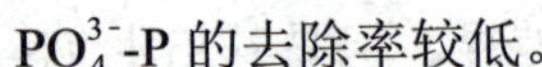

PO_4^{3-}-P 的去除率较低。

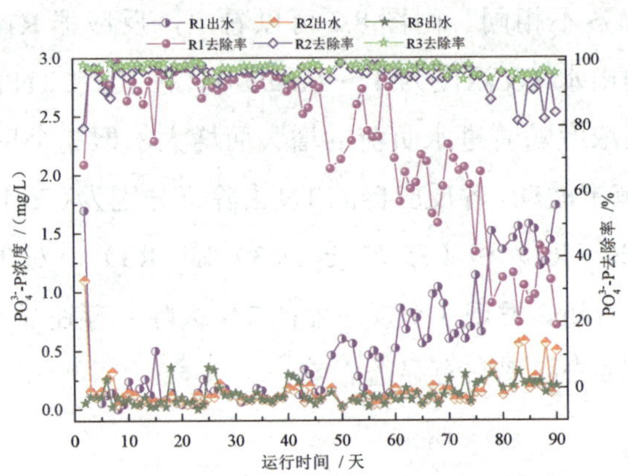

图 8.3 3 个反应器的出水 PO_4^{3-}–P 浓度及 PO_4^{3-}–P 去除率的变化

8.3.2 污泥沉降性的变化

运行期间 3 个反应器的污泥沉降性变化如图 8.4 所示。由图 8.4 可以看到，3 个反应器的 SVI 均呈上升趋势，但反应器 R1 和 R2 的 SVI 呈逐渐上升，反应器 R3 的 SVI 呈波动上升。在运行的前 30 天，反应器 R1 和 R2 的 SVI 缓慢增加且彼此间没有明显的差异，而在运行的前 6 天，反应器 R3 的污泥沉降性出现短暂的恶化，然后又逐渐降低，这可能是由于种泥对反应器 R3 进水负荷的不适应所引起的，随着对系统的逐渐适应，污泥沉降性逐渐降低。30 天以后，反应器 R2 和 R3 的 SVI 呈现较快的升高，于 50 天之后开始超过 150mL/g（污泥膨胀的阈值），并在后续一段时间继续升高，表明反应器 R2 和 R3 中发生污泥膨胀并日趋恶化，但是其膨胀为微膨胀（SVI 介于 150 ～ 250mL/g 范围）[351]。在运行 30 天之后，虽然反应器 R1 的 SVI 也呈升高趋势，但是它是较缓慢的升高，且其 SVI 始终低于 130mL/g，表明反应器 R1 在整个运行过程中污泥沉降性良好。上述结果表明，随着进水负荷的增加，会使系统沉降性变差而导致污泥膨胀，这与 Yang 等 [370] 的研究结果是一致的，但与之前的许多研究是对立的 [88, 136, 371]，可能的原因是系统内出现的丝状菌差异所引起的。之前许多研究表明低负荷易引发污泥膨胀，其引发膨胀的丝状菌主要是 *M. parvicella*[88, 136, 371]，而在高负荷条件下容易出现 *Thiothrix*[339]。

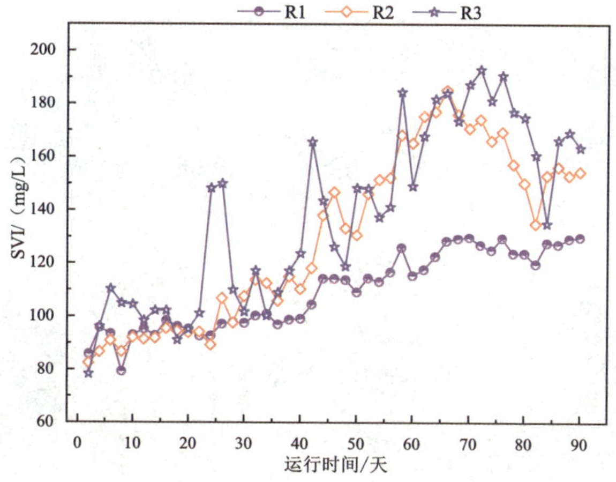

图 8.4 运行期间 3 个反应器的污泥沉降性变化

为了进一步分析各反应器内 SVI 变化的原因并确定上述结果与之前研究差异的原因，对 3 个反应器的污泥样品进行显微镜观察，结果如图 8.5 所示。由图 8.5 可以看出，在第 30 天，3 个反应器内均存在一定丰度的丝状菌，且 3 个反应器内丝状菌丰度没有明显的差异，根据形态学特征可以判断反应器内的丝状菌主要为 *Thiothrix* spp.。第 60 天，反应器 R1 的丝状菌丰度与第 30 天时相差无几，而反应器 R2 与 R3 的丝状菌丰度均有所升高，在第 90 天，3 个反应器内丝状菌丰度均有所升高。3 个反应器内丝状菌的丰度与其对应的 SVI 是相符的，故 3 个反应器内 SVI 的差异主要是由丝状菌丰度的高低导致的。另外，在整个运行期间，3 个反应器内均以 *Thiothrix spp*. 为优势丝状菌。由于 *Thiothrix* 易于在高负荷条件下出现 [339]，因此使高负荷条件下发生的污泥膨胀更严重，系统内出现的丝状菌差异导致上述研究结果与之前的研究结果（低负荷易于引发污泥膨胀）相对立。

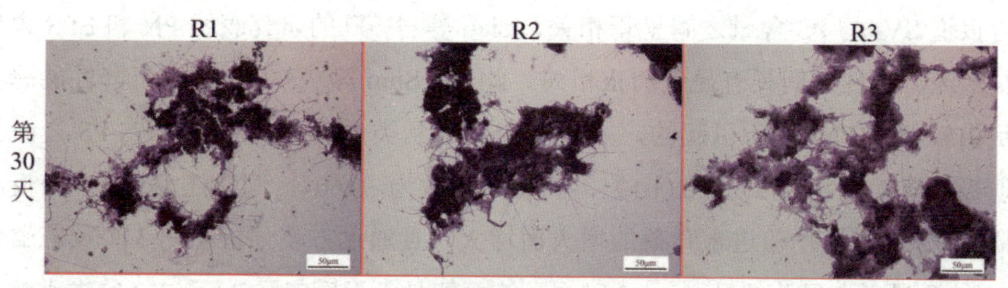

图 8.5 各反应器在不同运行时间的污泥镜检图（400×）

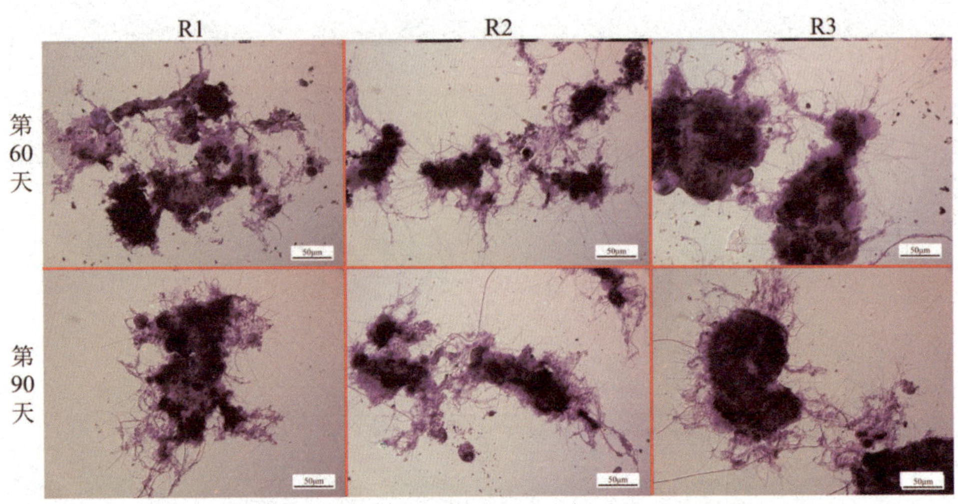

图 8.5 （续）

8.3.3 EPS 含量的变化

EPS 对环境条件比较敏感，进水负荷对 EPS 的分泌产生影响已有相关报道[370]，且 EPS 含量也能导致污泥沉降性的差异，较高的 EPS 对污泥沉降性不利[322]。在整个运行期间，3 个反应器的 EPS 含量变化如图 8.6 所示。由图 8.6 可以看出，各反应器的 EPS 含量在整个运行期间虽然有一定的波动，但总体呈上升趋势，同时可以看到，各反应器的 EPS 含量总体上呈现出 R3 > R2 > R1 的趋势。鉴于各反应器的 SVI 呈现逐渐增加的趋势，且各反应器 SVI 也呈现出 R3 > R2 > R1 的趋势，故各反应器的污泥沉降性可能与 EPS 含量之间存在相关性。因此，对 SVI 与 PS、PN、EPS 进行皮尔逊相关分析，结果见表 8.3。由表 8.3 可以看到，SVI 与 PS、PN、EPS 均呈现极显著的正相关（$p < 0.001$），这与之前的报道是一致的。Nielsen 等[376]曾报道 SVI 与 PS 含量之间呈正相关，Liao 等[355, 377]的研究表明 PN 和 EPS 含量与污泥沉降性之间具有显著的正相关。此外，Shin 等[378]发现污泥沉降性能恶化是由较低的 PN/PS 所引起的，本研究也观察到类似现象，SVI 与 PN/PS 之间呈现极显著的负相关（$p < 0.001$），其相关系数为 -0.604。同时还发现，3 个反应器中 PS 的含量均随进水负荷的增大而增大，且通过方差分析表明 3 个反应器内 PS 的含量存在显著差异（$p < 0.05$）。这可能是由于反应器 R1 和 R2 的进水负荷较低，从而使系统内可利用的碳源有限，PS 作为碳源被消耗了，进而导致反应

器 R1 和 R2 中 PS 的含量较低[356]。

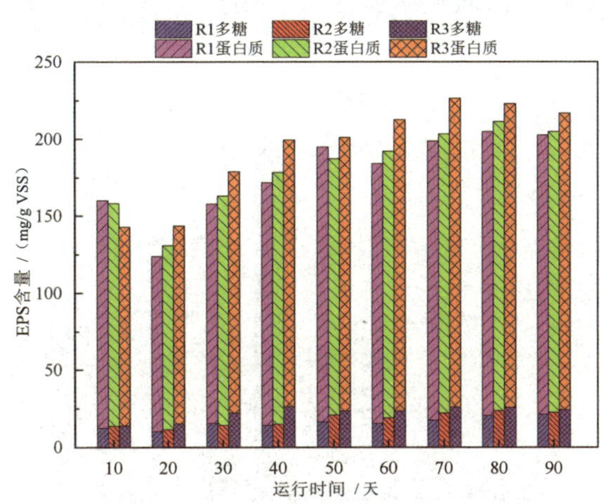

图 8.6 运行期间 3 个反应器 EPS 含量变化

表 8.3 SVI 与 PS、PN、EPS 之间的皮尔逊相关分析

	PS	PN	EPS	PN/PS
SVI	0.813***	0.822***	0.840***	-0.604***

注：* $p < 0.05$；** $p < 0.01$；*** $p < 0.001$。

8.3.4 群体感应的调控作用

在运行过程中，3 个反应器内均检测到以下 9 种 AHLs 类信号分子：C6-HSL、3OC8-HSL、C7-HSL、C8-HSL、3OC10-HSL、C10-HSL、3OC12-HSL、C12-HSL 和 3OC14-HSL，其浓度如图 8.7 所示。这表明 3 个反应器内均存在群体感应调控现象。由图 8.7 可知，信号分子 3OC10-HSL 的浓度在 3 个反应器内均为最高，其次是 3OC12-HSL 和 3OC14-HSL，而信号分子 C6-HSL 的浓度在 3 个反应器内均为最低，这表明信号分子 3OC10-HSL、3OC12-HSL 和 3OC14-HSL 在系统群体感应调控中起主要作用。已有研究表明，信号分子 3OC10-HSL[48] 和 3OC12-HSL[248] 参与调控废水处理系统运行，而有关信号分子 3OC14-HSL 却鲜有报道，这可能是由于长酰基链的 AHLs 更趋向于滞留在泥相中[256]。大量研究表明，AHLs 介导的群体感应对污染物去除、EPS 产生和生物膜形成具有重要作用[48, 50, 177, 225]。经上述分析可知，各反应器在污染物（氮、磷）的去除、污泥沉

降性和 EPS 含量等方面均存在显著差异，因此有必要确定 AHLs 介导的群体感应是否在这些差异的产生过程中发挥重要作用。

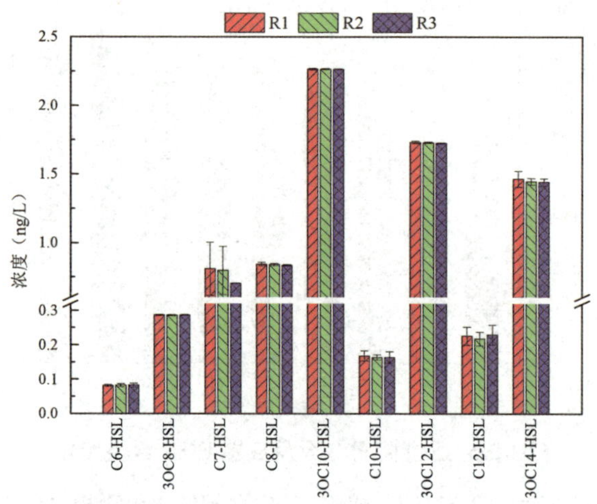

图 8.7 运行期间各反应器内 AHLs 的浓度

对系统检测到的信号分子 AHLs 与污染物（氮、磷）的去除、污泥沉降性和 EPS 含量等进行皮尔逊相关分析，结果如图 8.8 所示。由图 8.8 可知，信号分子 AHLs 对 NH_4^+-N 去除和 PO_4^{3-}-P 去除具有显著的调控作用。其中，C10-HSL 和总 AHLs 的浓度均与氨氮去除呈显著负相关，C8-HSL、3OC12-HSL 和 3OC14-HSL 与 PO_4^{3-}-P 去除呈显著负相关。上述结果表明，信号分子 C10-HSL 主要介导 3 个反应器内 NH_4^+-N 的去除，而 3 个反应器内 PO_4^{3-}-P 去除的差异主要是由信号分子 C8-HSL、3OC12-HSL 和 3OC14-HSL 调控所导致的。值得注意的是，并未观察到信号分子 AHLs 与 EPS 含量之间存在显著相关。关于信号分子 AHLs 调控 EPS 的产生已有大量报道，如 Chen 等 [48] 研究发现 C12-HSL 和 3OC6-HSL 是介导 TB-EPS 产生的主要 AHLs，Wang 等 [233] 指出生物膜不同部分的 EPS 与感应信号分子 C12-HSL 呈显著的相关性。另外，一些研究表明，AHLs 介导和促进硝化反应的进行 [225, 366] 在本研究中也并未观察到这些现象。Huang 等 [177] 曾指出进水水质、反应器运行等环境因素以及其他非环境因素等均会影响群体感应的调控作用，并且如 Maddela 等 [50] 所述，群体感应信号分子对相关功能菌的调控作用目前尚不完全清楚，有关群体感应与功能菌之间的长期动态响应还有待进一步研究。

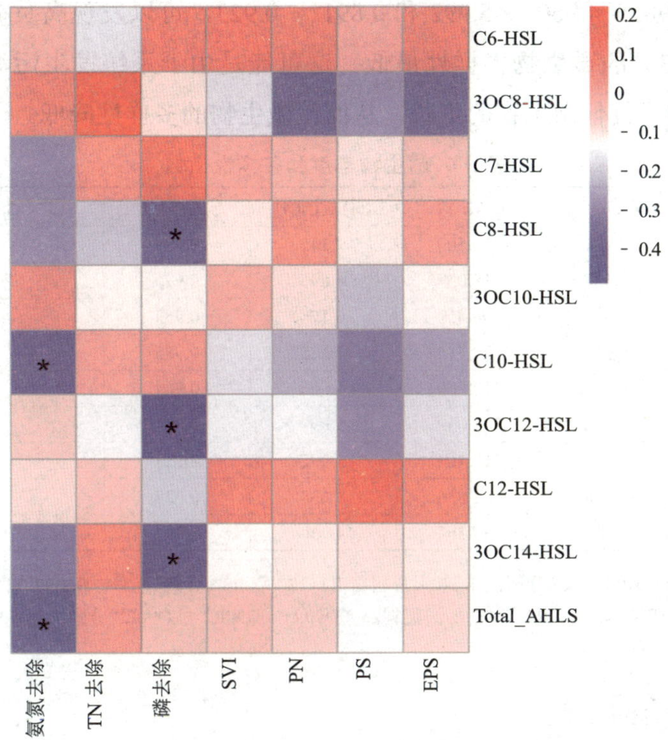

图 8.8 AHLs 与系统运行之间的相关性（* $p < 0.05$; ** $p < 0.01$; *** $p < 0.001$）

8.3.5 微生物群落分析

1. Alpha 多样性分析

对 3 个反应器不同阶段活性污泥样品的测序数据进行分析，得到其 Alpha 多样性指数，包括 ACE 指数、Chao1 指数、Shannon 指数、Simpson 指数和 Good's coverage，结果见表 8.4。所有反应器样品的 Good's coverage 均为 0.999，表明测序结果有效覆盖了绝大部分微生物，所构建的文库具有较高的真实性。ACE 指数和 Chao1 指数越大，表明物种的丰富度越高；而 Shannon 指数和 Simpson 指数越大，表明物种多样性越高。可以发现各反应器样品的 ACE 指数、Chao1 指数、Shannon 指数和 Simpson 指数在整个运行期间均呈降低趋势，表明随着系统的运行，各反应器内微生物的丰富度和多样性均逐渐降低。3 个反应器样品的 Shannon 指数和 Simpson 指数分别为 6.176 ～ 7.145 和 0.953 ～ 0.984、5.999 ～ 7.225

和 0.953 ~ 0.985、4.960 ~ 5.992 和 0.891 ~ 0.923，可以发现高负荷条件下运行的反应器（R3）的微生物多样性最低。这可能是由于系统发生污泥膨胀，丝状菌的生长抑制了其他微生物的生长，从而使微生物的多样性降低。

表 8.4 微生物丰度和多样性指数

样品	ACE	Chao1	Shannon	Simpson	Good's coverage
D30R1	520.581	521.500	7.145	0.984	0.999
D60R1	515.537	518.037	6.696	0.975	0.999
D90R1	499.304	504.452	6.176	0.953	0.999
D30R2	527.991	529.714	7.225	0.985	0.999
D60R2	519.058	519.000	6.605	0.969	0.999
D90R2	512.196	526.032	5.999	0.953	0.999
D30R3	506.039	513.464	5.992	0.923	0.999
D60R3	480.008	482.886	5.638	0.928	0.999
D90R3	427.701	439.364	4.960	0.891	0.999

注：D30R1、D30R2 和 D30R3 分别为第 30 天反应器 R1、R2 和 R3 的污泥样品；D60R1、D60R2 和 D60R3 分别为第 60 天反应器 R1、R2 和 R3 的污泥样品；D90R1、D90R2 和 D90R3 分别为第 90 天反应器 R1、R2 和 R3 的污泥样品。

2. 群落结构分析

3 个反应器内的污泥样品在门水平上各样品的微生物群落结构如图 8.9 所示。由图 8.9 可以看到，门水平的微生物群落结构存在较大的差异。观察到所有反应器均以 *Proteobacteria* 为主要优势菌门，在各反应器内的相对丰度分别为 50.15% ~ 56.57%（R1）、47.04% ~ 67.91%（R2）、65.44% ~ 75.06%（R3）。其他相对丰度较高的菌门为 *Patescibacteria* 和 *Bacteroidetes*，在 3 个反应器内的丰度分别为 12.11% ~ 16.77% 和 10.69% ~ 15.48%（R1）、6.84% ~ 14.10% 和 5.85% ~ 15.27%（R2）、11.55% ~ 15.54% 和 4.22% ~ 9.40%（R3）。*Proteobacteria* 和 *Bacteroidetes* 是活性污泥系统的优势菌门，特别是 *Proteobacteria* 已经被多次报道 [360-361]，上述结果与之前的报道结果一致。另外，可以注意到 3 个反应器内 *Proteobacteria* 的丰度随着进水负荷的增大而增大，而 *Bacteroidetes* 的丰度却呈现出随着反应器进水负荷的增大而减小的趋势，同时其他菌门如 *Acidobacteria* 和 *Chloroflexi* 等的相对丰度也呈现出随反应器进水负荷而变化的趋势。虽然 3 个反应器样品在门水平上的微生物群落组成是相似的，但是各菌门的相对丰度在不同进水负荷条件下呈现出相对显著差异，表明进水负荷对微生物群落的组成有显著影响。

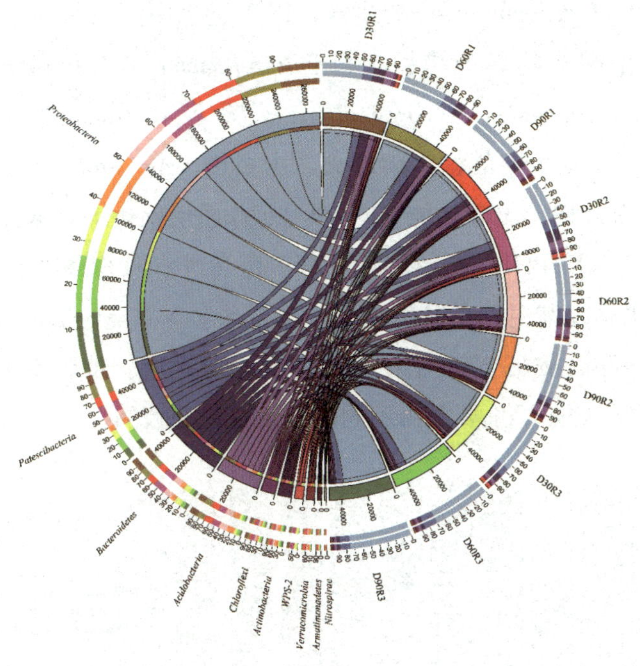

图 8.9 3 个反应器内的污泥样品在门水平上各样品的微生物群落结构

在属水平上对微生物群落的分析将有助于更好地理解微生物群落的演替。各反应器样品中相对丰度前 30 的细菌属的变化如图 8.10 所示。由图 8.10 可以看出，在属水平上，各反应器微生物群落的相对丰度也存在显著差异。在进水低负荷条件下运行的反应器 R1 内的优势菌属逐渐从 *Acinetobacter*（第 30 天）演变为 *Sphingobium*（第 60 天和第 90 天）；而反应器 R2 前 30 天的样品中，优势菌为 *Metagenome*，在第 60 天和第 90 天的样品中，*Ramlibacter* 成为优势菌属；在进水高负荷条件下运行的反应器 R3，在整个运行期间 *Ramlibacter* 均为优势菌属。此外，还可以注意到 *Ramlibacter*、*Sulfuritalea*、*Hydrogenophaga* 以及 *Candidatus* Competibacter 等在 3 个反应器内的相对丰度均呈现出随着进水负荷的增大而增大，而 *f_Blastocatellaceae_Unclassified*、*Acinetobacter*、*Terrimonas* 和 *Simplicispira* 等在 3 个反应器内的相对丰度均呈现出随着进水负荷的增大而减小。*Candidatus* Competibacter 是典型的聚糖菌，能够代谢和储存碳源，*Hydrogenophaga* 作为一种反硝化菌需要利用碳源进行反硝化[46]，而 *Ramlibacter* 和 *Sulfuritalea* 是厌氧或兼性厌氧菌，它们通过还原硫酸盐、硝酸盐和亚硝酸盐等含氧阴离子进行生长[337]。随着进水负荷的增大，其中所含的碳源增多利于 *Candidatus*

Competibacter 和 *Hydrogenophaga* 的生长，同时进水中氨氮负荷的增加会使其生成硝酸盐和亚硝酸盐等离子增加，利于 *Ramlibacter* 和 *Sulfuritalea* 的生长，故使 *Ramlibacter*、*Sulfuritalea*、*Hydrogenophaga* 以及 *Candidatus* Competibacter 等的相对丰度随着进水负荷的增大而增大。据报道，*Acinetobacter*、*Terrimonas* 和 *Simplicispira* 具有反硝化聚磷功能 [43, 46, 379]，而普通反硝化菌对碳源的利用速率要高于反硝化聚磷菌对 PHB 的分解速率 [380]，在高进水负荷条件下碳源充足，反硝化菌比反硝化聚磷菌更具竞争优势，导致高进水负荷反应器内 *Acinetobacter*、*Terrimonas* 和 *Simplicispira* 等反硝化聚磷菌的相对丰度较低。综上所述，3 个反应器内微生物群落的差异主要是由不同的进水负荷导致的。

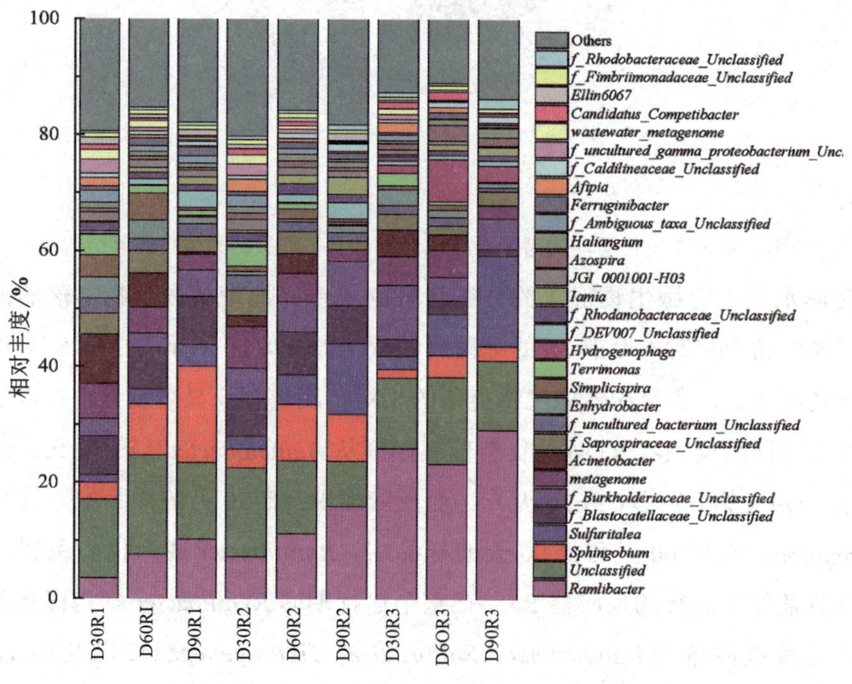

图 8.10 主要微生物群落在属水平上的相对丰度

3. 功能菌分析

鉴于功能微生物在废水处理过程中起着重要作用，因此，对不同进水负荷的反应器中功能菌的差异进行分析具有重要意义。根据以往文献所报道的具有代谢功能的微生物，对本研究中检测到的微生物中相对丰度前 30 种的功能性菌属进行分析，如图 8.11 所示。脱氮主要是通过 AOB、NOB 和反硝化菌的共同作用实现的。本研究所检测到的 AOB 菌属为文献中经常报道的 *Nitrosomonas*，其在

3 个反应器内的相对丰度分别为 0.02% ～ 0.08%（R1）、0.02% ～ 0.06%（R2）和 0.01% ～ 0.02%（R3）。虽然在 3 个反应器内 AOB 的丰度相对较低，但 3 个反应器内 NH_4^+-N 的去除效果良好。已有研究表明，在适宜条件下，低丰度的 AOB 仍能实现良好的 NH_4^+-N 去除效果[330]。*Nitrospira* 是文献报道最多的 NOB 之一，其在本研究 3 个反应器中检测到的相对丰度分别为 0.33% ～ 0.80%（R1）、0.24% ～ 0.59（R2）和 0.08% ～ 0.15%（R3）。虽然 3 个反应器内 NOB 的丰度存在一定差异，但是均能实现 NO_2^--N 和 NO_3^--N 的转化，系统内均未出现 NO_2^--N 的积累。*Nitrosomonas* 和 *Nitrospira* 的协同作用保证了系统内硝化作用的实现，为后续脱氮奠定了基础。

另外，各反应器样品中还检测到了多种具有反硝化能力的菌属，丰度相对较高的是 *Sulfuritalea*（1.22% ～ 15.61%）、*Acinetobacter*（0.04% ～ 8.46%）、*Terrimonas*（0.15% ～ 3.46%）、*Simplicispira*（0.09% ～ 3.86%）、*Hydrogenophaga*（0.08% ～ 7.26%）、*Haliangium*（0.51% ～ 1.64%）等，这些相对丰度较高的反硝化菌是系统实现脱氮的保证。*Terrimonas*、*Simplicispira* 和 *Hydrogenophaga* 具有脱氮功能已经有相关研究报道[46]。McIlroy 等[381]通过 ^{13}C 标记的同位素探针与显微放射自显影 - 荧光原位杂交技术相结合，证实了 *Sulfuritalea* 和 *Haliangium* 为活性反硝化菌。近年来，*Acinetobacter* 能够进行好氧反硝化的能力被越来越多的研究者发现[382, 383]，其能够利用羟胺、NO_2^--N 和 NO_3^--N 作为氮源进行反硝化。相对丰度前 30 的功能菌属中具有反硝化能力菌属的总丰度分别为 14.55% ～ 21.89%（R1）、16.66% ～ 25.08%（R2）和 9.90% ～ 26.00%（R3），这与 TN 去除率的结果是一致的。

在所有反应器的样品中均检测到了具有除磷功能的聚磷菌 *Candidatus* Accumulibacter[42]，其在各反应器内的相对丰度分别为 0.10% ～ 0.20%（R1）、0.18% ～ 0.62%（R2）、0.26% ～ 1.13%（R3）。聚磷菌需要碳源进行厌氧释磷，在低进水负荷条件下系统能够利用的碳源有限，不利于聚磷菌的生长，所以使其系统内 *Candidatus* Accumulibacter 的相对丰度是最低的，这也是反应器 R1 内 PO_4^{3-}-P 去除率低的原因。另外，聚糖菌 *Candidatus* Competibacter 在 3 个反应器内也被检测到，其相对丰度分别为 0.28% ～ 0.88%（R1）、0.26% ～ 1.06%（R2）、0.42% ～ 1.40%（R3）。*Candidatus* Competibacter 主要进行碳代谢，故其相对丰度也明显呈现出随进水负荷的增大而增大。许多研究表明，聚糖菌 *Candidatus*

Competibacter 与聚磷菌 *Candidatus* Accumulibacter 之间存在竞争关系[42, 46, 317]，如果 *Candidatus* Competibacter 占优势，则会使系统除磷效果恶化。而本研究在 3 个反应器内均是 *Candidatus* Competibacter 占优势，但只有反应器 R1 在运行后期出现 PO_4^{3-}-P 去除效果恶化，故在本研究中聚糖菌 *Candidatus* Competibacter 并未对系统的除磷作用产生显著的影响。

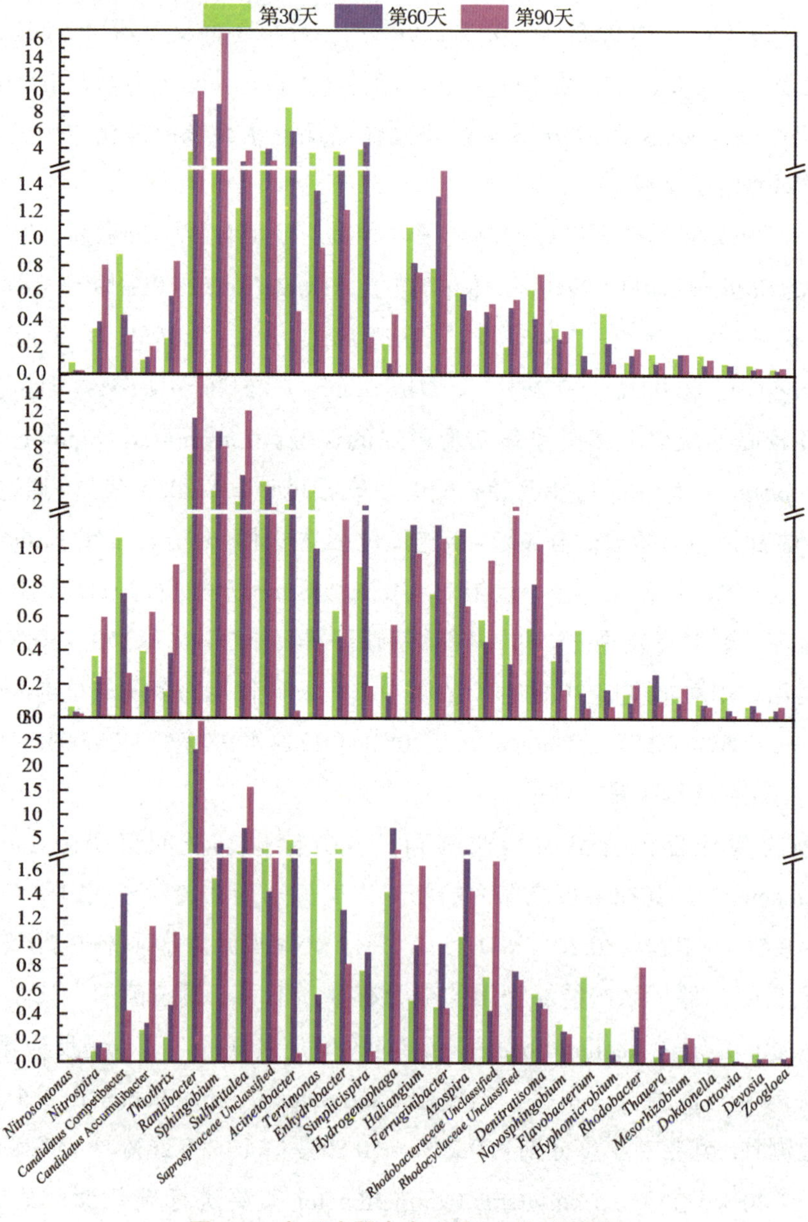

图 8.11 各反应器内丰度前 30 的功能菌属

此外，也检测到其他一些丰度较高的功能菌属，如 *Ramlibacter*、*Sphingobium*、*f_Saprospiraceae_Unclassified*、*Thiothrix* 等。其中，*Ramlibacter* 是一种厌氧或者兼性厌氧菌，可以还原硫酸盐、硝酸盐和亚硝酸盐等含氧阴离子[337]；*Sphingobium* 常被报道能够降解芳香族化合物[335]；*Saprospiraceae* 作为活性污泥系统中的核心菌属[384]，不仅能够代谢葡萄糖、半乳糖等[334]，而且具有降解一些特定蛋白质的能力[385]，故 *Ramlibacter*、*Sphingobium* 和 *f_Saprospiraceae_Unclassified* 在系统内的主要作用可能是降解有机物。*Thiothrix* 是一种经常引起污泥膨胀的丝状菌，较高浓度小分子脂肪酸存在的条件利于其增殖[339]，故在反应器 R3 内 *Thiothrix* 的丰度较高，其相对较高的丰度是系统污泥沉降性较差的原因。另外，一些功能菌属还具有产生 EPS 以及分泌信号分子的能力，如 *Acinetobacter*、*Flavobacterium*、*Rhodobacter*、*Thauera*、*Devosia* 等，它们可能与 EPS 的产生或者 AHLs 的形成有关[46, 50]。

为了阐明 EPS 及群体感应与功能菌属之间的关系，对 EPS 和 AHLs 与细菌菌属之间的相关性进行研究，它们之间的相关性如图 8.12 所示。由图 8.12 可以看到，*Thiothrix* 与 PN 和 EPS 均呈显著正相关，*Ramlibacter* 与 PS 呈显著正相关，*Sulfuritalea* 与 PN、PS 和 EPS 均呈显著正相关，*Mesorhizobium* 也与 PS 呈显著正相关，表明 *Thiothrix*、*Ramlibacter*、*Sulfuritalea* 和 *Mesorhizobium* 是系统内主要的 EPS 产生菌属。据报道，*Saprospiraceae* 具有降解蛋白质的能力[386]，在本研究中也观察到类似现象，*f_Saprospiraceae_Unclassified* 与 PN、PS 和 EPS 均呈显著负相关。此外，也观察到其他一些功能菌属与 EPS 的产生呈显著负相关，如 *Nitrosomonas*、*Acinetobacter*、*Terrimonas*、*Hyphomicrobium* 等。*Nitrosomonas*、*Terrimonas*、*Hyphomicrobium* 与 EPS 的关系目前还没有相关报道，而文献报道能够产生 EPS 的 *Acinetobacter* 和 *Thauera*，在本研究中没有观察到与 PN 和 EPS 呈现显著正相关。Chen 等[48] 认为出现这一现象的原因是在整个运行期间能够产生 EPS 菌属的丰度发生了变化，在不同运行时期可能出现不同的 EPS 产生菌占主导地位，进而削弱了 EPS 含量与 EPS 产生菌属之间的相关性。

AHLs 与功能菌属之间显著的相关性也被观察到，如 *Nitrospira* 与 C8-HSL、C10-HSL、3OC12-HSL 和 3OC14-HSL 均呈显著正相关，*Sphingobium* 与 C8-HSL、C10-HSL 和 3OC12-HSL 呈显著正相关，*Dokdonella* 与 C10-HSL 和 3OC14-HSL 呈显著正相关，故 *Nitrospira*、*Sphingobium* 和 *Dokdonella* 是系统内

主要的 AHLs 产生菌。尽管有研究者认为 AHLs 的浓度与细菌菌属的相关性并不能作为 AHLs 产生的直接证据[48]，但是由于活性污泥系统复杂且目前群体感应的识别方法有限，因此，AHLs 浓度与功能菌属之间的相关性分析仍是研究活性污泥中群体感应菌的唯一有效方法[49, 183]。

图 8.12 EPS 和 AHLs 与功能菌之间的相关性

8.4 本章小结

本章综合考察了不同进水负荷对活性污泥系统的影响，重点研究了不同进水负荷条件下微生物的群体性及相关性，研究结果表明：

（1）不同进水负荷对系统 TN 和 PO_4^{3-}-P 的去除有显著影响。随着进水负荷的增加，系统污泥沉降性变差进而导致污泥膨胀，同时系统内也产生更多的 EPS。皮尔逊相关分析结果表明，污泥沉降性与 PS、PN、EPS 均呈现极显著的正相关。信号分子 C10-HSL 主要介导系统内的 NH_4^+-N 去除，而 PO_4^{3-}-P 去除的差异主要由信号分子 C8-HSL、3OC12-HSL 和 3OC14-HSL 调控。

（2）高通量测序表明，不同进水负荷对微生物群落的丰富度、多样性及群落结构均具有显著的影响。*Ramlibacter*、*Sulfuritalea*、*Hydrogenophaga*、*Candidatus* Competibacter 以及 *f_Blastocatellaceae_Unclassified* 等的相对丰度均呈现出随着进水负荷的改变而改变，受进水负荷的影响比较显著。

（3）对功能菌的分析表明，脱氮除磷相关功能菌丰度的差异是导致系统脱氮除磷差异的原因，*Thiothrix* 丰度的不同导致不同反应器内污泥沉降性的差异。*Thiothrix*、*Ramlibacter*、*Sulfuritalea* 和 *Mesorhizobium* 是系统内主要的 EPS 产生菌属，*Nitrospira*、*Sphingobium* 和 *Dokdonella* 是系统内主要的 AHLs 产生菌。

第 9 章

波动负荷条件下的污泥膨胀与群体感应调控

9.1 引言

第 4 章的研究结果已经表明，不同的进水负荷会对系统处理效能、污泥沉降性、EPS 产生、群体感应及微生物群落等产生显著差异，但是在实际污水处理厂中，进水负荷并不是恒定不变的，而是波动变化的。关于不同的进水负荷对活性污泥系统的影响已有部分报道，但关于波动进水负荷对系统影响的研究目前甚少。波动负荷是否对活性污泥系统有影响，如果有影响，波动负荷如何影响系统的运行，这将是一个值得研究的问题。因此，本章将分别在恒定进水负荷和波动进水负荷条件下运行反应器，对整个运行周期内的系统处理效能、污泥沉降性、EPS 含量、群体感应和微生物群落等进行对比，分析波动负荷条件下的微生物群体行为，为实际污水处理厂的运行提供科学参考。

9.2 材料与方法

9.2.1 反应器的启动与运行

所用反应器同 6.2.2 小节，反应器接种污泥取自天津某采用 A/O 工艺的污水处理厂二沉池。接种污泥的浓度约为 5.4g/L，SVI 为 80.38mL/g，污泥沉降性良好。每个反应器接种 2.6L 污泥，接种后每个反应器内的污泥浓度及挥发性悬浮固体浓度分别约为 3.5g/L 和 1.9g/L。反应器运行周期同 6.2.3 小节，每天运行 4 个周期，每个周期 6h。排水比为 50%，曝气末端的 DO 浓度控制在 1 ～ 1.5mg/L，水力停留时间为 12h，污泥龄约为 20 天。

9.2.2 模拟废水

反应器进水采用人工配制的模拟废水，每天配制后由蠕动泵泵入反应器。反应器 R1 采用恒定进水负荷，作为对照组，反应器 R2 采用波动进水负荷，作为实验组。R1 的进水 COD、NH_4^+-N 和 PO_4^{3-}-P 浓度分别为 150mg/L、18mg/L 和 3mg/L；而 R2 进水按照高 - 中 - 低负荷依次运行，每个负荷条件运行 2 天后进入下一负荷，重复周期运行，高负荷进水的COD、NH_4^+-N和PO_4^{3-}-P浓度分别为250mg/L、30mg/L和5mg/L，中负荷进水的COD、NH_4^+-N和PO_4^{3-}-P浓度分别为150mg/L、18mg/L和3mg/L，低负荷进水的COD、NH_4^+-N和PO_4^{3-}-P浓度分别为100mg/L、12mg/L和2mg/L。模拟废水配制的具体方法同表8.1。

9.2.3 高通量测序分析

在系统运行的第30天、第60天和第90天，分别从每个反应器中取污泥混合液样品储存于－80℃冰箱，待所有样品收集完毕后送往苏州金唯智生物科技有限公司进行DNA提取及利用Illumina MiSeq测序平台进行测序，详细的测序及数据分析方法同6.2.7小节。

9.2.4 指标测定及分析方法

EPS的提取与分析同6.2.5小节，信号分子的提取与检测同7.2.4小节。常规水质指标（NH_4^+-N、TN和PO_4^{3-}-P）测定、SVI和污泥浓度（MLSS和VSS）测定、粒径测定等同6.2.8小节。定期取污泥混合液涂片且风干后，通过革兰氏染色，采用显微镜观察污泥形态[311]。SPSS 21.0用于ANOVE分析以确定数据之间是否存在显著差异，皮尔逊相关分析利用OmicShare在线工具进行。

9.3 结果讨论

9.3.1 出水水质的差异

在恒定进水负荷和波动进水负荷条件下，2个反应器均持续运行了90天，各反应器的出水NH_4^+-N浓度及NH_4^+-N去除率的变化如图9.1所示。由图9.1可得到，在反应器开始运行前10天，2个反应器的出水NH_4^+-N浓度相对较高且不稳定。自10天之后，2个反应器的出水NH_4^+-N浓度均比较低，可达到95%以上的去除率并达到相对稳定状态，此后除偶有波动外，2个反应器的出水NH_4^+-N浓度均维持在较低水平。此外，可以注意到，波动进水负荷条件下的反应器R2的出水NH_4^+-N浓度出现波动的频率要大于恒定进水负荷的反应器R1。同时在整个

运行期间，反应器 R1 的 NH_4^+-N 平均去除率为（98.42 ± 2.10）%，而反应器 R2 的 NH_4^+-N 平均去除率为（97.33 ± 5.14）%，表明恒定进水负荷条件下的 NH_4^+-N 去除效果较好且比较稳定。对 2 个反应器内的 NH_4^+-N 去除率进行方差分析（表 9.1）表明 2 个反应器对 NH_4^+-N 的去除情况不存在显著差异（$p > 0.05$）。由于 AOB 为好氧自养菌，最容易受到溶解氧影响[316]，而在本研究中所提供的溶解氧基本能够使 AOB 将 NH_4^+-N 完全氧化，虽然波动进水负荷较恒定进水负荷能对 NH_4^+-N 去除产生一定影响，但并没有产生显著影响。

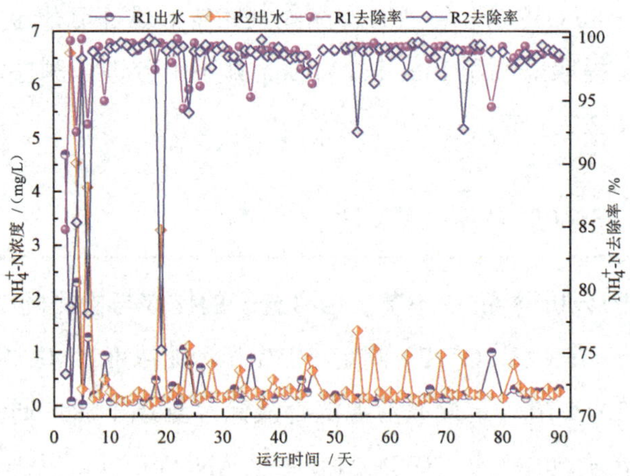

图 9.1 各反应器的出水 NH_4^+–N 浓度及 NH_4^+–N 去除率的变化

表 9.1 污染物去除情况及方差分析

	NH_4^+–N 去除率 /%	TN 去除率 /%	PO_4^{3-}–P 去除率 /%
R1	98.42 ± 2.10	73.06 ± 3.23	95.40 ± 4.09
R2	97.33 ± 5.14	72.04 ± 3.05	93.57 ± 7.10
p 值	0.076	0.037	0.044

虽然波动进水负荷对 NH_4^+-N 去除没有产生显著影响，但是 2 个反应器的出水 TN 浓度及 TN 去除率各不相同。由图 9.2 可以看出，在反应器开始运行前 10 天，2 个反应器的出水 TN 浓度均逐渐降低，这可能是由于接种后微生物对反应器的运行条件处于适应阶段，随着逐步适应，系统 TN 的出水浓度逐渐降低。运行 10 天之后，采用恒定进水负荷的反应器 R1 的出水 TN 浓度为 4 ～ 6mg/L 波动；而采用波动进水负荷的反应器 R2 的出水 TN 浓度呈现出规律性地随进水负荷的改

变而改变，采用高进水负荷时的出水 TN 浓度为 9～10mg/L，采用中进水负荷时的出水 TN 浓度为 5～6mg/L，而采用低进水负荷时的出水 TN 浓度为 3～5mg/L。但 2 个反应器的 TN 去除率在 70%～80% 的范围波动，运行期间 2 个反应器的 TN 去除率分别为（73.06 ± 3.23）%（R1）和（72.04 ± 3.05）%（R2）。对 2 个反应器的 TN 去除率进行方差分析，发现 2 个反应器的 TN 去除率存在显著差异（$p < 0.05$），表明波动进水负荷对 TN 去除率具有显著影响。

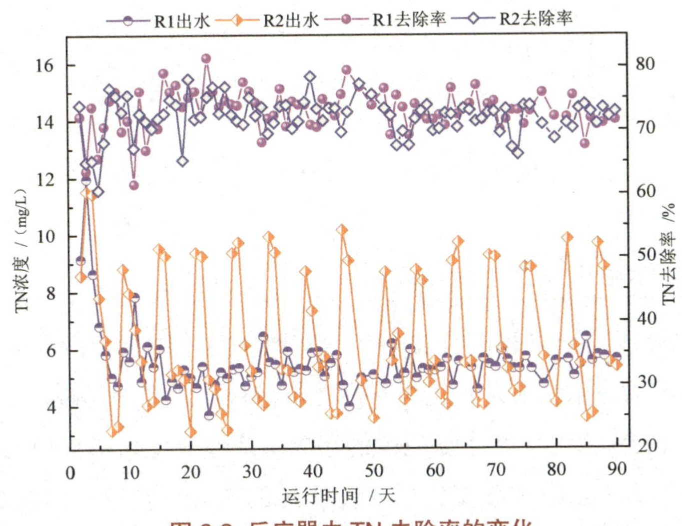

图 9.2 反应器内 TN 去除率的变化

在运行过程中，在恒定进水负荷和波动进水负荷条件下的反应器的出水 PO_4^{3-}-P 浓度及 PO_4^{3-}-P 去除率如图 9.3 所示。由图 9.3 可以看到，在反应器运行的前 30 天，除反应器 R2 在第 9 天和第 15 天的出水 PO_4^{3-}-P 浓度相对较高外，在此期间 2 个反应器的出水 PO_4^{3-}-P 浓度均能够稳定在 0.25mg/L 以下，相应地，其 PO_4^{3-}-P 均能实现 95% 以上的去除。而在第 30～70 天运行期间，2 个反应器的出水 PO_4^{3-}-P 浓度均有略微的升高，R1 的出水 PO_4^{3-}-P 浓度仍保持相对的稳定，但 R2 的出水 PO_4^{3-}-P 浓度在此期间呈现略微的波动。70 天之后，2 个反应器的出水 PO_4^{3-}-P 浓度逐渐升高，相应地，PO_4^{3-}-P 去除率也逐渐恶化，且 R2 的恶化程度更加严重。同时，在运行过程中反应器 R1 对 PO_4^{3-}-P 的去除率［（95.40 ± 4.09）%］要高于反应器 R2 对 PO_4^{3-}-P 的去除率［（93.57 ± 7.10）］%，且方差分析结果表明，2 个反应器对 PO_4^{3-}-P 的去除存在显著差异（$p < 0.05$）。以上结果表明，波动进水负荷可能会对聚磷菌产生影响，进而对 PO_4^{3-}-P 的去除产生显著影响。

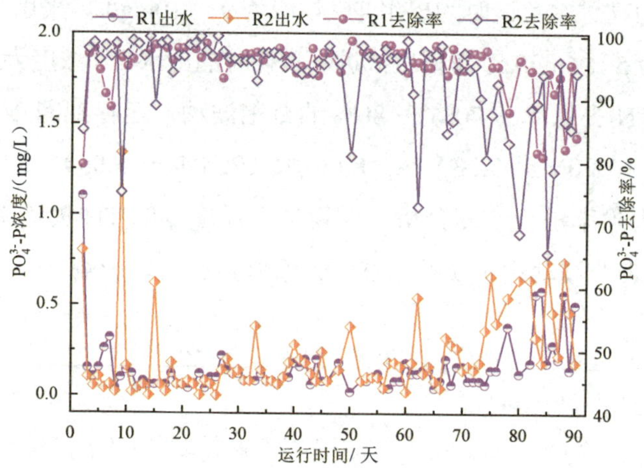

图 9.3 反应器的出水 PO_4^{3-}–P 浓度及 PO_4^{3-}–P 去除率的变化

9.3.2 污泥沉降性的差异

第 4 章中的研究结果和现有文献 [136, 372] 均表明，进水负荷会对污泥沉降性产生影响，而波动进水负荷是否也会对污泥沉降性产生显著影响，也是需要研究的问题。在整个运行期间，2 个反应器的污泥沉降性变化如图 9.4 所示。由图 9.4 可以看到，2 个反应器的 SVI 变化呈现出明显的差异。在运行的前 25 天，反应器 R1 的 SVI 呈缓慢的升高状态，由 82mL/g 逐渐升高到 94mL/g，而自 26 天至 66 天，其污泥沉降性由 97mL/g 逐步升高到 185mL/g，系统开始出现污泥膨胀，自 66 天之后，系统的 SVI 开始逐渐降低，污泥沉降性有所恢复，至 90 天时，SVI 降低至 154mL/g。反应器 R2 自反应器开始运行，其 SVI 逐渐升高，运行至第 22 天达到 151mL/g，系统开始出现污泥膨胀，此后污泥沉降性继续恶化，在运行的末期达到 243mL/g。虽然反应器 R2 的 SVI 值更高，但是 2 个反应器的膨胀均为微膨胀（SVI 介于 150 ～ 250mL/g 范围内）[351]。另外，通过对整个运行期间内 2 个反应器的 SVI 进行方差分析发现，2 个反应器的污泥沉降性存在显著差异（$p < 0.05$）。上述结果表明，波动进水负荷更容易引发污泥膨胀，且引发的污泥膨胀程度更严重，这与之前实际污水处理厂发生污泥膨胀原因分析的研究结果是一致的 [86]。

为了进一步分析各反应器内 SVI 变化的原因并确定 2 个反应器内 SVI 差异的原因，对 2 个反应器污泥样品进行显微镜观察，结果如图 9.5 所示。由图 9.5

可以看出，在第30天，2个反应器内均存在一定丰度的丝状菌，且反应器R2内的丝状菌丰度略高于反应器R1内的丝状菌丰度，根据形态学特征可以判断反应器内丝状菌主要为 *Thiothrix* spp.。在第60天，2个反应器内的丝状菌丰度均有所升高，但R2内的丝状菌丰度仍然略高于反应器R1内的丝状菌丰度。在第90天，反应器R1内的丝状菌丰度与第60天时的丝状菌丰度相当，而反应器R2内的丝状菌丰度仍有所升高。2个反应器内丝状菌的丰度与其对应的SVI是相符的，故丝状菌的生长导致系统污泥沉降性的恶化，且2个反应器内SVI的差异主要是由丝状菌丰度的高低所导致的。

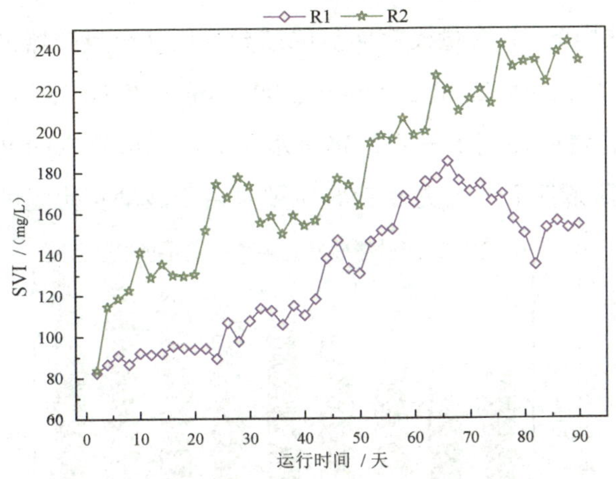

图 9.4 运行期间反应器的污泥沉降性变化

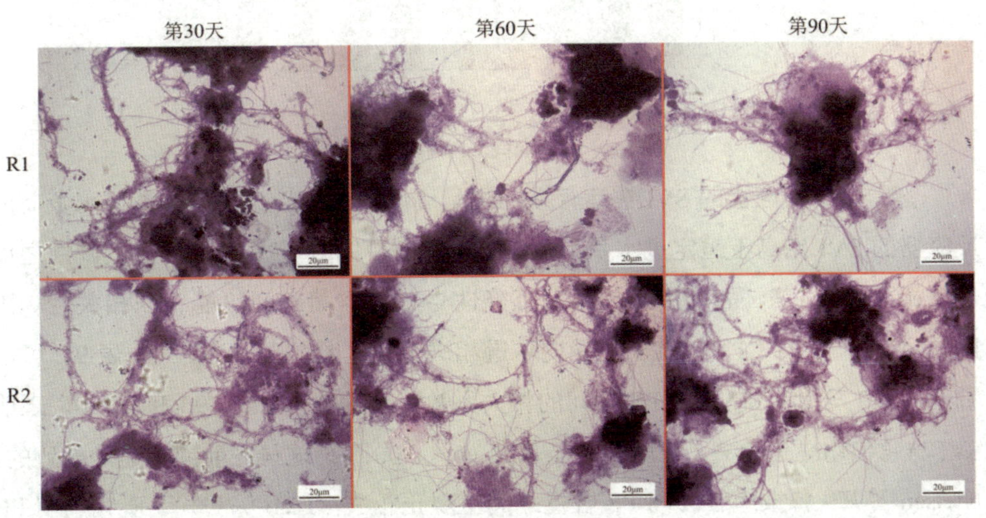

图 9.5 各反应器在不同运行时间的污泥镜检图（1000×）

9.3.3 EPS 的差异

在一定条件下，微生物为适应环境条件的变化会产生 EPS，已有相关研究表明，进水负荷会影响 EPS 的产生 [370]，且 EPS 含量也会导致污泥沉降性的差异，较高的 EPS 对污泥沉降性不利 [322]。在整个运行期间，2 个反应器内 EPS 含量的变化如图 9.6 所示。由图 9.6 可以看出，2 个反应器内 PS 和 PN 总体上均呈上升趋势，故使 EPS 含量总体上也呈现上升趋势，且反应器 R2 的 EPS 含量高于反应器 R1 的 EPS 含量，表明在波动负荷条件下，系统会产生更多的 EPS。在整个运行期间，2 个反应器内的 PS 含量分别为 11.63 ～ 23.64mg/gVSS 和 11.96 ～ 27.22mg/gVSS，2 个反应器内的 PS 含量没有明显的差异。而 2 个反应器内的 PN 含量分别为 119.21 ～ 187.70mg/gVSS 和 132.99 ～ 200.62mg/gVSS，采用波动进水负荷的反应器内的 PN 含量明显高于采用恒定进水负荷的反应器内的 PN 含量。以上结果表明，波动负荷条件下产生更多 EPS 主要是由于波动负荷促进了 PN 的产生。

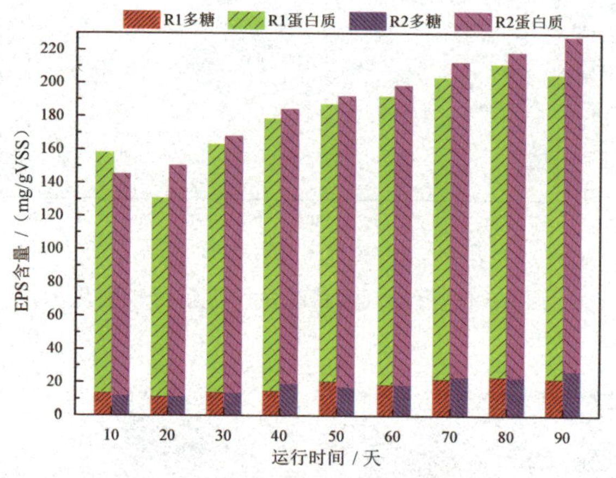

图 9.6 运行期间 EPS 含量的变化

鉴于 2 个反应器的 SVI 在运行期间也呈逐渐增加的趋势，且波动进水负荷的反应器的 SVI 也高于恒定进水负荷反应器的 SVI，同时 EPS 影响污泥沉降性之前也有相关报道 [322]，故反应器的污泥沉降性与 EPS 含量之间可能存在相关性。因此，对 SVI 与 PS、PN、EPS 进行皮尔逊相关分析，结果见表 9.2。由表 9.2 可以看到，SVI 与 PS、PN 和 EPS 之间的相关系数分别为 0.735、0.793 和 0.790，表明 SVI 与它们均呈正相关，且均具有显著性（$p < 0.001$），这与之前的报道是一致的。Nielsen 等 [376] 曾报道 SVI 与 PS 含量之间呈现正相关，Liao 等 [355, 377] 研究表明 PN 和 EPS 含量与污泥沉降性之间具有显著的正相关。此外，Shin 等 [378] 发现污泥沉

降性恶化是由较低的PN/PS所引起的，本研究也观察到类似现象，SVI与PN/PS之间呈现显著负相关（$p<0.05$），其相关系数为 - 0.581。

表9.2 SVI与PS、PN、EPS之间的皮尔逊相关分析

	PS	PN	EPS	PN/PS
SVI	0.735***	0.793***	0.790***	- 0.581*

注：* $p<0.05$；** $p<0.01$；*** $p<0.001$。

9.3.4 群体感应的差异

9种AHLs类信号分子C6-HSL、3OC8-HSL、C7-HSL、C8-HSL、3OC10-HSL、C10-HSL、3OC12-HSL、C12-HSL和3OC14-HSL均在2个反应器内被检测到，其浓度如图9.7所示。信号分子的存在表示2个反应器内存在群体感应调控现象。由图9.7可知，信号分子3OC10-HSL、3OC12-HSL和3OC14-HSL是2个反应器内浓度相对较高的3种信号分子，表明它们在群体感应器调控方面发挥主要作用。而信号分子C6-HSL、C10-HSL和C12-HSL在2个反应器内浓度相对较低，但是2个反应器内C12-HSL浓度具有显著差异，表明波动进水负荷对C12-HSL的产生具有显著影响。

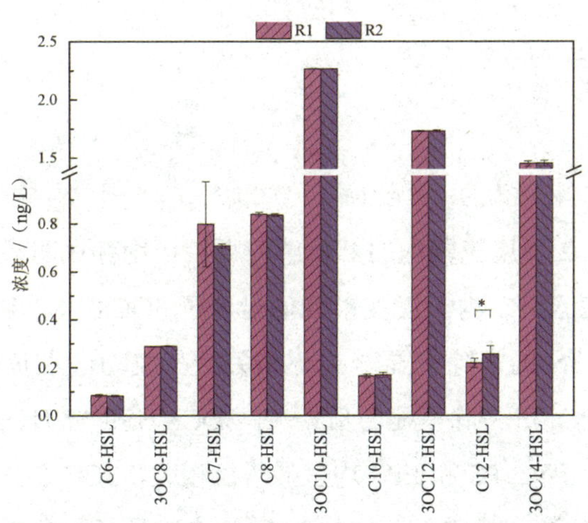

图9.7 运行期间各反应器内AHLs的浓度

据报道，AHLs介导的群体感应在废水处理系统中的污染物去除、EPS产生等方面发挥重要作用[48, 50, 177, 225]。为了确定在恒定进水负荷和波动进水负荷条件下，2个反应器内群体感应对污染物的去除、污泥沉降性及EPS产生方面的调控

是否存在差异，以及 AHLs 介导的群体感应是否对系统的运行发挥重要的调控作用，对系统所检测到的信号分子 AHLs 与污染物（氮、磷）的去除、污泥沉降性和 EPS 含量等进行皮尔逊相关分析，结果如图 9.8 所示。

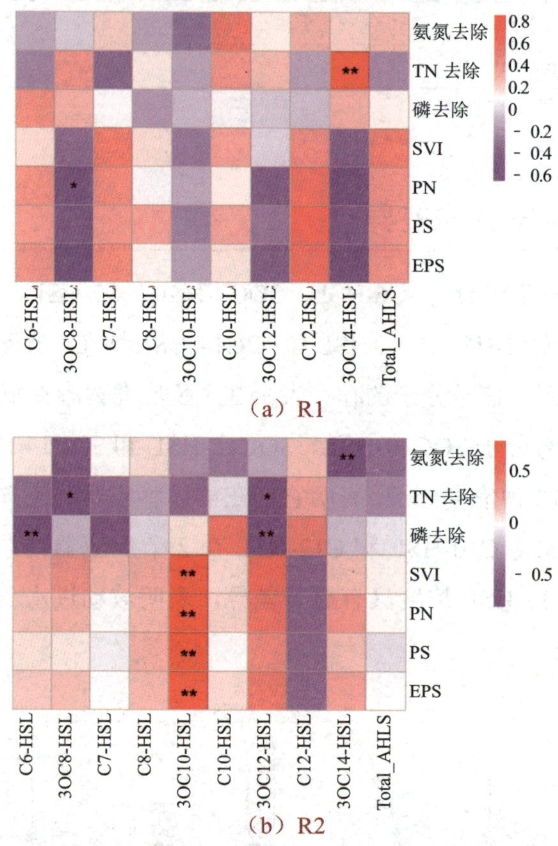

（a）R1

（b）R2

图 9.8 AHLs 与系统运行之间的相关性（* $p < 0.05$; ** $p < 0.01$; *** $p < 0.001$）

由图 9.8 可知，2 个反应器内的群体感应调控作用存在明显的差异。在恒定进水负荷条件下的反应器 R1 内，仅观察到信号分子 3OC8-HSL 与 PN 呈显著的负相关，3OC14-HSL 与 TN 的去除呈显著的正相关。在波动进水负荷条件下的反应器 R2 内，C6-HSL 与 PO_4^{3-}-P 去除呈显著负相关，3OC8-HSL 与 TN 去除呈显著负相关，3OC10-HSL 与 SVI、PN、PS 和 EPS 均呈显著正相关，3OC12-HSL 与 TN 和 PO_4^{3-}-P 的去除均呈显著负相关，3OC14-HSL 与 NH_4^+-N 去除呈显著负相关，故在波动负荷条件下，群体感应对系统运行发挥更多的调控作用。Huang 等[177] 曾指出进水水质、反应器运行等环境因素以及其他非环境因素等均会影响群体感应的调控作用，故 2 个反应器内群体感应调控作用的差异可能主要是由波动负荷引起的。

9.3.5 微生物群落结构的差异

1. Alpha 多样性的差异

Alpha 多样性可以反映出微生物群落的多样性和丰富度，其中包括包括 ACE 指数、Chao1 指数、Shannon 指数、Simpson 指数和 Good's coverage，是微生物群落的一个重要特征。对 2 个反应器内活性污泥样品进行高通量测序，对微生物群落结构数据进行分析得到其 Alpha 多样性指数，结果见表 9.3。2 个反应器所有样品的 Good' s coverage 均大于或等于 0.999，表明测序结果有效覆盖了绝大部分微生物，可以反映样品的真实情况。ACE 指数和 Chao1 指数可反映微生物群落丰富度的特征，而 Shannon 指数和 Simpson 指数可反映微生物群落多样性的特征。在整个运行期间，2 个反应器内活性污泥样品的 ACE 指数、Chao1 指数、Shannon 指数和 Simpson 指数均呈降低趋势，表明随着系统的运行，2 个反应器内微生物群落的丰富度和多样性均逐渐降低。同时可以注意到，反应器 R2 的 ACE 指数、Chao1 指数、Shannon 指数和 Simpson 指数均比反应器 R1 的相应指数低，表明波动进水负荷条件下反应器 R2 的微生物丰富度和多样性均较恒定进水负荷条件下反应器的低。这可能是由于波动进水负荷条件下系统发生的污泥膨胀更严重，丝状菌的生长抑制了其他微生物的生长，从而使微生物群落的丰富度和多样性降低。

表 9.3 微生物丰富度和多样性指数

样品	ACE	Chao1	Shannon	Simpson	Good' s coverage
D30R1	527.991	529.714	7.225	0.985	0.999
D60R1	519.058	519.000	6.605	0.969	0.999
D90R1	512.196	526.032	5.999	0.953	0.999
D30R2	512.631	513.120	7.113	0.981	1.000
D60R2	515.862	521.333	6.277	0.946	0.999
D90R2	467.122	465.000	5.374	0.924	0.999

注：D30R1、D60R1 和 D90R1 分别为反应器 R1 在第 30 天、第 60 天和第 90 天的污泥样品，D30R2、D60R2 和 D90R2 分别为反应器 R2 在第 30 天、第 60 天和第 90 天的污泥样品。

2. 群落结构的差异

在门水平上，2 个反应器内的污泥样品均检测到 20 个左右的微生物菌门，其中相对丰度前 10 的微生物菌门如图 9.9 所示。由图 9.9 可以看到，主要细菌

门有 *Proteobacteria*、*Patescibacteria*、*Bacteroidetes*、*Acidobacteria*、*Actinobacteria* 和 *Chloroflexi* 等，且不同样品细菌门的相对丰度存在较大的差异。在 2 个反应器的内所有样品中，*Proteobacteria* 的相对丰度最大，其相对丰度分别为 47.04% ~ 67.91%（R1）和 45.19% ~ 65.22%（R2）。其他相对丰度较高的菌门为 *Patescibacteria* 和 *Bacteroidetes*，在 2 个反应器内的丰度分别为 6.84% ~ 14.10% 和 5.85% ~ 15.27%（R1）、14.82% ~ 15.56% 和 6.01% ~ 17.05%（R2）。因此，*Proteobacteria*、*Patescibacteria* 和 *Bacteroidetes* 为主要优势菌门，*Proteobacteria* 和 *Bacteroidetes* 为活性污泥系统的优势菌门，已经被多次报道[360-361]。*Proteobacteria* 包含了废水处理系统中绝大部分能够去除有机物和脱氮除磷的功能菌[387]，对 2 个反应器内污染物的去除起主要作用。波动进水负荷条件下的反应器 R2 内 *Proteobacteria* 的相对丰度低于恒定进水负荷条件下的反应器 R1 内 *Proteobacteria* 的相对丰度，表明波动进水负荷对部分功能菌有抑制作用。而反应器 R2 内 *Patescibacteria* 和 *Bacteroidetes* 的相对丰度较反应器 R1 高，表明 *Patescibacteria* 和 *Bacteroidetes* 更适宜生长在波动负荷条件下。另外，可以注意到其他菌门如 *Acidobacteria*、*Actinobacteria* 和 *Chloroflexi* 等的相对丰度在两个反应器内也呈现一定的差异。以上结果表明，波动进水负荷对微生物群落的组成有显著的影响。

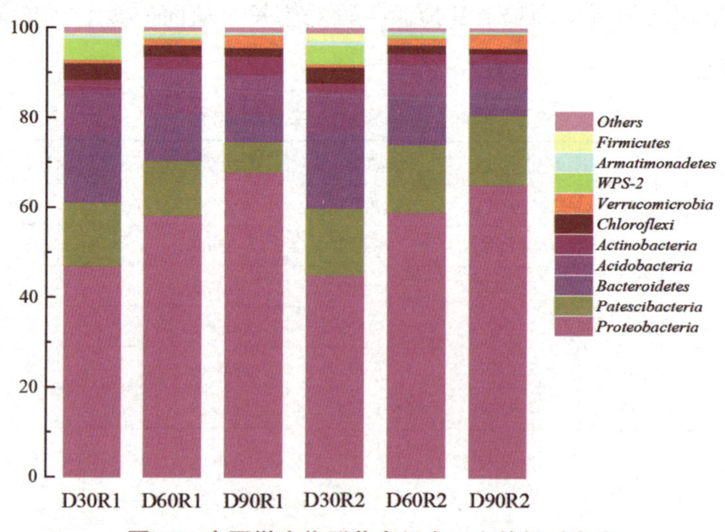

图 9.9 主要微生物群落在门水平上的相对丰度

为深入理解微生物群落的组成及演替，在属水平上对微生物群落进行进一步分析。2 个反应器样品中相对丰度前 30 的细菌属的变化见表 9.4。由

表 9.4 可以看出，*Ramlibacter*、*Sulfuritalea*、*f_Burkholderiaceae_Unclassified*、*f_Blastocatellaceae_Unclassified*、*Sphingobium*、*metagenome*、*Terrimonas* 和 *f_Saprospiraceae_Unclassified* 等是 2 个反应器内的主要优势菌属。其中，*Ramlibacter* 和 *Sulfuritalea* 是厌氧或者兼性厌氧菌，可以还原硫酸盐、硝酸盐和亚硝酸盐等含氧阴离子[337]；*f_Blastocatellaceae_Unclassified* 具有氧化硫化氢的功能[388]；*Sphingobium* 常被报道能够降解芳香族化合物[335]；*Terrimonas* 具有反硝化功能；*Saprospiraceae* 作为活性污泥系统中的核心菌属[384]，不仅能代谢葡萄糖、半乳糖等[334]，而且具有降解某些特定蛋白质的能力[385]，故这些相对丰度较高的主要优势菌属，基本都是能够去除污染物的功能菌，对系统内污染物的稳定去除具有重要作用。

表 9.4 2 个反应器样品中相对丰度前 30 名的细菌属的变化

菌属	D30R1 /%	D60R1 /%	D90R1 /%	D30R2 /%	D60R2 /%	D90R2 /%
Ramlibacter	7.24	11.23	15.93	9.94	20.40	20.50
Sulfuritalea	2.15	5.00	12.10	1.36	4.29	13.99
f_Blastocatellaceae_Unclassified	6.48	7.48	6.66	5.87	4.92	4.14
f_Burkholderiaceae_Unclassified	5.21	5.23	7.59	3.48	4.89	8.71
Sphingobium	3.28	9.76	8.14	2.68	6.95	4.12
metagenome	7.27	4.80	1.96	7.57	5.14	1.90
f_Saprospiraceae_Unclassified	4.31	3.72	1.51	4.14	3.24	1.34
Terrimonas	3.37	1.00	0.44	3.85	1.31	0.59
f_DEV007_Unclassified	0.70	1.37	2.82	0.59	1.46	3.06
Iamia	0.54	1.40	3.01	0.34	1.21	1.40
f_Rhodanobacteraceae_Unclassified	1.37	1.94	1.46	0.92	1.28	0.79
JGI_0001001-H03	1.84	1.36	1.01	1.66	1.09	0.61
Acinetobacter	1.88	3.49	0.04	0.66	0.08	0.41
Afipia	2.12	0.63	0.37	2.15	0.74	0.27
Ferruginibacter	0.73	1.14	1.06	1.03	1.22	0.88
Haliangium	1.10	1.14	0.97	1.04	1.07	0.56
Enhydrobacter	0.63	0.48	1.17	1.23	1.18	1.09

续表

菌属	D30R1 /%	D60R1 /%	D90R1/%	D30R2/%	D60R2/%	D90R2/%
Simplicispira	0.89	1.75	0.19	0.90	1.89	0.10
Sphingorhabdus	0.08	0.59	2.11	0.13	0.45	2.10
f_Rhodobacteraceae_ Unclassified	0.58	0.45	0.93	0.88	0.87	1.20
Wastewater metagenome	1.58	0.58	0.20	1.75	0.57	0.13
f_Caldilineaceae_ Unclassified	0.64	0.87	1.20	0.78	0.53	0.53
Azospira	1.08	1.12	0.66	0.79	0.58	0.29
Bradyrhizobium	1.04	0.83	0.47	1.06	0.73	0.34
f_Fimbriimonadaceae_ Unclassified	0.82	0.75	0.55	0.99	0.73	0.46
f_SC-I-84_Unclassified	0.96	1.07	0.58	0.86	0.56	0.23
Ellin6067	0.79	0.69	1.24	0.64	0.42	0.45
f_Beijerinckiaceae_ Unclassified	0.31	0.50	1.14	0.62	0.79	0.73
Candidatus Competibacter	1.06	0.73	0.26	1.00	0.74	0.28
Denitratisoma	0.53	0.79	1.03	0.44	0.52	0.43

为了比较 2 个反应器内微生物群落的差异性，对相对丰度前 30 的细菌属采用 STAMP 进行差异分析，结果如图 9.10 所示。其中，图 9.10（a）（b）和（c）分别为第 30 天、第 60 天和第 90 天 2 个反应器内微生物群落的差异。由图 9.10 可以看到，在第 30 天，2 个反应器内相对丰度差异较大的菌属有 *Acinetobacter*、*Ramlibacter*、*Enhydrobacter*、*Sulfuritalea* 和 *f_Burkholderiaceae_Unclassified* 等；在第 60 天，2 个反应器内相对丰度差异较大的菌属有 *Ramlibacter*、*Acinetobacter*、*Sphingobium*、*f_Blastocatellaceae_Unclassified* 和 *Enhydrobacter* 等；在第 90 天，2 个反应器内相对丰度差异较大的菌属有 *Ramlibacter*、*Sphingobium*、*Iamia*、*f_Blastocatellaceae_Unclassified* 和 *Sulfuritalea* 等。同时可以注意到，在整个运行期间，反应器 R2 内 *Ramlibacter*、*Terrimonas* 和 *f_Rhodobacteraceae_Unclassified* 的相对丰度均显著高于反应器 R1 内的，而反应器 R1 内 *f_Blastocatellaceae_Unclassified*、*Sphingobium*、*f_Rhodanobacteraceae_Unclassified* 和 *Azospira* 的相对丰度均显著高于反应器 R2 内的，表明波动进水负荷显著促进 *Ramlibacter*、*Terrimonas* 和 *f_Rhodobacteraceae_Unclassified* 的生长，却显著抑制了 *f_Blastocatellaceae_Unclassified*、*Sphingobium*、

Azospira 和 *f_Rhodanobacteraceae_Unclassified* 的生长。

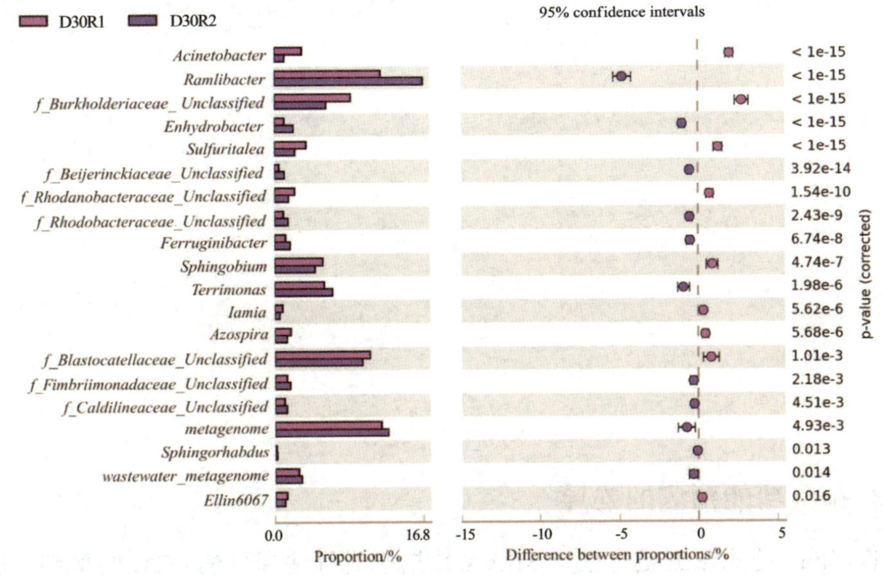

（a）30 天

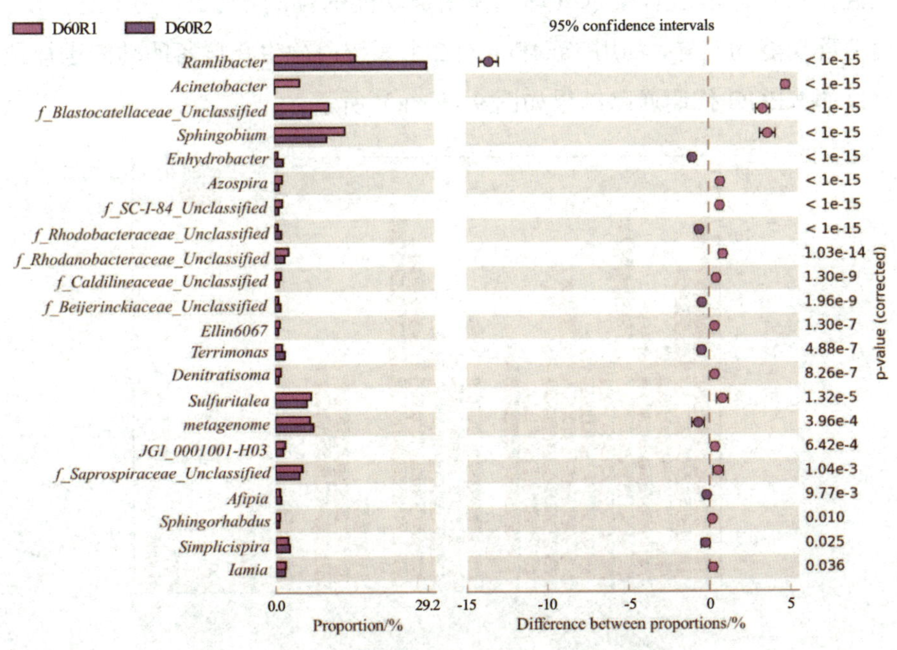

图 9.10 属水平微生物群落的差异及显著性

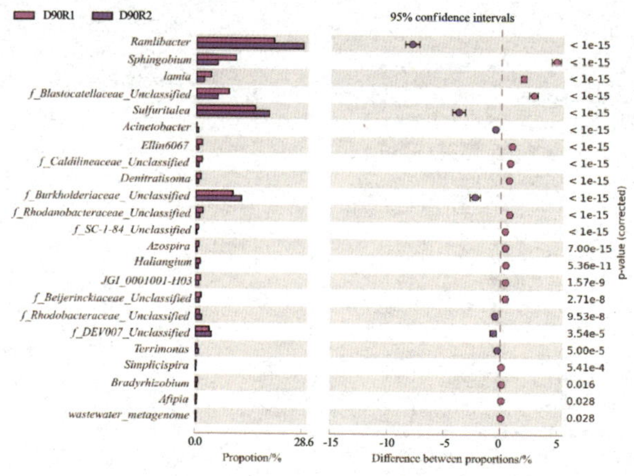

（c）90 天

图 9.10 （续）

3. 菌群功能预测的差异

Tax4Fun 功能预测是将基于 SILVA 数据库进行注释后的 OTU 匹配到 KEGG（Kyoto Encyclopedia of Genes and Genome）来预测微生物群落的功能 [389]，许多研究已经采用该方法进行废水处理系统菌群功能的预测 [390-391]。为了进一步分析系统内菌群功能的差异，利用 Tax4Fun 对 2 个系统内微生物群落的功能进行预测，第 2 层级的 KEGG 代谢通路结果如图 9.11（a）所示。

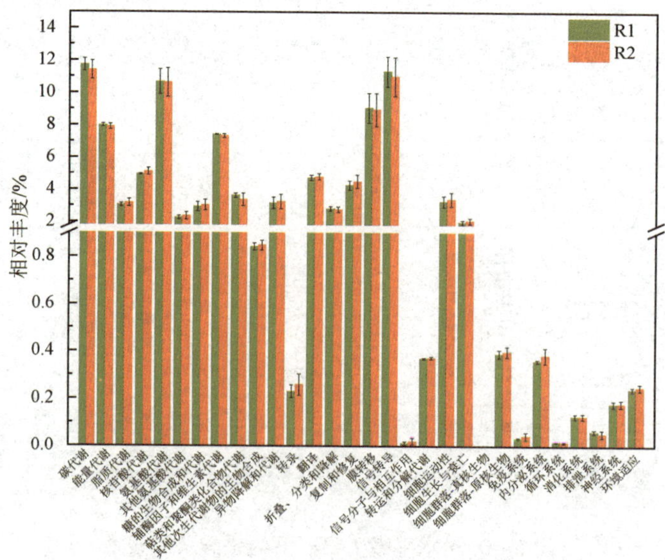

（a）地 2 层级的 KEGG 代写通路

图 9.11 Tax4Fun 功能预测结果

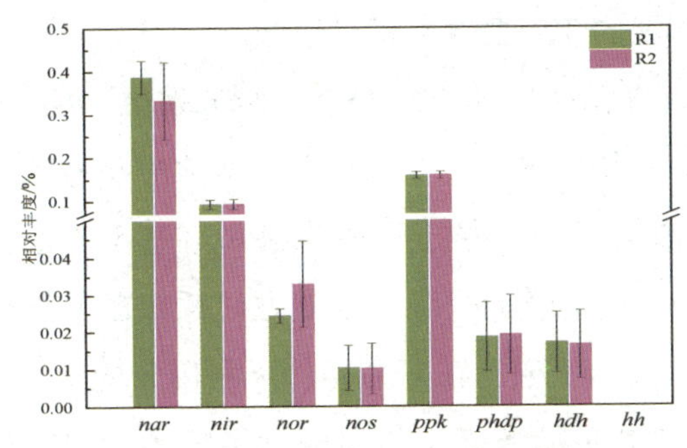

（b）脱氮除磷相关的功能酶　　（c）EPS 与 AHLS 合成相关

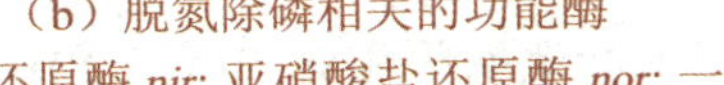

nar: 硝酸盐还原酶 *nir*: 亚硝酸盐还原酶 *nor*: 一氧化氮还原酶 *nos*: 一氧化二氮还原酶 *ppk*: 聚磷酸盐激酶 *phdp*: 聚 - β - 羟基丁酸）解聚酶 *hdh*: 羟丁酸脱氢酶 *hh*: 羟基丁酸二聚体水解酶

图 9.11 （续）

由图 9.11（a）可知，2 个反应器内代谢活性相对较高的有碳代谢［（11.71% ± 0.39%）和（11.39% ± 0.56%）］、信号转导［（11.32% ± 0.93%）和（10.99% ± 1.19%）］、氨基酸代谢［（10.67% ± 0.77%）和（10.63% ± 0.88%）］、膜转移［（9.07% ± 0.92%）和（8.96% ± 1.01%）］和能量代谢［（7.98% ± 0.10%）和（7.89% ± 0.17%）］等，这些代谢功能与碳、氮、磷的去除，EPS 的产生，群体感应信号的产生和接收等有关[46]。同时可以注意到，这些相对较高的代谢通路在波动负荷反应器内的丰度均低于恒定负荷反应器内的丰度，表明这些主要的代谢功能在波动负荷反应器内均受到了一定的抑制，这与前面讨论的结果是一致的。

为了进一步分析造成系统脱氮除磷、EPS 产生和群体感应等差异的原因，基于 Tax4Fun 预测的与上述代谢过程相关的功能酶或 KO 的相对丰度结果如图 9.11（b）和图 9.11（c）所示。由于 2 个反应器内的 NH_4^+-N 去除并无显著性差异，因此与硝化反应相关的功能酶在此不再分析，仅分析导致 TN 去除具有显著性差异的与反硝化作用相关的功能酶。反硝化反应的实现主要依靠硝酸盐还原酶（*nar*）、亚硝酸盐还原酶（*nir*）、一氧化氮还原酶（*nor*）和一氧化二氮还原酶（*nos*）[392]。由图 9.11（b）可知，波动负荷条件下硝酸盐还原酶的相对丰度［（0.33 ± 0.09）%］明显比恒定负荷条件下硝酸盐还原酶的相对丰度［（0.39 ± 0.04）%］低。硝酸盐还原酶主要作用于 NO_3^--N 还原为 NO_2^--N 的过程，该过程为反硝化反应的第

一步，也是制约整个反硝化反应进行的关键步骤，故较低丰度的硝酸盐还原酶导致相对较差的反硝化，使波动负荷条件下的 TN 去除率相对较低。

与除磷相关的功能酶有聚磷酸盐激酶（*ppk*）、聚 - β - 羟基丁酸解聚酶（*phdp*）、羟丁酸脱氢酶（*hdh*）和羟基丁酸二聚体水解酶（*hh*）。其中，聚磷酸盐激酶与聚磷酸盐的形成有关，聚 - β - 羟基丁酸解聚酶、羟丁酸脱氢酶和羟基丁酸二聚体水解酶与聚 - β - 羟基丁酸的降解有关[392]。磷的去除主要是通过厌氧条件下聚磷酸盐水解同时吸收有机物形成聚 - β - 羟基丁酸，在好氧条件下利用分解聚 - β - 羟基丁酸产生的能量来吸收 PO_4^{3-}-P。波动负荷条件下聚磷酸盐激酶的相对丰度[（0.16 ± 0.01）%]与恒定负荷条件下聚磷酸盐激酶的相对丰度[（0.16 ± 0.01）%]相当，表明 2 个反应器聚磷酸盐的形成能力相当。虽然波动负荷条件下聚 - β - 羟基丁酸解聚酶的相对丰度［（0.019 ± 0.010）%］比恒定负荷条件下聚 - β - 羟基丁酸解聚酶的相对丰度［（0.018 ± 0.009）%］略高，但是波动负荷条件下羟丁酸脱氢酶的相对丰度［（0.016 ± 0.009）%］比恒定负荷条件下羟丁酸脱氢酶的相对丰度[（0.017 ± 0.008）%]略低，故较低丰度的羟丁酸脱氢酶限制了聚 - β - 羟基丁酸的降解，使波动负荷条件下的除磷效果低于恒定负荷条件下的除磷效果。

据报道，氨基糖和核苷酸糖代谢（ko00520）和脂多糖生物合成（ko00540）与 EPS 的产生有关[393]。波动负荷条件下氨基糖和核苷酸糖代谢的相对丰度［（1.79 ± 0.16）%］略高于恒定负荷条件下氨基糖和核苷酸糖代谢的相对丰度［（1.75 ± 0.14）%］，而波动负荷条件下脂多糖生物合成的相对丰度［（1.06 ± 0.15）%］却低于恒定负荷条件下脂多糖生物合成的相对丰度[（1.11 ± 0.11）%]。氨基糖和核苷酸糖代谢在 2 个反应器内的相对丰度均高于脂多糖生物合成的相对丰度，故在 EPS 的产生过程中氨基糖和核苷酸糖代谢发挥主要作用，其在波动负荷条件下相对较高的丰度调控系统内产生更多的 EPS。另外，报道的与群体感应信号分子相关的代谢功能是脂肪酸生物合成（ko00061）、脂肪酸延长（ko00062）以及半胱氨酸和蛋氨酸代谢（ko00270）[232]，它们在波动负荷条件下的相对丰度分别为（0.84 ± 0.03）%、（0.004 ± 0.001）% 和（0.79 ± 0.08）%，在恒定负荷条件下的相对丰度分别为（0.82 ± 0.01）%、（0.004 ± 0.001）% 和（0.81 ± 0.07）%。酰基辅酶 A（acyl-CoA）和酰载体蛋白（acyl-ACP）是信号分子 AHLs 合成过程中重要的底物，而酰基辅酶 A 和酰载体蛋白主要是由脂肪酸生物合成这一代谢功能来调控的[393]，故 AHLs 合成在很大程度上依赖于脂肪酸生物合成这一代谢功能。因此，波动负荷条件下相对丰度较高的脂肪酸生物合成调控 AHLs 合成，从而在系统内观察到更多 AHLs 介导的群体感应调控行为。

综上所述，波动负荷条件抑制了硝酸盐还原酶和羟丁酸脱氢酶的活性，从而使系统脱氮除磷性能低于恒定负荷条件下的脱氮除磷性能，而波动负荷条件下氨基糖和核苷酸糖代谢与脂肪酸生物合成的代谢活性相对较高，使波动负荷条件产生了更多的 EPS 和调控了更多的群体感应行为。

9.4 本章小结

本章综合考察了恒定进水负荷和波动进水负荷条件下反应器系统处理效能、污泥沉降性、EPS 含量、群体感应和微生物群落等方面的差异，并分析了波动进水负荷条件下的微生物群体行为，研究结果表明：

（1）恒定进水负荷和波动进水负荷对系统 NH_4^+-N 的去除并无显著的差异，而对 TN 和 PO_4^{3-}-P 的去除存在显著差异。波动进水负荷更容易引发污泥膨胀，且引发的污泥膨胀程度更严重。同时在波动进水负荷条件下产生更多的 EPS，且观察到 SVI 与 PS、PN 及 EPS 之间的正相关。此外，在波动进水负荷条件下，群体感应对系统运行发挥了更多的调控作用。高通量测序表明，波动进水负荷对微生物群落的丰富度、多样性及群落结构均有显著的影响。

（2）功能预测分析结果表明，在波动负荷条件下，硝酸盐还原酶和羟丁酸脱氢酶的活性受到了抑制，使 TN 和 PO_4^{3-}-P 的去除性能明显降低；而与 EPS 合成相关的氨基糖和核苷酸糖代谢以及与 AHLs 合成相关的脂肪酸生物合成的代谢活性相对较高，从而使波动负荷条件下产生了更多的 EPS 和调控了更多的群体感应行为。[1]

第 10 章

实际污水处理厂中的污泥膨胀与群体感应调控

10.1 引言

目前对活性污泥系统的研究大多采用实验室模拟废水和小试反应器，虽然为采用活性污泥法的实际运行污水处理厂提供了大量有用的信息和参考依据，但是实验室条件下的反应器运行仍与实际运行污水处理厂存在一定的差异，这就导致实验室条件下的结果在实际运行污水处理厂中的应用存在一定的困难。目前，对采用活性污泥法的实际运行污水处理厂中群体感应调控作用的相关报道还比较缺乏。探索实际运行污水处理厂中群体感应调控系统运行的信使关系，及对微生物群落演替的支配规律，是理解微生物群落演替规律与系统功能决定关系的重要内容，而且从群体感应和微生物群落方面对污水处理厂的运行进行调控将是一种全新的污水处理厂调控策略。

本章将在实验室条件研究的基础上进一步丰富和完善实验室条件下的研究结果，对采用 A/O 工艺的实际运行污水处理厂进行长达一年的跟踪研究后，在整个研究期间对系统的污泥沉降性和 EPS 含量等污泥特性进行全面考察，比较不同时期系统内群体感应的差异，并分析群体感应对系统运行的调控作用，对微生物群落结构的变化及系统代谢功能进行深度解析，进而探索实际运行污水处理厂微生物群体行为的本质规律，为从群体感应和微生物群落方面调控污水处理厂运行提供参考。

10.2 材料与方法

10.2.1 污水处理厂概况

该污水处理厂位于天津市，其处理规模为 45 万 m^3/d，最大处理能力为 58.5 万 m^3/d。该污水处理厂承担着对应行政区域的生活污水及部分工业园区的工业废水等污水处理任务，由于其排水系统内有工业废水的排入，因此进水水质及进水量等均会有一定的波动。该污水处理厂采用活性污泥法 A/O 工艺，并辅以化学法除尾水余磷。

10.2.2 指标测定及分析方法

以每月3次即每10天左右1次的频率，从污水处理厂取样进行EPS的提取和信号分子的提取。EPS的提取与分析同6.2.5小节，信号分子的提取与检测同7.2.4小节。以每周2次的取样频率进行SVI和污泥浓度（MLSS和VSS）测定，同时取污泥混合液涂片且风干后，通过革兰氏染色，采用显微镜观察污泥形态及丝状菌形态识别[311]。皮尔逊相关分析利用OmicShare在线工具进行。

10.2.3 高通量测序分析

每月中旬左右，从污水处理厂取二沉池回流污泥混合液样品储存于-80℃冰箱，样品命名采用S后加对应月数字，如S1表示1月活性污泥样品。待所有活性污泥样品收集完毕后，将样品送往苏州金唯智生物科技有限公司进行DNA提取及利用Illumina MiSeq测序平台进行测序，详细的测序方法及数据分析方法同6.2.7小节。

10.3 结果与讨论

10.3.1 污泥沉降性变化

污泥沉降性的好坏，在一定程度上决定了污水处理厂的处理效果。在实际运行及科学研究中，通常将SVI作为评价污泥沉降性能的主要参数。通常情况下，SVI值为70～100mL/g，此时污泥沉降性能良好，有利于泥水分离，而当SVI值较高时，表明污泥沉降性能不好。一般把SVI=150mL/g作为发生污泥膨胀的阈值，当系统的SVI＞150mL/g时，发生污泥膨胀[64-65]。在本研究中，对2019年1月至2019年12月整一年的周期进行跟踪分析，整个研究周期内污水处理厂活性污泥SVI值的变化情况如图10.1所示。由图10.1可以看到，1月至3月上旬及11月下旬至12月期间，系统均发生了污泥膨胀，这与之前报道的冬春季节频繁发生污泥膨胀的研究是一致的[86-87, 90]。自3月中旬开始，SVI值逐渐下降，至6月底SVI值降至98mL/g，7—10月SVI值虽有所升高和波动，但基本上处于非膨胀状态，自11月开始，SVI值逐渐增加。根据上述SVI值的变化可将整

个研究周期划分为四个阶段，依次为污泥膨胀期（1—3月上旬）、恢复期（3—6月）、正常期（7—10月）、膨胀发生期（11—12月）。该污水处理厂一年内SVI值的变化规律与Wang等[394]报道的北方某污水处理厂SVI值的变化规律基本一致。另外，可以注意到系统发生污泥膨胀的时期为温度较低的冬春季节，而自3月中旬温度逐渐升高，系统的SVI值呈逐渐降低的趋势，表明污泥膨胀的成因与温度有关[86, 90]。

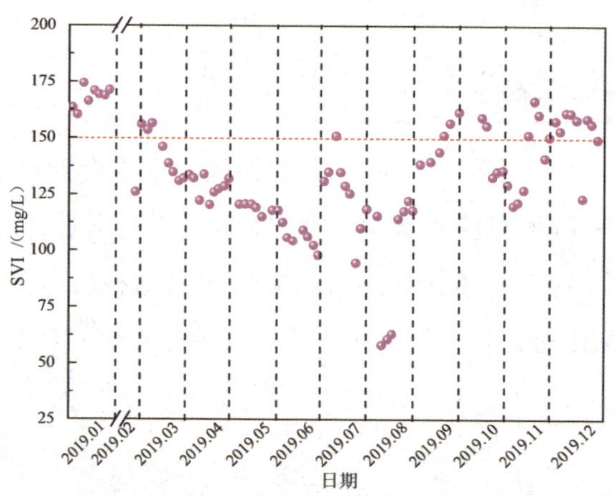

图 10.1 研究周期内 SVI 值的变化

在整个研究周期内，活性污泥的絮体结构也发生了较显著的变化，其结果如图10.2所示。图10.2（a）为污泥膨胀期（2019年1月）的污泥镜检图片，其对应SVI为171mL/g。从图10.2（a）中可以看到，污泥结构比较松散，大量丝状菌伸出活性污泥菌胶团且相互缠绕，丝状菌为光滑弯曲的细丝状革兰氏阳性菌，符合*M. parvicella*的形态学特征，故判定污泥膨胀期所形成的污泥膨胀是由*M. parvicella*的大量增殖引起的。而从恢复期的活性污泥镜检［图10.2（b）］中发现，污泥絮体结构已经相对密实，但其中仍可观察到少量*M. parvicella*及其他丝状菌，丝状菌位于菌胶团内部，伸出菌胶团外的极少。同时可以注意到，此时*M. parvicella*已经出现许多空细胞，也表明*M. parvicella*在逐渐消亡。当进入正常期［图10.2（c）］时，系统内的*M. parvicella*已经基本消失，污泥恢复至正常状态，仅可观察到少量丝状菌在菌胶团内部充当骨架作用。进入11月，随着气温的下降，温度逐渐利于丝状菌的生长；到12月，系统内开始出现一定量丝状菌［图10.2（d）］，污泥沉降性开始恶化。

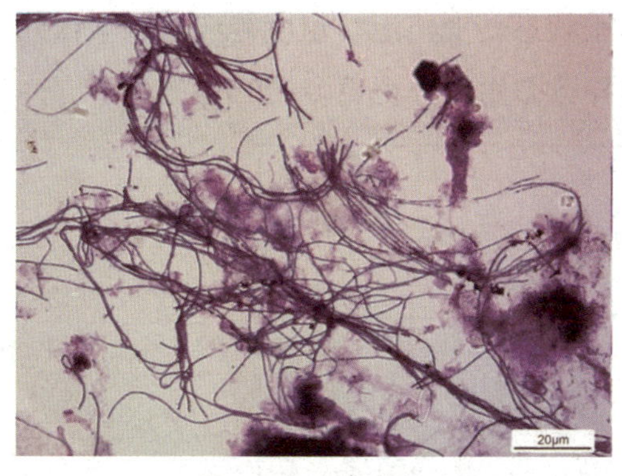

（a）2019 年 1 月

（b）2019 年 6 月

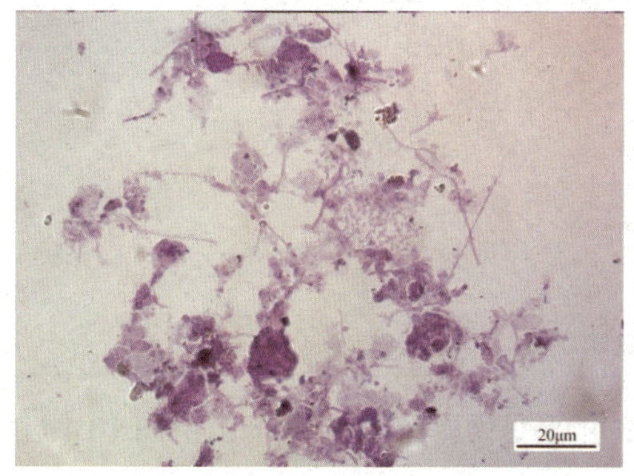

（c）2019 年 8 月

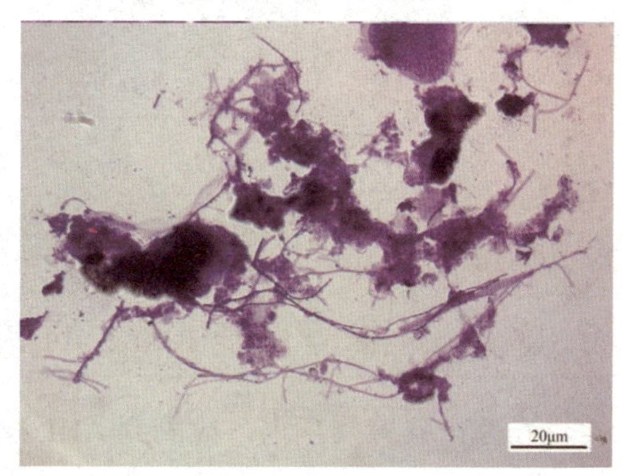

（d）2019 年 12 月

图 10.2 研究周期内活性污泥镜检（1000×）

10.3.2 EPS 含量的变化

在整个调查期间，对污水处理厂的活性污泥取样以检测其 EPS 含量，结果如图 10.3 所示。由图 10.3 可知，污泥 EPS 中的多糖含量较低。其中，1 月多糖含量最高，值为（2.97 ± 0.04）mg/g VSS；8 月多糖含量最低，值为（1.15 ± 0.72 ）mg/g VSS。相比多糖含量，污泥 EPS 中的蛋白质含量较高。其中，4 月蛋白质含量最高，值为（122.68 ± 3.16 ）mg/g VSS，10 月蛋白质含量最低，值为（62.61 ± 4.76）mg/g VSS，故 EPS 以蛋白质为主要成分。另外，在污泥膨胀期（1 月和 3 月），EPS 含量相对较高，而随着污泥膨胀的消失，污泥恢复正常，EPS 含量也在逐渐降低，这与之前报道的 EPS 影响污泥沉降性的结果是一致的 [322]，同时也与实验室不同进水负荷和波动负荷条件下的研究结果是一致的（8.3.3 小节和 9.3.3 小节）。同时可以注意到，在整个研究期间，EPS 和蛋白质含量的最高值均出现在 4 月，

这可能是由于系统开始由膨胀状态向非膨胀状态转变，运行温度等环境因素在此期间也会有较大的更替，复杂的交替环境导致微生物分泌更多的 EPS[79]。

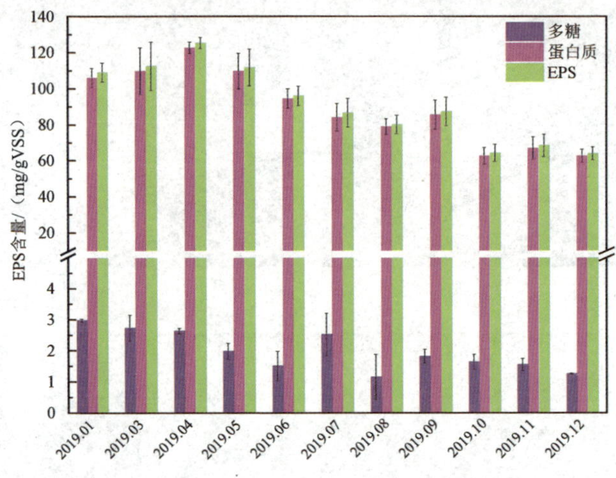

图 10.3 研究周期内 EPS 含量的变化

10.3.3 信号分子 AHLs 的变化

在整个研究周期内，检测到 AHLs 浓度的变化如图 10.4 所示。由图 10.4 可以看到，在活性污泥系统内仅有 3OC6-HSL、C6-HSL、3OC8-HSL 和 3OC12-HSL 共 4 种 AHLs 被检测到。其中，3OC6-HSL 仅在 6 月被检测到，C6-HSL 在 11 月和 12 月没有被检测到，而 3OC8-HSL 和 3OC12-HSL 在整个研究周期内均被检测到，但其浓度在整个研究期间变化不大。1—7 月，随着温度逐渐升高，C6-HSL 浓度在逐渐升高，8—10 月，随着温度逐渐降低，其浓度也在逐渐降低，甚至 11 月和 12 月在系统内没有检测到，表明 C6-HSL 浓度可能受温度影响比较显著，低温不利于其产生。同时可以注意到，在污泥沉降性较差时，C6-HSL 浓度较低，而在污泥沉降性恢复正常时，其浓度较高，且 EPS 含量与 C6-HSL 浓度也有上述类似变化规律，故 C6-HSL 可能调控污泥沉降性或者 EPS 产生。

为了分析群体感应调控作用，对 AHLs 与污泥沉降性和 EPS 进行皮尔逊相关分析，结果如图 10.5 所示。由图 10.5 可知，C6-HSL 与 SVI 呈显著负相关，验证了上述猜想，但 3OC12-HSL 与 SVI 呈显著正相关，表明 C6-HSL 和 3OC12-HSL 均与调控污泥沉降性有关，但 C6-HSL 能够促进污泥沉降性良好，而 3OC12-HSL 却会引发污泥膨胀。由于 3OC12-HSL 浓度远比 C6-HSL 浓度低，并且 3OC12-HSL 浓度在整个研究期间变化不大，因此 C6-HSL 对污泥沉降性起主要调控作用。C6-HSL 与污泥沉降性呈负相关在第 7.3.5 小节也得到同样的结果，故在冬春季节污水处理厂发生污泥膨胀时，可采取向系统中投加信号分子 C6-HSL 或能够产生 C6-HSL 的群体感应工程菌以控制污泥膨胀的发生。

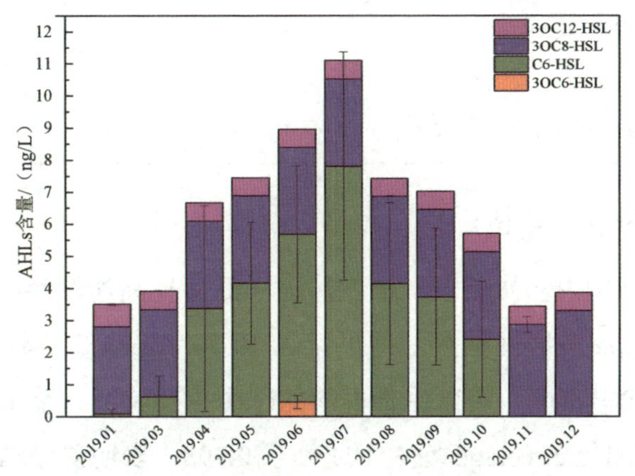

图 10.4 研究周期内 AHLs 浓度的变化

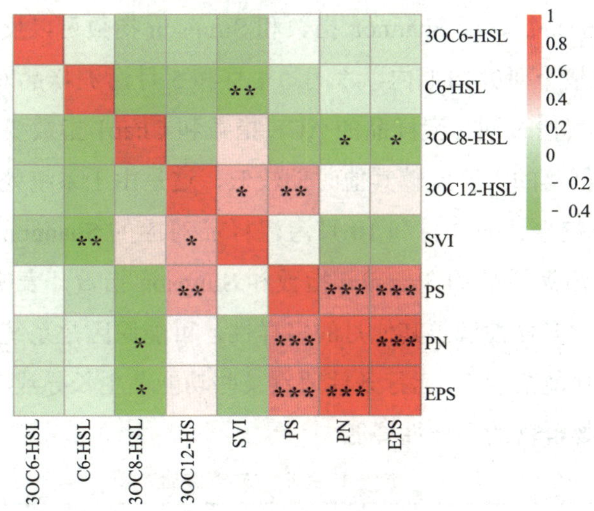

图 10.5 皮尔逊相关性分析

此外，3OC8-HSL 与蛋白质和 EPS 含量呈显著负相关，3OC12-HSL 与多糖含量呈显著正相关，表明 3OC8-HSL 和 3OC12-HSL 主要调控 EPS 的产生。其中，3OC12-HSL 能够促进多糖的产生，而 3OC8-HSL 却抑制蛋白质的产生。由于 EPS 中的蛋白质含量远远高于多糖含量，且 3OC8-HSL 浓度高于 3OC12-HSL 浓度，因此 3OC8-HSL 对 EPS 产生起主要调控作用。可以发现，在实验室的不

同运行条件下以及实际运行污水处理厂中均得到不同的信号分子对 EPS 的调控作用，这主要是由于运行条件的差异[177]，使所观察到的群体感应调控作用存在一定差异。另外，可以注意到，多糖、蛋白质及 EPS 三者之间均呈极显著正相关，而蛋白质与 EPS 含量之间的相关性更高（其相关系数为 0.9997），再次表明 EPS 以蛋白质为主要成分。

10.3.4 微生物群落分析

1. Alpha 多样性分析

对整个研究周期内污水处理厂活性污泥样品进行高通量测序，对测序数据进行分析得到其 Alpha 多样性指数，结果见表 10.1。Alpha 多样性可以反映出微生物群落的多样性和丰富度，是微生物群落的一个重要特征。整个运行周期内，所有污泥样品的 Good's coverage 均大于或等于 0.998，表明测序结果有效覆盖了绝大部分微生物，可以反映样品的真实情况。ACE 指数和 Chao1 指数可以反映微生物群落丰富度的特征，而 Shannon 指数和 Simpson 指数可以反映微生物群落多样性的特征。在整个研究周期内， 3 月、4 月和 5 月污泥样品对应的 ACE 指数和 Chao1 指数较其他时期污泥样品的 ACE 指数和 Chao1 指数要低，表明在此期间系统内微生物群落的丰富度较其他时期较低，这是由于系统处于恢复期，系统内微生物的种类较少。而 9 月和 10 月污泥样品对应的 Shannon 指数和 Simpson 指数低于其他月污泥样品的 Shannon 指数和 Simpson 指数，表明 9 月和 10 月系统内微生物群落的多样性低于其他月的多样性，可能原因是系统处于正常期，微生物组成以各种功能菌为主，运行条件适宜某些功能菌生长导致其相对丰度较高，从而使系统微生物群落的多样性降低。

表 10.1 微生物丰富度和多样性指数

Samples	ACE	Chao1	Shannon	Simpson	Good's coverage
S1	613.165	613.5	7.015	0.983	0.998
S3	588.124	600.837	6.920	0.983	0.998
S4	596.162	617.250	6.878	0.980	0.998
S5	576.222	577.279	7.009	0.978	0.999
S6	603.124	603.023	7.269	0.983	0.999
S7	646.341	644.038	7.167	0.982	0.998
S8	661.185	664.019	7.312	0.988	0.998
S9	643.034	644.962	6.826	0.974	0.998

续表

Samples	ACE	Chao1	Shannon	Simpson	Good's coverage
S10	642.747	636.016	6.803	0.975	0.998
S11	647.575	650.170	7.118	0.982	0.999
S12	662.649	708.000	7.387	0.987	0.998

2. 层级聚类分析

采用非加权组平均法（unweighted pair group method with arithmetic average，UPGMA）对研究周期内污水处理厂的 11 个污泥样品进行聚类分析，结果如图 10.6 所示。由图 10.6 可知，8 月的污泥样品 S8 独立分成一支，而其他样品聚类在一起，可能是由于 8 月雨水较多，雨水进入排水系统后对系统内的污水有稀释作用，使污水处理厂进水中的污染物含量较低，进而影响微生物群落构成，导致其与其他样品表现出不同的相似性。1—6 月的样品聚集为一簇，特别是 4 月和 5 月的样品（S4 和 S5）具有很高的样本相似度，这可能是由于 1—6 月系统处于膨胀和膨胀恢复期，系统内微生物群落构成比较相似，而 4 月和 5 月均处于膨胀恢复期，故其相似度更高。9 月和 10 月均为正常期，11 月和 12 月为膨胀发生期，所以样本 S9 和 S10、样本 S11 和 S12 的相似度很高。

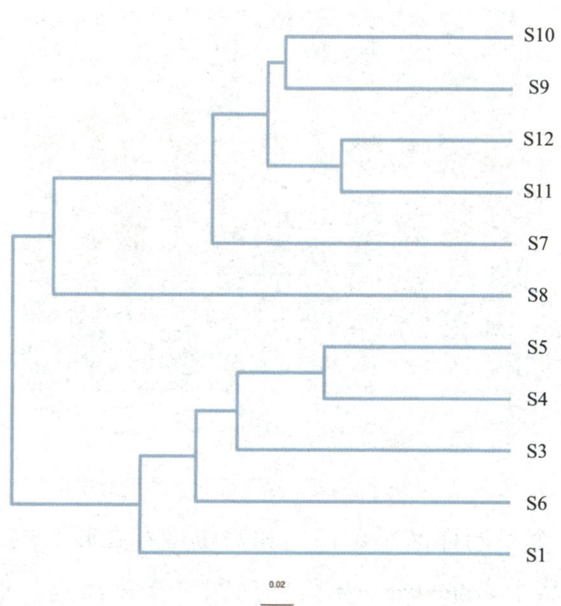

图 10.6 污泥样品的 UPGMA 聚类分析

3. 微生物群落组成分析

在整个研究周期内的 11 个污泥样品在门水平上检测到 18 ～ 26 个微生物菌门，其中 3 月的污泥样品中检测到菌门数最低为 18 个，而 9 月和 11 月的污泥样品中检测到 26 个污泥样品，各样品中相对丰度前 10 的微生物菌门如图 10.7 所示。由图 10.7 可以看到，主要细菌门有 *Bacteroidetes*、*Proteobacteria*、*Acidobacteria*、*Patescibacteria*、*Firmicutes*、*Chloroflexi* 和 *Actinobacteria* 等。在 1 月、3 月、4 月、5 月和 6 月的污泥样品中，*Bacteroidetes*、*Proteobacteria* 和 *Patescibacteria* 的相对丰度较高，为主要优势菌门，而在 7 月、9 月、10 月、11 月和 12 月的污泥样品中，*Bacteroidetes*、*Proteobacteria* 和 *Acidobacteria* 的相对丰度较高，为主要优势菌门，8 月的污泥样品中以 *Bacteroidetes*、*Proteobacteria* 和 *Firmicutes* 为主要优势菌门。*Proteobacteria* 和 *Bacteroidetes* 为活性污泥系统的优势菌门，已经被多次报道 [360-361]。*Proteobacteria* 包含了废水处理系统中绝大部分能够去除有机物和脱氮除磷的功能菌，*Bacteroidetes* 具有代谢废水中复杂有机物、脂类等污染物的能力 [387]。*Proteobacteria* 和 *Bacteroidetes* 相对较高的丰度保证了系统内污染物的稳定去除。

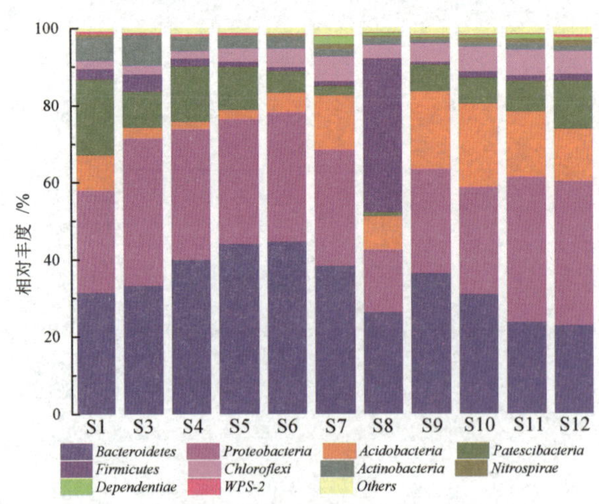

图 10.7 主要微生物群落在门水平上的相对丰度

尽管如此，11 个不同样品细菌门的相对丰度存在较大的差异，如 3 月、11 月和 12 月的样品中 *Proteobacteria* 菌门的相对丰度最高，而 8 月的样品中 *Firmicutes* 菌门的相对丰度最高，其他月份的样品中 *Bacteroidetes* 菌门的相对丰度最高。不同样品中微生物菌门的变化和差异，可能是由于系统进水水质的波动或者运行环境温度等因素导致的。另外，可以注意到其他菌门如 *Actinobacteria* 和 *Chloroflexi* 等在不同样品中的相对丰度也呈现一定的差异。*Actinobacteria* 和 *Chloroflexi* 均为主要的丝状菌门[395-396]，*Actinobacteria* 菌门的丝状菌常与污泥膨胀有关，而 *Chloroflexi* 菌门的丝状菌常常存在于菌胶团内部充当骨架。因此在发生污泥膨胀的 1 月和 3 月的污泥样品中，*Actinobacteria* 菌门的相对丰度比其他月污泥样品中的相对丰度高，而在正常污泥和污泥膨胀发生期的样品中，*Chloroflexi* 菌门的相对丰度比污泥膨胀时期的样品中的相对丰度高。

为深入理解微生物群落的组成及演替，在属水平上对微生物群落进行进一步分析。在整个研究周期的 11 个样品中，相对丰度前 30 的细菌属的变化如图 10.8 所示。由图 10.8 可以看出，该污水处理厂污泥中的 *Ferruginibacter*（3.55% ～ 13.36%）、*f_Saprospiraceae_Unclassified*（3.73% ～ 10.56%）、*Terrimonas*（2.08% ～ 9.62%）、*f_Blastocatellaceae_Unclassified*（0.7% ～ 10.85%）、*metagenome*（0.78% ～ 10.22%）、*f_Bacteroidetes_vadinHA17_Unclassified*（0.49% ～ 6.08%）、*Amphiplicatus*（0.36% ～ 5.46%）、*Thauera*（0.28% ～ 2.5%）和 *Candidatus Microthrix*（0.07% ～ 4.24%）等为主要细菌属。同时可以注意到，这些菌属在不同月的污泥样品中的相对丰度也具有较大的差异，可能是由污水处理厂进水水质的波动或者运行环境温度等因素的差异导致的。

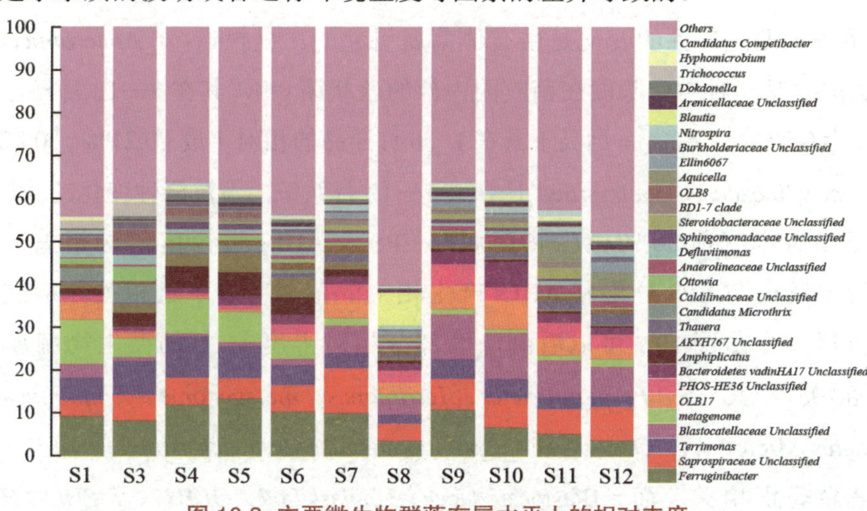

图 10.8 主要微生物群落在属水平上的相对丰度

对国内 14 个污水处理厂的调查研究表明，*Ferruginibacter* 广泛存在于活性污泥中且具有降解有机物的能力[33]；*Saprospiraceae* 作为活性污泥系统中的核

心菌属[384]，其不仅能够代谢葡萄糖、半乳糖等[334]，而且具有降解一些特定蛋白质的能力[385]；*Terrimonas* 和 *Thauera* 是典型的反硝化菌；*f_Blastocatellaceae_Unclassified* 具有氧化硫化氢的功能[388]；之前的报道表明 *Bacteroidetes vadinHA17* 具有降解难降解有机物的能力[397]，故这些相对丰度较高的主要优势菌属，基本都是能够去除污染物的功能菌，对污水处理厂内污染物的稳定去除具有重要作用。8 月是北方的雨季，由于雨水较多，进入排水系统后对系统内的污水有稀释作用，使污水处理厂进水中的有机物及其他污染物含量较低，故在 8 月的样品中，*Ferruginibacter* 等上述优势菌属的含量均比较低。

Candidatus Microthrix 是采用活性污泥法的污水处理厂中一种常见的引起污泥膨胀的丝状菌，具有分解脂类的能力[92]。该污水处理厂不同月的污泥样品中 *Candidatus* Microthrix 的相对丰度变化较大，在 1 月和 3 月的污泥样品中 *Candidatus* Microthrix 的相对丰度分别为 3.03% 和 4.24%，此后 4—8 月其相对丰度逐渐由 1.68% 降低至 0.08%，而在 9—12 月其相对丰度变化不大。在相对丰度较高的 1 月和 3 月，其 SVI 在 150mL/g 以上，系统发生污泥膨胀，随着其丰度逐渐降低，系统逐渐由污泥膨胀状态转变为非膨胀状态，故 *Candidatus* Microthrix 为 1—6 月污泥沉降性变化的主要菌属。虽然 *Candidatus* Microthrix 在 7—12 月样品内的丰度小于 6 月样品内的丰度，但是其 SVI 均比 6 月的 SVI 要高，故 7—12 月系统污泥沉降性的变化是由其他菌属引起的。据报道，*f_Anaerolineaceae_Unclassified* 是一种常常隐藏在菌胶团内部的丝状菌[398]，其在 7—12 月样品的相对丰度为 0.82% ～ 2.22%，远高于其在 1—6 月样品的相对丰度（0.21% ～ 0.82%），故 *f_Anaerolineaceae_Unclassified* 是导致 7—12 月系统污泥沉降性变化的菌属。

将相对丰度前 30 的微生物菌属与 EPS 及 AHLs 进行皮尔逊相关分析，以分析系统内与 EPS 分泌和 AHLs 产生相关的菌属，皮尔逊相关分析结果如图 10.9 所示。由图 10.9 可以看到，大部分相对丰度前 30 的微生物菌属都与 EPS 相关。其中，*Ferruginibacter*、*Terrimonas*、*metagenome*、*Amphiplicatus*、*Candidatus* Microthrix、*Ottowia* 和 *f_Sphingomonadaceae_Unclassified* 等均与 PN 及 EPS 呈显著正相关，而 *f_Blastocatellaceae_Unclassified*、*OLB17*、*f_PHOS-HE36_Unclassified* 和 *Thauera* 等却均与 PN 及 EPS 呈显著负相关。另外，也观察到 *f_Arenicellaceae_Unclassified* 与 PS 之间呈显著的负相关。综上所述，*Ferruginibacter*、*Terrimonas*、*metagenome*、*Amphiplicatus*、*Candidatus* Microthrix、*Ottowia* 和 *f_*

Sphingomonadaceae_Unclassified 等是该污水处理厂内主要的 EPS 产生菌，与 AHLs 相关的菌属较少。其中，*metagenome* 与 3OC12-HSL 呈显著正相关；*Ellin6067* 与 3OC8-HSL 呈显著正相关；而 *BD1-7_clade* 及 *f_Arenicellaceae_Unclassified* 均与 3OC12-HSL 呈显著负相关，故 *metagenome* 和 *Ellin6067* 是污水处理厂内主要的 AHLs 产生菌。

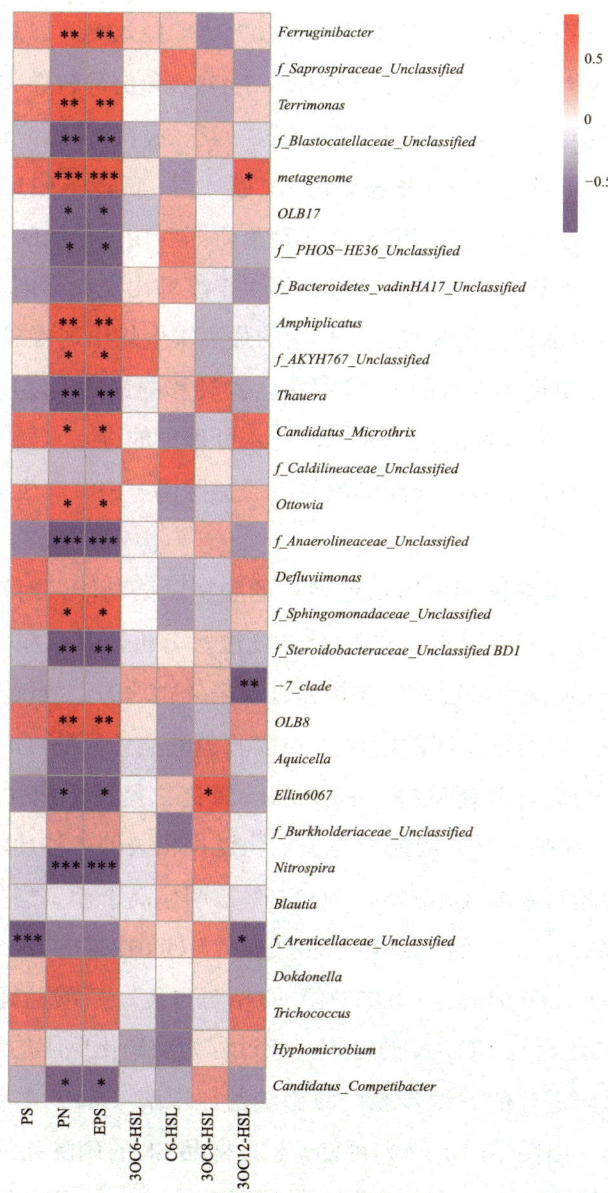

图 10.9 EPS 和 AHLs 与功能菌之间的相关性

4. 菌群功能预测分析

为了进一步分析不同运行时间污水处理厂活性污泥菌群功能的差异，利用Tax4Fun对研究周期内活性污泥样品微生物群落的功能进行预测，第2层级的KEGG代谢通路结果如图10.10（a）所示。由图10.10可知，在整个研究周期内，污水处理厂样品中相对丰度较高的代谢功能有氨基酸代谢（12.82%～14.01%）、碳代谢（11.77%～12.66%）、膜转移（11.07%～12.42%）、辅酶因子和维生素代谢（7.19%～8.20%）、能量代谢（7.13%～7.47%）和信号转导（6.62%～7.47%）等，这些代谢功能与碳、氮、磷的去除，EPS的产生，群体感应信号的产生和接收等有关[46]。同时可以注意到，氨基酸代谢、碳代谢、膜转移（11.07%～12.42%）及辅酶因子和维生素代谢这些代谢通路在整个研究周期内最低的相对丰度出现在5月的S5样品中，而这些代谢通路的最高相对丰度却出现在不同时期的样品中。其中，氨基酸代谢及辅酶因子和维生素代谢的最高丰度均出现在8月的S8样品中，碳代谢的最高丰度出现在3月的S3样品中，膜转移的最高丰度出现在1月的S1样品中。上述这些代谢功能的波动表明，污水处理厂的进水水质及运行环境温度等条件会影响系统代谢功能，从而影响系统脱氮除磷、EPS产生和群体感应等代谢行为。

为了研究整个研究周期内污水处理厂的脱氮除磷功能，对基于Tax4Fun预测的与脱氮除磷过程相关功能酶的相对丰度进行分析，其结果如图10.10（b）所示。由于活性污泥法脱氮过程主要是通过反硝化实现的，故仅分析与反硝化作用相关的功能酶。反硝化反应的实现主要依靠硝酸盐还原酶（*nar*）、亚硝酸盐还原酶（*nir*）、一氧化氮还原酶（*nor*）和一氧化二氮还原酶（*nos*）[392]。由图10.10（b）可知，在整个研究周期内与反硝化过程相关的4种功能酶中，硝酸盐还原酶（*nar*）的相对丰度（0.057%～0.135%）明显高于亚硝酸盐还原酶（*nir*）（0.021%～0.060%）、一氧化氮还原酶（*nor*）（0.018%～0.050%）和一氧化二氮还原酶（*nos*）（0.012%～0.033%）的相对丰度。硝酸盐还原酶（*nar*）主要作用于NO_3^--N还原为NO_2^--N的过程，该过程为反硝化反应的第一步，也是制约整个反硝化反应进行的关键步骤，故硝酸盐还原酶（*nar*）丰度的高低决定了脱氮性能的高低。由图10.10（b）可知，8月样品S8的硝酸盐还原酶（*nar*）丰度在所有样品中是最低的，同时其亚硝酸还原酶（*nir*）、一氧化氮还原酶（*nor*）

和一氧化二氮还原酶（*nos*）的丰度也是最低的，表明 8 月污水处理厂的脱氮性能较差。这主要是因为处于雨季，进水中用于反硝化作用的有机物有限，使脱氮性能比较差。

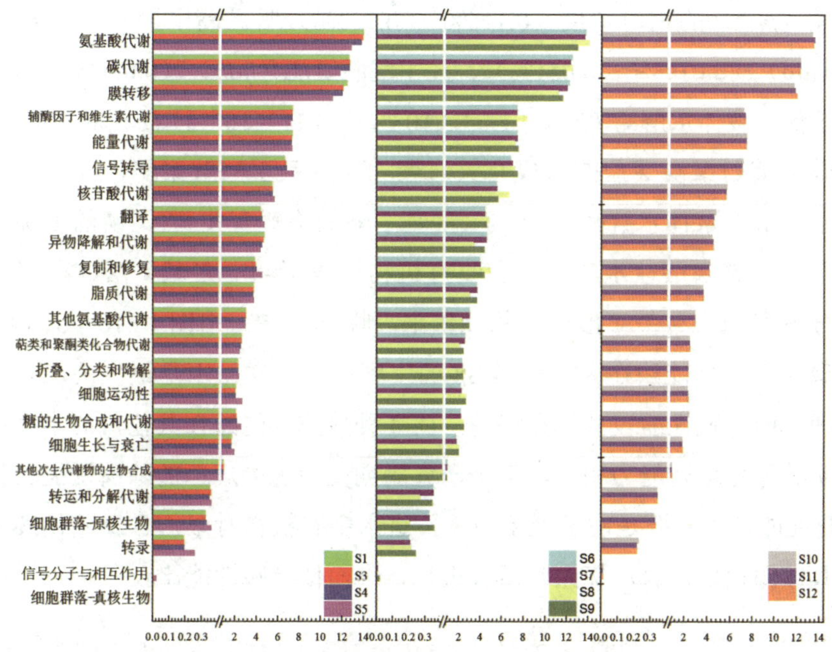

（a）第 2 层级的 KEGG 代谢通路

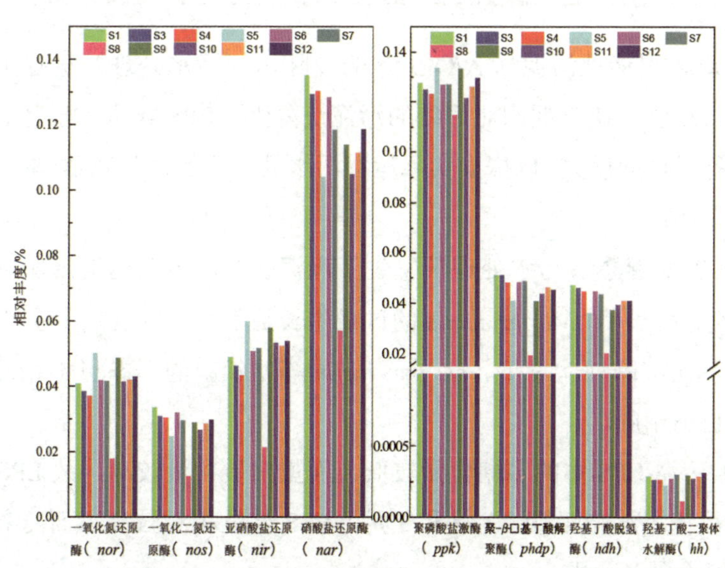

（b）与脱氮除磷相关的功能酶

图 10.10 Tax4Fun 功能预测结果

与除磷相关的功能酶有聚磷酸盐激酶(*ppk*)、聚-β-羟基丁酸解聚酶(*phdp*)、羟丁酸脱氢酶（hdh）和羟基丁酸二聚体水解酶（*hh*），其相对丰度如图10.10（b）所示。由图10.10可知，在整个研究周期内，与除磷相关的4种功能酶中，聚磷酸盐激酶（*ppk*）的相对丰度（0.114%～0.133%）明显高于聚-β-羟基丁酸解聚酶（*phdp*）（0.019%～0.051%）、羟丁酸脱氢酶（*hdh*）（0.020%～0.047%）和羟基丁酸二聚体水解酶（*hh*）（1.08×10^{-4}%～3.11×10^{-4}%）的相对丰度。其中，聚磷酸盐激酶与聚磷酸盐的形成有关，聚-β-羟基丁酸解聚酶、羟基丁酸脱氢酶和羟基丁酸二聚体水解酶与聚-β-羟基丁酸的降解有关[392]。磷的去除主要通过厌氧条件下聚磷酸盐水解同时吸收有机物形成聚-β-羟基丁酸，在好氧条件下利用分解聚-β-羟基丁酸产生的能量来吸收PO_4^{3-}-P。由图10.10（b）可知，4种与除磷相关的功能酶在8月样品S8的丰度是所有样品中是最低的，表明8月污水处理厂的除磷性能较其他月略差，而4种除磷功能酶在其他月的丰度相差不大，表明其他月除磷能力相当，整个研究周期内污水处理厂的除磷性能较稳定。8月除磷性能较差主要是由于处于雨季，进水中有机物有限，且反硝化细菌比聚磷菌更具碳源竞争优势，优先利用有机物，进而使除磷性能比较差。

10.4 本章小结

本章对采用活性污泥法A/O工艺的实际运行污水处理厂进行了长达一年的跟踪研究，在整个研究期间对系统的污泥沉降性、EPS含量、群体感应和微生物群落等进行了全面研究，以探索实际运行污水处理厂的微生物群体行为及相关性，研究结果表明：

（1）在冬春季节污水处理厂发生了污泥膨胀，表明污泥膨胀的发生与温度有关。镜检分析表明，*M. parvicella* 的过量生长是引发1月至3月污泥膨胀的原因。在不同的污泥沉降性状态下，*M. parvicella* 等丝状菌的形态也不相同，对污泥絮体的影响也不相同。

（2）污泥EPS中的多糖含量较低，而蛋白质含量较高，故EPS的组成以蛋白质为主。在污泥膨胀期（1月和3月）EPS含量相对较高，而随着污泥膨胀的消失，EPS含量逐渐降低。

（3）在整个研究周期内，检测到3OC6-HSL、C6-HSL、3OC8-HSL和

3OC12-HSL 共 4 种 AHLs。其中 C6-HSL 浓度受温度影响比较显著，低温不利于其产生。皮尔逊相关分析表明，C6-HSL 和 3OC12-HSL 与调控污泥沉降性有关，而 3OC8-HSL 和 3OC12-HSL 主要调控 EPS 的产生。

（4）污水处理厂进水水质的波动或者运行环境温度等因素的差异，导致不同月污泥样品的微生物多样性及微生物群落构成均存在一定的差异。微生物群落分析表明，*Candidatus* Microthrix 为 1—6 月系统污泥沉降性变化的主要菌属，*f_Anaerolineaceae_Unclassified* 是导致 7—12 月系统污泥沉降性变化的菌属。*Ferruginibacter*、*Terrimonas*、*metagenome*、*Amphiplicatus*、*Candidatus* Microthrix、*Ottowia* 和 *f_Sphingomonadaceae_Unclassified* 等是该污水处理厂主要的 EPS 产生菌，*metagenome* 和 *Ellin6067* 是污水处理厂主要的 AHLs 产生菌。功能预测分析表明，污水处理厂 8 月的脱氮和除磷性能均略逊于其他月份。

参考文献

[1] 王洪臣 . 百年活性污泥法的革新方向 [J]. 给水排水，2014，50（10）: 1-3.

[2] Orhon D. Evolution of the activated sludge process：the first 50 years[J]. Journal of Chemical Technology & Biotechnology，2015，90（4）: 608-640.

[3] Rui D，Liu K，Ma Y，et al. Pilot-scale investigation of performance and microbial community in a novel system combining fixed and suspended activated sludge[J]. Environmental Research，2024，246：118141.

[4] 刘丽娅，刘丹丹，莫华荣，等 . 城镇污水生物脱氮除磷研究进展 [J]. 净水技术，2023，42（3）: 49-59.

[5] 李圭白，张杰 . 水质工程学（下册）[M]. 3 版 . 北京：中国建筑工业出版社，2021.

[6] Ludzack F J，Ettinger M B. Controlling operation to minimize activated sludge effluent nitrogen[J]. Journal Water Pollution Control Federation，1962，34（9）: 920-931.

[7] Barnard J. Biological Denitrification[J].Water Pollution Control，1973，72（6）: 705-720.

[8] Barnard J. A review of biological phosphorus removal in the activated sludge process[J]. Water SA，1976，2：136-144.

[9] 张杰 . 反硝化脱氮除磷工艺的发展及调控因素 [J]. 环境工程，2016，34（S1）: 266-269.

[10] 王晓玲 . MUCT 工艺缺氧吸磷性能强化技术研究 [D]. 哈尔滨：哈尔滨工业大学，2011.

[11] 张建峰 . 氧化沟工艺在污水处理中的应用研究 [J]. 科技创新与应用，2017（27）: 148-149.

[12] 艾晨亮，崔东亮 . 氧化沟工艺处理村镇污水研究综述 [J]. 辽宁化工，2018，47（6）: 533-535.

[13] Jaramillo F，Orchard M，Muñoz C，et al. Advanced strategies to improve nitrification process in sequencing batch reactors - A review[J]. Journal of Environmental Management，2018（218）: 154-164.

[14] Dohare E D, Kawale E M. Biological treatment of wastewater using activated sludge process and sequential batch reactor process - A review[J]. International Journal of Engineering Sciences Research Technology, 2014, 3 (11): 728-736.

[15] 鞠峰，张彤 . 活性污泥微生物群落宏组学研究进展 [J]. 微生物学通报，2019，46（8）：2038-2052.

[16] Ju F, Zhang T. Bacterial assembly and temporal dynamics in activated sludge of a full-scale municipal wastewater treatment plant[J]. The ISME Journal, 2015, 9 (3): 683-695.

[17] Wu L, Ning D, Zhang B, et al. Global diversity and biogeography of bacterial communities in wastewater treatment plants[J]. Nature Microbiology, 2019, 4 (7): 1183-1195.

[18] Wagner M, Amann R, Lemmer H, et al. Probing activated sludge with oligonucleotides specific for proteobacteria: inadequacy of culture-dependent methods for describing microbial community structure[J]. Applied and Environmental Microbiology, 1993, 59 (5): 1520-1525.

[19] Muyzer G, de Waal E C, Uitterlinden A G. Profiling of complex microbial populations by denaturing gradient gel electrophoresis analysis of polymerase chain reaction-amplified genes coding for 16S rRNA[J]. Applied and Environmental Microbiology, 1993, 59 (3): 695-700.

[20] Yang C, Zhang W, Liu R, et al. Phylogenetic Diversity and Metabolic Potential of Activated Sludge Microbial Communities in Full-Scale Wastewater Treatment Plants[J]. Environmental Science & Technology, 2011, 45 (17): 7408-7415.

[21] Zhang T, Fang H H P. Applications of real-time polymerase chain reaction for quantification of microorganisms in environmental samples[J]. Applied Microbiology and Biotechnology, 2006, 70 (3): 281-289.

[22] Zhang T, Shao M-F, Ye L. 454 Pyrosequencing reveals bacterial diversity of activated sludge from 14 sewage treatment plants[J]. The ISME Journal, 2012, 6 (6): 1137-1147.

[23] Bond P L, Hugenholtz P, Keller J, et al. Bacterial community structures of phosphate-removing and non-phosphate-removing activated sludges from sequencing batch reactors[J]. Applied and Environmental Microbiology, 1995, 61 (5): 1910-1916.

[24] Daims H, Taylor M W, Wagner M. Wastewater treatment: a model system for microbial ecology[J]. Trends in Biotechnology, 2006, 24 (11): 483-489.

[25] Juretschko S，Timmermann G，Schmid M，et al. Combined molecular and conventional analyses of nitrifying bacterium diversity in activated sludge：*Nitrosococcus mobilis* and *Nitrospira*-like bacteria as dominant populations[J]. Applied and Environmental Microbiology，1998，64（8）：3042-3051.

[26] Xia Y，Kong Y，Thomsen Trine R，et al. Identification and Ecophysiological Characterization of Epiphytic Protein-Hydrolyzing Saprospiraceae（“*Candidatus Epiflobacter*” spp.）in Activated Sludge[J]. Applied and Environmental Microbiology，2008，74（7）：2229-2238.

[27] Schmid M，Thill A，Purkhold U，et al. Characterization of activated sludge flocs by confocal laser scanning microscopy and image analysis[J]. Water Research，2003，37（9）：2043-2052.

[28] Shin Y K，Hiraishi A，Sugiyama J. Molecular Systematics of the Genus Zoogloea and Emendation of the Genus[J]. International Journal of Systematic Bacteriology，1993，43（4）：826-831.

[29] Guo F，Zhang T. Profiling bulking and foaming bacteria in activated sludge by high throughput sequencing[J]. Water Research，2012，46（8）：2772-2782.

[30] Foot R J，Robinson M S，Forster C F. Systematic activated sludge bulking and foam control[J]. Water Science and Technology，1994，29（7）：213-220.

[31] Xia S，Duan L，Song Y，et al. Bacterial community structure in geographically distributed biological wastewater treatment reactors[J]. Environmental Science & Technology，2010，44（19）：7391-7396.

[32] Nielsen P H，Mielczarek A T，Kragelund C，et al. A conceptual ecosystem model of microbial communities in enhanced biological phosphorus removal plants[J]. Water Research，2010，44（17）：5070-5088.

[33] Wang X，Hu M，Xia Y，et al. Pyrosequencing analysis of bacterial diversity in 14 wastewater treatment systems in China[J]. Applied and Environmental Microbiology，2012，78（19）：7042-7047.

[34] Saunders A M，Albertsen M，Vollertsen J，et al. The activated sludge ecosystem contains a core community of abundant organisms[J]. The ISME Journal，2016，10（1）：11-20.

[35] Junier P，Molina V，Dorador C，et al. Phylogenetic and functional marker genes to study ammonia-oxidizing microorganisms（AOM）in the environment[J]. Applied Microbiology

and Biotechnology，2010，85（3）: 425-440.

[36] Van Kessel M A H J，Speth D R，Albertsen M，et al. Complete nitrification by a single microorganism[J]. Nature，2015（528）: 555-559.

[37] Daims H，Lebedeva E V，Pjevac P，et al. Complete nitrification by *Nitrospira* bacteria[J]. Nature，2015，528: 504-509.

[38] Siripong S，Rittmann B E. Diversity study of nitrifying bacteria in full-scale municipal wastewater treatment plants[J]. Water Research，2007，41（5）: 1110-1120.

[39] Lücker S，Schwarz J，Gruber-Dorninger C，et al. *Nitrotoga*-like bacteria are previously unrecognized key nitrite oxidizers in full-scale wastewater treatment plants[J]. The ISME Journal，2014，9：708-720.

[40] 陈燕，刘国华，范强，等. 活性污泥法中细菌多样性综述 [J]. 环境保护科学，2015，41（4）：70-78.

[41] 肖晶晶，郭萍，霍炜洁，等. 反硝化微生物在污水脱氮中的研究及应用进展 [J]. 环境科学与技术，2009，32（12）: 97-102.

[42] Qiu G，Zuniga-Montanez R，Law Y，et al. Polyphosphate-accumulating organisms in full-scale tropical wastewater treatment plants use diverse carbon sources[J]. Water Research，2019，149: 496-510.

[43] 李炳堂，胡智泉，刘冬啟，等. 活性污泥中菌群多样性及其功能调控研究进展 [J]. 微生物学通报，2019，46（8）: 2009-2019.

[44] Stokholm-Bjerregaard M，McIlroy S J，Nierychlo M，et al. A critical assessment of the microorganisms proposed to be important to enhanced biological phosphorus removal in full-scale wastewater rreatment systems[J]. Front Microbiol，2017，8：718.

[45] 叶丽红，李冬，张杰，等. 亚硝化 - 反硝化除磷技术研究进展 [J]. 北京工业大学学报，2016，42（4）: 585-593.

[46] He Q，Chen L，Zhang S，et al. Hydrodynamic shear force shaped the microbial community and function in the aerobic granular sequencing batch reactors for low carbon to nitrogen（C/N）municipal wastewater treatment[J]. Bioresource Technology，2019，271：48-58.

[47] Lopez-Vazquez C M，Oehmen A，Hooijmans C M，et al. Modeling the PAO–GAO competition: Effects of carbon source，pH and temperature[J]. Water Research，2009，43（2）：450-462.

[48] Chen H，Li A，Cui C，et al. AHL-mediated quorum sensing regulates the variations of microbial community and sludge properties of aerobic granular sludge under low organic loading[J]. Environment International，2019，130：104946.

[49] Panchavinin S，Tobino T，Hara-Yamamura H，et al. Candidates of quorum sensing bacteria in activated sludge associated with N-acyl homoserine lactones[J]. Chemosphere，2019，236：124292.

[50] Maddela N R，Sheng B，Yuan S，et al. Roles of quorum sensing in biological wastewater treatment：A critical review[J]. Chemosphere，2019，221：616-629.

[51] Sezgin D，Jenkins D，Parker DS. A unified theory of filamentous activated sludge bulking[J]. Journal （Water Pollution Control Federation），1978，50（2）: 362-381.

[52] 苏雪莹，付昆明 . 丝状菌在污水处理中的控制与应用 [J]. 水处理技术，2015，41（9）：19-23.

[53] 汤曼琳，张顺，田晴 . 丝状菌特性、功能及其控制与利用 [J]. 广东化工，2014，41（10）：71-74.

[54] Han H，Zhang Y，Cui C，et al. Effect of COD level and HRT on microbial community in a yeast-predominant activated sludge system[J]. Bioresource Technology，2010，101（10）：3463-3465.

[55] Hu M，Wang X，Wen X，et al. Microbial community structures in different wastewater treatment plants as revealed by 454-pyrosequencing analysis[J]. Bioresource Technology，2012，117：72-79.

[56] Hai R，Wang Y，Wang X，et al. Bacterial community dynamics and taxa-time relationships within two activated sludge bioreactors[J]. PLoS One，2014，9（3）: e90175.

[57] Lee S H，Kang H J，Park H D，lnfluence of influent wastewater communities on temporal variation of aetivated sludge communities[J]，Water Research，2015（73）: 132-144.

[58] Jiang X，Ye L，Ju F，et al. Temporal dynamics of activated sludge bacterial communities in two diversity variant full-scale sewage treatment plants[J]. Applied Microbiology and Biotechnology，2018，102（21）: 9379-9388.

[59] Ju F，Guo F，Ye L，et al. Metagenomic analysis on seasonal microbial variations of activated sludge from a full-scale wastewater treatment plant over 4 years[J]. Environmental Microbiology Reports，2014，6（1）: 80-89.

[60] Jenkins D，Richard M G，Daigger G T J L. Manual on the Causes and Control of Activated Sludge Bulking and Foaming [M]. London，UK：Lewis Publishers，2004.

[61] Araújo dos Santos L，Ferreira V，Neto M M，et al. Study of 16 Portuguese activated sludge systems based on filamentous bacteria populations and their relationships with environmental parameters[J]. Applied Microbiology and Biotechnology，2015，99（12）：5307-5316.

[62] Martins A M P，Heijnen J J，van Loosdrecht M C M. Bulking sludge in biological nutrient removal systems[J]. Biotechnology and Bioengineering，2004，86（2）：125-135.

[63] Chua H，Tan K N，Cheung M W L. Filamentous growth in activated sludge[J]. Applied Biochemistry and Biotechnology，1996，57（1）：851-856.

[64] 许少鹏，韩红桂，乔俊飞．基于模糊递归神经网络的污泥容积指数预测模型 [J]. 化工学报，2013，64（12）：4550-4556.

[65] Liao J，Lou I，de los Reyes Francis L. Relationship of Species-Specific Filament Levels to Filamentous Bulking in Activated Sludge[J]. Applied and Environmental Microbiology，2004，70（4）：2420-2428.

[66] Kristensen G H，Jorgensen P E，Nielsen P H. Settling characteristics of activated sludge in Danish treatment plants with biological nutrient removal[J]. Water Science and Technology，1994，29（7）：157-165.

[67] Madoni P，Davoli D，Gibin G. Survey of filamentous microorganisms from bulking and foaming activated-sludge plants in Italy[J]. Water Research，2000，34（6）：1767-1772.

[68] Seviour E M，Williams C，Degrey B，et al. Studies on filamentous bacteria from Australian activated sludge plants[J]. Water Research，1994，28（11）：2335-2342.

[69] Graveleau L，Cotteux E，Duchène P. Bulking and Foaming in France：The 1999–2001 Survey[J]. Acta hydrochimica et hydrobiologica，2005，33（3）：223-231.

[70] Wanner J，Ruzicková I，Jetmarová P，et al. A national survey of activated sludge separation problems in the Czech Republic：filaments，floc characteristics and activated sludge metabolic properties[J]. Water Science and Technology，1998，37（4-5）：271-279.

[71] Strom PF, Jenkins D. Identification and significance of filamentous microorganisms in activated sludge[J]. Journal （Water Pollution Control Federation），1984，56（5）：449-459.

[72] Eikelboom D H，Andreadakis A，Andreasen K. Survey of filamentous populations in nutrient removal plants in four European countries[J]. Water Science and Technology，1998，37（4-5）：

281-289.

[73] Di Marzio W D. First results from a screening of filamentous organisms present in Buenos Aires’s activated sludge plants[J]. Water Science and Technology，2002，46（1-2）：119-122.

[74] Rothman M. Operation with biological nutrient removal with stable nitrification and control of filamentous growth[J]. Water Science and Technology，1998，37（4-5）：549-554.

[75] 王萍，余志晟 . 污水处理厂污泥膨胀和污泥发泡的比较分析 [J]. 微生物学通报，2019，46（8）：1971-1981.

[76] Sam T，Le Roes-Hill M，Hoosain N，et al. Strategies for Controlling Filamentous Bulkingin in Aetivated Sludge Wastewater Treatment Plants：The Old and the New[J].Water，2022，14（20）：3223.

[77] 王萍，余志晟，齐嵘，等 . 丝状细菌污泥膨胀的 FISH 探针研究进展 [J]. 应用与环境生物学报，2012，18（4）：705-712.

[78] 周娜 . 环境交替下污泥膨胀机理与控制研究 [D]. 西安：西安建筑科技大学，2009.

[79] 温丹丹 . 不同生物处理工艺活性污泥系统中微生物群落结构、代谢产物及与污泥沉降性能的关系研究 [D]. 西安：西安建筑科技大学，2019.

[80] 杨雄，霍明昕，王淑莹，等 . 碳源类型对污泥沉降性能及丝状菌生长的影响 [J]. 化工学报，2011，62（12）：3471-3477.

[81] 杨雄，彭永臻，宋姬晨，等 . 进水中碳水化合物分子大小对污泥沉降性能的影响 [J]. 中国环境科学，2015，35（2）：448-456.

[82] Guo J H，Peng Y Z，Wang S Y，et al. Filamentous and non-filamentous bulking of activated sludge encountered under nutrients limitation or deficiency conditions[J]. Chemical Engineering Journal，2014（255）：453-461.

[83] 杨雄，彭永臻，郭建华，等 . 氮 / 磷缺乏对污泥沉降性能及丝状菌生长的影响 [J]. 化工学报，2014，65（3）：1040-1048.

[84] 贺雪濛，丁丽丽，张璐璐，等 . 氮磷失衡下膨胀污泥性能及膨胀菌群落结构变化 [J]. 环境科学，2018，39（4）：1782-1793.

[85] Grau P，Da-Rin B P. Management of toxicity effects in a large wastewater treatment plant[J]. Water Science and Technology，1997，36（2-3）：1-8.

[86] 白雪，张荣兵，顾剑，等 . 大型污水处理厂污泥膨胀原因分析及其控制方法 [J]. 中国给

水排水，2011，27（23）：31-35.

[87] 陆鑫，刘波，谭云飞，等. 低温条件下城市污水厂污泥膨胀的生物学成因 [J]. 环境工程学报，2016，10（7）：3925-3930.

[88] Knoop S，Kunst S. Influence of temperature and sludge loading on activated sludge settling，especially on *Microthrix parvicella*[J]. Water Science and Technology，1998，37（4-5）：27-35.

[89] Krishna C，van Loosdrecht M C M. Effect of temperature on storage polymers and settleability of activated sludge[J]. Water Research，1999，33（10）：2374-2382.

[90] 端正花，潘留明，陈晓欧，等. 低温下活性污泥膨胀的微生物群落结构研究 [J]. 环境科学，2016，37（3）：1070-1074.

[91] 高春娣，焦二龙，李浩，等. SBR 工艺低溶解氧丝状菌污泥膨胀成因及控制方法 [J]. 北京工业大学学报，2013，39（12）：1880-1886.

[92] 李松亚，费学宁，焦秀梅. 污泥膨胀关键菌 - 微丝菌的研究进展 [J]. 水处理技术，2018，44（3）：11-16.

[93] 郝二成，袁星，阜崴. 污泥膨胀原因及控制措施研究 [J]. 环境工程，2017，35（7）：18-22.

[94] 杨敏，杨思敏，范念斯，等，微丝菌诱发污泥膨胀生长特性控制策略研究进展 [J]. 环境工程学报，2019，13（2）：253-263.

[95] 郝晓地，朱景义，曹秀芹. 污泥膨胀形成机理及控制措施研究现状和进展 [J]. 环境污染治理技术与设备，2006（5）：1-9.

[96] Chudoba J， Ottová V，Maděra V. Control of activated sludge filamentous bulking– Ⅰ. Effect of the hydraulic regime or degree of mixing in an aeration tank[J]. Water Research，1973，7（8）：1163-1182.

[97] Chudoba J，Grau P，Ottová V. Control of activated sludge filamentous bulking– Ⅱ. Selection of microorganisms by means of a selector[J]. Water Research，1973，7（10）：1389-1398.

[98] 彭永臻，郭建华. 活性污泥膨胀机理、成因及控制 [M]. 北京：科学出版社，2012.

[99] Martins A M P，Heijnen J J，van Loosdrecht M C M. Effect of feeding pattern and storage on the sludge settleability under aerobic conditions[J]. Water Research，2003，37（11）：2555-2570.

[100] Casey T G，Wentzel M C，Loewenthal R E，et al. A hypothesis for the cause of low F/M filament bulking in nutrient removal activated sludge systems[J]. Water Research，1992，26

（6）：867-869.

[101] Chiesa S C，Irvine R L. Growth and control of filamentous microbes in activated sludge：an integrated hypothesis[J]. Water Research，1985，19（4）：471-479.

[102] Chudba J. Control of activated sludge filamentous bulking– VI. Formulation of basic principles[J]. Water Research，1985，19（8）：1017-1022.

[103] 叶姜瑜，罗固源，吉芳英，等 . 污水生物处理功能微生物的多样性 [J]. 重庆大学学报（自然科学版），2005，28（10）：122-126.

[104] Nielsen P H，Kragelund C，Seviour R J，et al. Identity and ecophysiology of filamentous bacteria in activated sludge[J]. FEMS Microbiology Reviews，2009，33（6）：969-998.

[105] Kim J，Lim J，Lee C. Quantitative real-time PCR approaches for microbial community studies in wastewater treatment systems：Applications and considerations[J]. Biotechnology Advances，2013，31（8）：1358-1373.

[106] Kaetzke A，Jentzsch D，Eschrich K. Quantification of *Microthrix parvicella* in activated sludge bacterial communities by real - time PCR[J]. Letters in Applied Microbiology，2005，40（3）：207-211.

[107] Vervaeren H，De Wilde K，Matthys J，et al. Quantification of an Eikelboom type 021N bulking event with fluorescence in situ hybridization and real-time PCR[J]. Applied Microbiology and Biotechnology，2005，68（5）：695-704.

[108] Dumonceaux T J，Hill J E，Pelletier C P，et al. Molecular characterization of microbial communities in Canadian pulp and paper activated sludge and quantification of a novel *Thiothrix eikelboomii*-like bulking filament[J]. Canadian Journal of Microbiology，2006，52（5）：494-500.

[109] Jiang X，Guo F，Zhang T. Population dynamics of bulking and foaming bacteria in a full-scale wastewater treatment plant over five years[J]. Scientific Reports，2016，6（1）：24180.

[110] Wang P，Yu Z S，Qi R，et al. Detailed comparison of bacterial communities during seasonal sludge bulking in a municipal wastewater treatment plant[J]. Water Research，2016，105：157-166.

[111] 王秀朵，秦莉，潘留明，等 . 低温下 A^2/O 工艺污泥膨胀的微生物群落结构变化 [J]. 中国给水排水，2017，33（13）：104-107，112.

[112] Knaf T，Schade M，Lemmer H，et al. Specific binding of aluminium and iron ions to a cation-selective cell wall channel of *Microthrix parvicella*[J]. Environmental Microbiology，2013，15（10）: 2775-2786.

[113] Xie B，Dai X C，Xu Y T. Cause and pre-alarm control of bulking and foaming by *Microthrix parvicella*：A case study in triple oxidation ditch at a wastewater treatment plant[J]. Journal of Hazardous Materials，2007，143（1-2）: 184-191.

[114] 侯金财，黄力群，方铮，等，AO-MBR 工艺丝状菌膨胀的发生及其控制 [J]. 中国给水排水，2012，28（23）: 1-4.

[115] Jiao E L，Gao C D，Li R F，et al. Energy saving control strategies for *Haliscomenobacter hydrossis* filamentous sludge bulking in the A/O process treating real low carbon/nitrogen domestic wastewater[J]. Environmental Technology，2018，39（16）: 2117-2127.

[116] Eikelboom D H，Buijsen H J J V J. Microscopic sludge investigation manual [M]. Netherlands：TNO Research Institute for Environmental Hygiene，1983.

[117] Rossetti S，Tomei M C，Nielsen P H，et al. "*Microthrix parvicella*"，a filamentous bacterium causing bulking and foaming in activated sludge systems：a review of current knowledge[J]. FEMS Microbiology Reviews，2005，29（1）: 49-64.

[118] 王淑红，王秋生 . 氧化沟工艺发生冬季污泥膨胀的原因与控制 [J]. 市政技术，2012，30（5）: 107-110.

[119] 戴兴春，谢冰，黄民生，等 . 氧化沟污泥膨胀和生物泡沫的控制及应用研究 [J]. 环境科学与技术，2007，30（9）: 14-17.

[120] 杨亚红，彭党聪，李磊，等 . 低 DO 微孔曝气变速氧化沟脱氮能力恢复效果分析 [J]. 中国环境科学，2013，33（3）: 436-442.

[121] Van Veen W L. Bacteriology of activated sludge，in particular the filamentous bacteria[J]. Antonie van Leeuwenhoek，1973，39（1）: 189-205.

[122] Eikelboom D H. Filamentous organisms observed in activated sludge[J]. Water Research，1975，9（4）: 365-388.

[123] Slijkhuis H，Deinema M H. Effect of environmental conditions on the occurrence of *Microthrix parvicella* in activated sludge[J]. Water Research，1988，22（7）: 825-828.

[124] Slijkhuis H. *Microthrix parvicella*，a filamentous bacterium isolated from activated sludge: cultivation in a chemically defined medium[J]. Applied Environmental Microbiology，

1983，46（4）：832-839.

[125] Blackall L L，Seviour E M，Cunningham M A，et al. "*Microthrix parvicella*" is a novel，deep branching member of the actinomycetes subphylum[J]. Systematic and Applied Microbiology，1995，17（4）：513-518.

[126] Rossetti S，Christensson C，Blackall L L，et al. Phenotypic and phylogenetic description of an Italian isolate of "*Microthrix parvicella*"[J]. Journal of Applied Microbiology，1997，82（4）：405-410.

[127] Levantesi C，Rossetti S，Thelen K，et al. Phylogeny，physiology and distribution of '*Candidatus* Microthrix calida'，a new Microthrix species isolated from industrial activated sludge wastewater treatment plants[J]. Environmental Microbiology，2006，8（9）：1552-1563.

[128] Pasveer A. A case of filamentous activated sludge[J]. Journal （Water Pollution Control Federation），1969，41（7）：1340-1352.

[129] Farquharw G J，Boyle W C. Identification of filamentous microorganisms in activated sludge[J]. Journal （Water Pollution Control Federation），1971，43（4）：604-622.

[130] Slijkhuis H. The physiology of the filamentous bacterium *Microthrix parvicella*[D]. Agriculture College of Wageningen，1981.

[131] Mamais D，Andreadakis A，Noutsopoulos C，et al. Causes of，and control strategies for，*Microthrix parvicella* bulking and foaming in nutrient removal activated sludge systems[J]. Water Science and Technology，1998，37（4-5）：9-17.

[132] Lienen T，Kleyböcker A，Verstraete W，et al. Moderate temperature increase leads to disintegration of floating sludge and lower abundance of the filamentous bacterium *Microthrix parvicella* in anaerobic digesters[J]. Water Research，2014（65）：203-212.

[133] 王杰，彭永臻，杨雄，等. 温度对活性污泥沉降性能与微生物种群结构的影响[J]. 中国环境科学，2016，36（1）：109-116.

[134] Hashemi S H，Azimi A A，Torabian A. Low dissolved oxygen sludge bulking in sequencing batch reactors[J]. International Journal of Environmental Studies，2005，62（4）：415-420.

[135] 王中玮，彭永臻，王淑莹，等. 不同运行方式下低溶解氧污泥微膨胀的可行性研究[J]. 环境科学，2011，32（8）：2347-2352.

[136] Mallouhi L，Austermann-Haun U. Occurrence of *Microthrix parvicella* in sequencing batch reactors[J]. Water Science and Technology，2014，69（10）：1984-1995.

[137] 刘珮，袁林江，陈希，等 . 低负荷氧化沟系统中 EPS 与活性污泥沉降性能的关系 [J]. 环境科学学报，2013，33（6）: 1611-1655.

[138] 张安龙，张雪，王森 . 低有机负荷对污泥膨胀及造纸废水处理效果的影响 [J]. 陕西科技大学学报：自然科学版，2014（2）: 26-30.

[139] Lemmer H，Müller E，Schade M. Scum in nutrient removal plants：The role of carbon sources in "*Microthrix parvicella*" growth[J]. Acta hydrochimica et hydrobiologica，2002，30（4）: 207-211.

[140] Mamais D，Nikitopoulos G，Andronikou E，et al. Influence of the presence of long chain fatty acids （LCFAs） in the sewage on the growth of *M. Parvicella* in activated sludge wastewater treatment plants[J]. Global Nest Journal，2006，8（1）: 82-88.

[141] Lienen T，Kleyböcker A，Verstraete W，et al. Foam formation in a downstream digester of a cascade running full-scale biogas plant：Influence of fat，oil and grease addition and abundance of the filamentous bacterium *Microthrix parvicella*[J]. Bioresource Technology，2014，153：1-7.

[142] Dunkel T，de León Gallegos E L，Schönsee C D，et al. Evaluating the influence of wastewater composition on the growth of *Microthrix parvicella* by GCxGC/qMS and real-time PCR[J]. Water Research，2016，88：510-523.

[143] 王慕华，王琴，齐嵘 . 挥发性脂肪酸对丝状菌群落结构的影响 [J]. 生物技术世界，2016，13（5）: 41-42.

[144] Tsai M W，Wentzel M C，Ekama G A. The effect of residual ammonia concentration under aerobic conditions on the growth of *Microthrix parvicella* in biological nutrient removal plants[J]. Water Research，2003，37（12）: 3009-3015.

[145] Guo J，Wang S，Wang Z，et al. Effects of feeding pattem and dissolved oxygen con centration on microbial morphology and community structure：The competition between foc-forming bacteria and filamentous bacteria[J]，Joumal of Water Process Engineering，2014，1：108-114.

[146] 张著，高大文，袁向娟，等 . 营养物质缺乏引起的好氧颗粒污泥膨胀及其恢复 [J]. 环境科学，2012，33（9）: 3197-3201.

[147] Valigore J M，Gostomski P A，Wareham D G，et al. Effects of hydraulic and solids retention times on productivity and settleability of microbial （microalgal-bacterial） biomass grown

on primary treated wastewater as a biofuel feedstock[J]. Water Research，2012，46（9）：2957-2964.

[148] Blackall L L，Stratton H，Bradford D，et al. “*Candidatus Microthrix parvicella*，” a filamentous bacterium from activated sludge sewage treatment plants[J]. International Journal of Systematic Bacteriology，1996，46（1）：344-346.

[149] Andreasen K，Nielsen P H. Application of microautoradiography to the study of substrate uptake by filamentous microorganisms in activated sludge[J]. Applied and Environmental Microbiology，1997，63（9）：3662-3668.

[150] Andreasen K，Nielsen P H. In situ characterization of substrate uptake by *Microthrix parvicella* using microautoradiography[J]. Water Science and Technology，1998，37（4-5）：19-26.

[151] Nielsen P H，Roslev P，Dueholm T E，et al. *Microthrix parvicella*，a specialized lipid consumer in anaerobic–aerobic activated sludge plants[J]. Water Science and Technology，2002，46（1-2）：73-80.

[152] Noutsopoulos C，Mamais D，Andreadakis A. Long chain fatty acids removal in selector tanks：Evidence for insufficient *Microthrix parvicella* control[J]. Desalination and Water Treatment，2010，23（1-3）：20-25.

[153] Noutsopoulos C，Mamais D，Andreadakis A. A hypothesis on *Microthrix parvicella* proliferation in biological nutrient removal activated sludge systems with selector tanks[J]. FEMS Microbiology Ecology，2012，80（2）：380-389.

[154] McIlroy S J，Kristiansen R，Albertsen M，et al. Metabolic model for the filamentous “*Candidatus* Microthrix parvicella” based on genomic and metagenomic analyses[J]. ISME Journal，2013，7（6）：1161-1172.

[155] Wang J，Qi R，Liu M，et al. The potential role of “*Candidatus Microthrix parvicella*” in phosphorus removal during sludge bulking in two full-scale enhanced biological phosphorus removal plants[J]. Water Science and Technology，2014，70（2）：367-375.

[156] Hamit-Eminovski J，Eskilsson K，Arnebrant T. Change in surface properties of *Microthrix parvicella* upon addition of polyaluminium chloride as characterized by atomic force microscopy[J]. Biofouling，2010，26（3）：323-331.

[157] Nielsen J L，Mikkelsen L H，Nielsen P H. In situ detection of cell surface hydrophobicity of probe-defined bacteria in activated sludge[J]. Water Science and Technology，2001，43（6）：

97-103.

[158] 邢德峰，任南琪，李建政 . 荧光原位杂交在环境微生物学中的应用及进展 [J]. 环境科学研究，2003，16（3）: 55-58.

[159] Costa J C，Mesquita D P，Amaral A L，et al. Quantitative image analysis for the characterization of microbial aggregates in biological wastewater treatment：a review[J]. Environmental Science and Pollution Research，2013，20（9）: 5887-5912.

[160] 费学宁，曹阳，郝亚超，等 . 荧光原位杂交技术在活性污泥菌群识别中的研究进展 [J]. 化学通报，2011，74（6）: 520-527.

[161] Erhart R，Bradford D，Seviour R J，et al. Development and use of fluorescent in situ hybridization probes for the detection and identification of "*Microthrix parvicella*" in activated sludge[J]. Systematic and Applied Microbiology，1997，20（2）: 310-318.

[162] 王润芳，张红，王琴，等 . 微丝菌（*Microthrix parvicella*）原位荧光杂交（FISH）定量过程的条件优化 [J]. 环境科学，2016，37（6）: 2266-2270.

[163] Sanz J L，Köchling T. Molecular biology techniques used in wastewater treatment：An overview[J]. Process Biochemistry，2007，42（2）: 119-133.

[164] 曹雪雁，张晓东，樊春海，等 . 聚合酶链式反应（PCR）技术研究新进展 [J]. 自然科学进展，2007，17（5）: 580-585.

[165] Kumari S K S，Marrengane Z，Bux F. Application of quantitative RT-PCR to determine the distribution of *Microthrix parvicella* in full-scale activated sludge treatment systems[J]. Applied Microbiology and Biotechnology，2009，83（6）: 1135-1141.

[166] Pradhan S K，Torvinen E，Siljanen H M P，et al. Iron flocculation stimulates biogas production in *Microthrix parvicella*-spiked wastewater sludge[J]. International Journal of Environmental Science and Technology，2015，12（9）: 3039-3046.

[167] Vanysacker L，Denis C，Roels J，et al. Development and evaluation of a TaqMan duplex real-time PCR quantification method for reliable enumeration of *Candidatus Microthrix*[J]. Journal of Microbiological Methods，2014，97（1）: 6-14.

[168] 王兴春，杨致荣，王敏，等 . 高通量测序技术及其应用 [J]. 中国生物工程杂志，2012，32（1）: 109-114.

[169] Wang P，Yu Z S，Zhao J H，et al. Seasonal Changes in Bacterial Communities Cause Foaming in a Wastewater Treatment Plant[J]. Microbial Ecology，2016，71（3）: 660-671.

[170] 邹晓凤，洪卫，刘勃，等．煤化工废水生化处理系统活性污泥膨胀控制及菌群迁移 [J]. 环境工程学报，2016，10（8）：4196-4200.

[171] 郝亚超．微丝菌特异性识别荧光探针设计制备及识别特性 [D]. 天津：天津大学，2015.

[172] Li S Y，Fei X N，Jiao X M，et al. Synthesis and characterization of the fluorescent probes for the labeling of *Microthrix parvicella*[J]. Applied Microbiology and Biotechnology，2016，100（6）：2883-2894.

[173] Fei X N，Sun W K，Cao L Y，et al. Design and preparation of quantum dots fluorescent probes for in situ identification of *Microthrix parvicella* in bulking sludge[J]. Applied Microbiology and Biotechnology，2016，100（2）：961-968.

[174] Durban N，Juzan L，Krier J，et al. Control of *Microthrix parvicella* by aluminium salts addition[J]. Water Science and Technology，2016，73（2）：414-422.

[175] 李志华，杨振鼎，杨成建，等．NaClO 对膨胀污泥中微生物的影响 [J]. 中国给水排水，2016，32（7）：40-44.

[176] Nealson K H，Hastings J W. Bacterial bioluminescence：its control and ecological significance[J]. Microbiological Reviews，1979，43（4）：496-513.

[177] Huang J，Shi Y，Zeng G，et al. Acyl-homoserine lactone-based quorum sensing and quorum quenching hold promise to determine the performance of biological wastewater treatments：An overview[J]. Chemosphere，2016，157：137-151.

[178] Galloway W R J D，Hodgkinson J T，Bowden S D，et al. Quorum sensing in Gram-negative bacteria：small-molecule modulation of AHL and AI-2 quorum sensing pathways[J]. Chemical Reviews，2011，111（1）：28-67.

[179] Shrout J D，Nerenberg R. Monitoring Bacterial Twitter：Does Quorum Sensing Determine the Behavior of Water and Wastewater Treatment Biofilms?[J]. Environmental Science & Technology，2012，46（4）：1995-2005.

[180] McLean R J，Whiteley M，Stickler D J，et al. Evidence of autoinducer activity in naturally occurring biofilms[J]. FEMS Microbiology Letters，1997，154（2）：259-263.

[181] Valle A，Bailey M J，Whiteley A S，et al. N-acyl-L-homoserine lactones （AHLs） affect microbial community composition and function in activated sludge[J]. Environmental Microbiology，2004，6（4）：424-433.

[182] Chong G，Kimyon O，Rice S A，et al. The presence and role of bacterial quorum sensing in

activated sludge[J]. Microbial Biotechnology，2012，5（5）: 621-633.

[183] Tan C H，Koh K S，Xie C，et al. The role of quorum sensing signalling in EPS production and the assembly of a sludge community into aerobic granules[J]. The ISME Journal，2014，8（6）: 1186-1197.

[184] Sun S，Liu X，Ma B，et al. The role of autoinducer-2 in aerobic granulation using alternating feed loadings strategy[J]. Bioresource Technology，2015，201：58-64.

[185] Ren T，Yu H，Li X. The quorum-sensing effect of aerobic granules on bacterial adhesion，biofilm formation，and sludge granulation[J]. Applied Microbiology and Biotechnology，2010，88（3）: 789-797.

[186] Lasarre B，Federle M J. Exploiting quorum sensing to confuse bacterial pathogens[J]. Microbiology and Molecular Biology Reviews，2013，77（1）: 73-111.

[187] 崔理慧，万俊锋.酰基高丝氨酸内酯（AHLS）介导群感效应在好氧颗粒污泥中的研究进展 [J].微生物学通报，2021，48（2）: 627-636.

[188] Christensen Q H，Brecht R M，Dudekula D，et al. Evolution of acyl-substrate recognition by a family of acyl-homoserine lactone synthases[J]. Plos One，2014，9（11）: e112464.

[189] Schauder S，Shokat K，Surette M G，et al. The LuxS family of bacterial autoinducers：biosynthesis of a novel quorum-sensing signal molecule[J]. Molecular Microbiology，2001，41（2）: 463-476.

[190] Miller M B，Bassler B L. Quorum sensing in bacteria[J]. Annual Review of Microbiology，2001，55（1）: 165-199.

[191] Churchill M E A，Chen L L. Structural basis of acyl-homoserine lactone-dependent signaling[J]. Chemical Reviews，2011，111（1）: 68-85.

[192] Li Z，Nair S K. Quorum sensing：How bacteria can coordinate activity and synchronize their response to external signals?[J]. Protein Science，2012，21（10）: 1403-1417.

[193] Du Y，Li T，Wan Y，et al. Signal molecule-dependent quorum-sensing and quorum-quenching enzymes in bacteria[J]. Critical Reviews in Eukaryotic Gene Expression，2014，24（2）: 117-132.

[194] Rasmussen T B，Givskov M. Quorum-sensing inhibitors as anti-pathogenic drugs[J]. International Journal of Medical Microbiology，2006，296（2-3）: 149-161.

[195] Milton Debra L，Chalker Victoria J，Kirke D，et al. The LuxM homologue VanM from

Vibrio anguillarum directs the synthesis of N-（3-Hydroxyhexanoyl） homoserine lactone and N-hexanoyl homoserine lactone[J]. Journal of Bacteriology，2001，183（12）: 3537-3547.

[196] Laue B E，Jiang Y，Chhabra S R，et al. The biocontrol strain *Pseudomonas fluorescens* F113 produces the *Rhizobium* small bacteriocin，N-（3-hydroxy-7-cis-tetradecenoyl）homoserine lactone，via HdtS，a putative novel N-acylhomoserine lactone synthase[J]. Microbiology，2000，146（10）: 2469-2480.

[197] Cullinane M，Baysse C，Morrissey J P，et al. Identification of two lysophosphatidic acid acyltransferase genes with overlapping function in *Pseudomonas fluorescens*[J]. Microbiology，2005，151（9）: 3071-3080.

[198] Bassler B L，Wright M，Showalter R E，et al. Intercellular signalling in *Vibrio harveyi*: sequence and function of genes regulating expression of luminescence[J]. Molecular Microbiology，1993，9（4）: 773-786.

[199] Bassler B L，Greenberg E P，Stevens A M. Cross-species induction of luminescence in the quorum-sensing bacterium *Vibrio harveyi*[J]. Journal of Bacteriology，1997，179（12）: 4043-4045.

[200] Surette M G，Miller M B，Bassler B L. Quorum sensing in *Escherichia coli*，*Salmonella typhimurium*，and *Vibrio harveyi*：A new family of genes responsible for autoinducer production[J]. Proceedings of the National Academy of Sciences，1999，96（4）: 1639-1644.

[201] Xavier K B，Bassler B L. LuxS quorum sensing：more than just a numbers game[J]. Current Opinion in Microbiology，2003，6（2）: 191-197.

[202] Pei D H，Zhu J G. Mechanism of action S-ribosylhomocysteinase （LuxS）[J]. Current Opinion in Chemical Biology，2004，8（5）: 492-497.

[203] Zhao J，Quan C S，Jin L M，et al. Production，detection and application perspectives of quorum sensing autoinducer-2 in bacteria[J]. Journal of Biotechnology，2018，268：53-60.

[204] Chen X，Schauder S，Potier N，et al. Structural identification of a bacterial quorum-sensing signal containing boron[J]. Nature，2002，415（6871）: 545-549.

[205] Meijler M M，Hom L G，Kaufmann G F，et al. Synthesis and biological validation of a ubiquitous quorum-sensing molecule[J]. Angewandte Chemie International Edition，2004，

43（16）：2106-2108.

[206] Kaur A，Capalash N，Sharma P. Communication mechanisms in extremophiles：Exploring their existence and industrial applications[J]. Microbiological Research，2019，221：15-27.

[207] Murray E J，Williams P. Detection of Agr-Type Autoinducing Peptides Produced by *Staphylococcus aureus* [M]//LEONI L，RAMPIONI G. Quorum Sensing：Methods and Protocols. New York，NY; Springer New York，2018：89-96.

[208] 罗利龙，娄瑞娟，邱健，等 . 细菌群体感应及其干扰策略的研究进展 [J]. 生物学杂志，2010，27（6）：79-82.

[209] 张蓉蓉，康小虎，谢放，等 . 群体感应信号分子 AIP 功能与作用机制研究进展 [J]. 生命科学研究，2023，27（3）：245-252，266.

[210] Bhatt V S. Quorum Sensing Mechanisms in Gram Positive Bacteria [M]//PALLAVAL VEERA B. Implication of Quorum Sensing System in Biofilm Formation and Virulence. Singapore; Springer Singapore，2018：297-311.

[211] Sturme M H J，Kleerebezem M，Nakayama J，et al. Cell to cell communication by autoinducing peptides in gram-positive bacteria[J]. Antonie Van Leeuwenhoek，2002，81（1-4）：233-243.

[212] McQuade Ryan S，Comella N，Grossman Alan D. Control of a family of phosphatase regulatory genes （phr） by the alternate sigma factor sigma-H of *Bacillus subtilis*[J]. Journal of Bacteriology，2001，183（16）：4905-4909.

[213] Papenfort K，Bassler B L. Quorum sensing signal-response systems in Gram-negative bacteria[J]. Nature Reviews Microbiology，2016，14（9）：576-588.

[214] Kalia V C. Quorum sensing inhibitors An overview[J]. Biotechnology Advances，2013，31(2): 224-245.

[215] Dunny G M，Leonard B A B. Cell-cell communication in gram-positive bacteria[J]. Annual Review of Microbiology，1997，51（1）：527-564.

[216] Lyon G J，Novick R P. Peptide signaling in *Staphylococcus aureus* and other Gram-positive bacteria[J]. Peptides，2004，25（9）：1389-1403.

[217] Pereira C S，Thompson J A，Xavier K B. AI-2-mediated signalling in bacteria[J]. FEMS Microbiology Reviews，2013，37（2）：156-181.

[218] Vendeville A，Winzer K，Heurlier K，et al. Making ‘sense’ of metabolism:

autoinducer-2，LUXS and pathogenic bacteria[J]. Nature Reviews Microbiology，2005，3（5）: 383-396.

[219] Song X，Cheng Y，Li W，et al. Quorum quenching is responsible for the underestimated quorum sensing effects in biological wastewater treatment reactors[J]. Bioresource Technology，2014，171：472-476.

[220] Jiang W，Xia S，Liang J，et al. Effect of quorum quenching on the reactor performance，biofouling and biomass characteristics in membrane bioreactors[J]. Water Research，2013，47（1）: 187-196.

[221] Morgan-Sagastume F，Boon N，Dobbelaere S，et al. Production of acylated homoserine lactones by Aeromonas and Pseudomonas strains isolated from municipal activated sludge[J]. Canadian Journal of Microbiology，2005，51（11）: 924-933.

[222] Yeon K M，Cheong W S，Oh H S，et al. Quorum sensing：A new biofouling control paradigm in a membrane bioreactor for advanced wastewater treatment[J]. Environmental Science and Technology，2009，43（2）: 380-385.

[223] Yong Y，Zhong J. N -Acylated homoserine lactone production and involvement in the biodegradation of aromatics by an environmental isolate of *Pseudomonas aeruginosa*[J]. Process Biochemistry，2010，45（12）: 1944-1948.

[224] Yong Y C，Zhong J J. Regulation of aromatics biodegradation by rhl quorum sensing system through induction of catechol meta-cleavage pathway[J]. Bioresource Technology，2013，136：761-765.

[225] Li A，Hou B，Li M. Cell adhesion，ammonia removal and granulation of autotrophic nitrifying sludge facilitated by N-acyl-homoserine lactones[J]. Bioresource Technology，2015，196：550-558.

[226] Burton E O，Read H W，Pellitteri M C，et al. Identification of acyl-homoserine lactone signal molecules produced by *Nitrosomonas europaea* strain Schmidt[J]. Applied and Environmental Microbiology，2005，71（8）: 4906-4909.

[227] Mellbye B L，Giguere A T，Bottomley P J，et al. Quorum Quenching of Nitrobacter winogradskyi Suggests that Quorum Sensing Regulates Fluxes of Nitrogen Oxide（s） during Nitrification[J]. mBio，2016，7（5）: e01753-16.

[228] Mašić A，Bengtsson J，Christensson M. Measuring and modeling the oxygen profile in a

nitrifying Moving Bed Biofilm Reactor[J]. Mathematical Biosciences，2010，227（1）: 1-11.

[229] Meng F，Zhang S，Oh Y，et al. Fouling in membrane bioreactors：An updated review[J]. Water Research，2017，114：151-180.

[230] Davies D G，Parsek M R，Pearson J P，et al. The involvement of cell-to-cell signals in the development of a bacterial biofilm[J]. Science，1998，280（5361）: 295-298.

[231] Parsek M R，Greenberg E P. Sociomicrobiology：the connections between quorum sensing and biofilms[J]. Trends in Microbiology，2005，13（1）: 27-33.

[232] Sun Y，Guan Y，Wang D，et al. Potential roles of acyl homoserine lactone based quorum sensing in sequencing batch nitrifying biofilm reactors with or without the addition of organic carbon[J]. Bioresource Technology，2018，259：136-145.

[233] Wang J，Ding L，Li K，et al. Estimation of spatial distribution of quorum sensing signaling in sequencing batch biofilm reactor （SBBR） biofilms[J]. Science of The Total Environment，2018，612：405-414.

[234] Sun Y，Guan Y，Zeng D，et al. Metagenomics-based interpretation of AHLs-mediated quorum sensing in Anammox biofilm reactors for low-strength wastewater treatment[J]. Chemical Engineering Journal，2018，344：42-52.

[235] Lade H，Paul D，Kweon J H. Isolation and molecular characterization of biofouling bacteria and profiling of quorum sensing signal molecules from membrane bioreactor activated sludge[J]. International Journal of Molecular Sciences，2014，15（2）: 2255-2273.

[236] Hu H，He J，Liu J，et al. Role of N-acyl-homoserine lactone （AHL） based quorum sensing on biofilm formation on packing media in wastewater treatment process[J]. RSC Advances，2016，6：11128-11139.

[237] Kim Y，Wang X，Zhang X-S，et al. Escherichia coli toxin/antitoxin pair MqsR/MqsA regulate toxin CspD[J]. Environmental Microbiology，2010，12（5）: 1105-1121.

[238] 倪凌峰，王亚宜. 基于群体感应猝灭理论的 MBR 膜污染控制技术研究进展 [J]. 哈尔滨工业大学学报，2019，51（8）: 191-200.

[239] Xu H，Liu Y. Control of microbial attachment by inhibition of ATP and ATP-mediated autoinducer-2[J]. Biotechnology and Bioengineering，2010，107（1）: 31-36.

[240] Nam A N，Kweon J H，Ryu J H，et al. Reduction of biofouling using vanillin as a quorum sensing inhibitory agent in membrane bioreactors for wastewater treatment[J]. Membrane

Water Treatment，2015，6（3）：189-203.

[241] Kim J H，Choi D C，Yeon K M，et al. Enzyme-immobilized nanofiltration membrane to mitigate biofouling based on quorum quenching[J]. Environmental Science and Technology，2011，45（4）：1601-1607.

[242] Yu H，Qu F，Zhang X，et al. Effect of quorum quenching on biofouling and ammonia removal in membrane bioreactor under stressful conditions[J]. Chemosphere，2018，199：114-121.

[243] Kim S R，Oh H S，Jo S J，et al. Biofouling control with bead-entrapped quorum quenching bacteria in membrane bioreactors：physical and biological effects[J]. Environmental Science and Technology，2013，47（2）：836-842.

[244] Lee K，Kim Y-W，Lee S，et al. Stopping autoinducer-2 chatter by means of an indigenous bacterium （*Acinetobacter* sp. DKY-1）：A new antibiofouling strategy in a membrane bioreactor for wastewater treatment[J]. Environmental Science & Technology，2018，52（11）：6237-6245.

[245] Xiong Y，Liu Y. Essential roles of eDNA and AI-2 in aerobic granulation in sequencing batch reactors operated at different settling times[J]. Applied Microbiology and Biotechnology，2012，93（6）：2645-2651.

[246] Liu X，Sun S，Ma B，et al. Understanding of aerobic granulation enhanced by starvation in the perspective of quorum sensing[J]. Applied Microbiology and Biotechnology，2016，100（8）：3747-3755.

[247] Li Y，Zhu J. Role of N-acyl homoserine lactone （AHL）-based quorum sensing （QS） in aerobic sludge granulation[J]. Applied Microbiology and Biotechnology，2014，98（17）：7623-7632.

[248] Zhang Z，Yu Z，Wang Z，et al. Understanding of aerobic sludge granulation enhanced by sludge retention time in the aspect of quorum sensing[J]. Bioresource Technology，2019，272：226-234.

[249] Zhang Z，Cao R，Jin L，et al. The regulation of N-acyl-homoserine lactones （AHLs）-based quorum sensing on EPS secretion via ATP synthetic for the stability of aerobic granular sludge[J]. Science of The Total Environment，2019，673：83-91.

[250] Huang J，Yi K，Zeng G，et al. The role of quorum sensing in granular sludge：Impact and

future application：A review[J]. Chemosphere，2019，236：124310.

[251] Jiang B，Liu Y. Roles of ATP-dependent N-acylhomoserine lactones （AHLs） and extracellular polymeric substances （EPSs） in aerobic granulation[J]. Chemosphere，2012，88（9）：1058-1064.

[252] Tang X，Liu S，Zhang Z，et al. Identification of the release and effects of AHLs in anammox culture for bacteria communication[J]. Chemical Engineering Journal，2015，273：184-191.

[253] Zhao R，Zhang H，Zou X，et al. Effects of Inhibiting Acylated Homoserine Lactones （AHLs） on Anammox Activity and Stability of Granules’ [J]. Current Microbiology，2016，73（1）：108-114.

[254] 陈舒涵，李安婕，王越兴，等. 厌氧氨氧化污泥群体感应信号分子检测及影响研究 [J]. 环境科学，2017，38（3）：1137-1143.

[255] 彭永臻，张向晖，马斌，等. 厌氧氨氧化菌群体感应机制 [J]. 北京工业大学学报，2018，44（3）：449-454.

[256] Feng H，Ding Y，Wang M，et al. Where are signal molecules likely to be located in anaerobic granular sludge?[J]. Water Research，2014，50：1-9.

[257] 丁养城. 厌氧颗粒污泥群感作用及调控研究 [D]. 杭州：浙江工商大学，2015.

[258] Ding Y，Feng H，Huang W，et al. The effect of quorum sensing on anaerobic granular sludge in different pH conditions[J]. Biochemical Engineering Journal，2015，103：270-276.

[259] Ding Y，Feng H，Zhao Z，et al. The effect of quorum sensing on mature anaerobic granular sludge in unbalanced nitrogen supply[J]. Water，Air，& Soil Pollution，2016，227：334.

[260] Ding Y，Feng H，Huang W，et al. A sustainable method for effective regulation of anaerobic granular sludge：Artificially increasing the concentration of signal molecules by cultivating a secreting strain[J]. Bioresource Technology，2015，196：273-278.

[261] Tang X，Guo Y，Wu S，et al. Metabolomics uncovers the regulatory pathway of acyl-homoserine lactones based quorum sensing in Anammox consortia[J]. Environmental Science & Technology，2018，52（4）：2206-2216.

[262] Tang X，Guo Y，Jiang B，et al. Metagenomic approaches to understanding bacterial communication during the anammox reactor start-up[J]. Water Research，2018，136：95-

103.

[263] Guo Y，Liu S，Tang X，et al. Role of c-di-GMP in anammox aggregation and systematic analysis of its turnover protein in Candidatus Jettenia caeni[J]. Water Research，2017。113：181-190.

[264] Guo Y，Liu S，Tang X，et al. Insight into c-di-GMP regulation in Anammox aggregation in response to alternating feed loadings[J]. Environmental Science & Technology，2017，51（16）: 9155-9164.

[265] Shi H X，Wang J，Liu S Y，et al. New insight into filamentous sludge bulking：Potential role of AHL-mediated quorum sensing in deteriorating sludge floc stability and structure[J]. Water Research，2022，212：118096.

[266] Shi H X, Wang X, Guo J-S, et al. A new filamentous bulking control strategy: The role of N-acyl homoserine lactone （AHL）-mediated quorum sensing in filamentous bacteria proliferation within activated sludge[J]. Chemical Engineering Journal，2022，428：132097.

[267] Lu X，Chen C，Fu L，et al. Social network of filamentous *Sphaerotilus during* activated sludge bulking：Identifying the roles of signaling molecules and verifying a novel control strategy[J]. Chemical Engineering Journal，2023，454：140109.

[268] Lu X，Wang Y，Chen C，et al. C12-HSL is an across-boundary signal molecule that could alleviate fungi Galactomyces’s filamentation：A new mechanism on activated sludge bulking[J]. Environmental Research，2022，204：111823.

[269] Lu X，Yan G，Fu L，et al. A review of filamentous sludge bulking controls from conventional methods to emerging quorum quenching strategies[J]. Water Research，2023，236：119922.

[270] Dong D，Liu Q，Wang X，et al. Regulation of exogenous acyl homoserine lactones on sludge settling performance：Monitoring via ultrasonic time-domain reflectometry[J]. Chemosphere，2022，303：135019.

[271] Feng Z，Lu X，Chen C，et al. Transboundary intercellular communications between *Penicillium* and bacterial communities during sludge bulking：Inspirations on quenching fungal dominance[J]. Water Research，2022，221：118829.

[272] Lu X，Wang Y，Feng Z，et al. Bacterial signal C10-HSL stimulates spore germination of *Galactomyces* geotrichum by transboundary interaction[J]. Chinese Chemical Letters，2023，

34 (4): 107617.

[273] Barriuso J, Hogan D A, Keshavarz T, et al. Role of quorum sensing and chemical communication in fungal biotechnology and pathogenesis[J]. FEMS Microbiology Reviews, 2018, 42 (5): 627-638.

[274] Bachtiar E W, Bachtiar B M, Jarosz L M, et al. AI-2 of *Aggregatibacter actinomycetemcomitans* inhibits *Candida albicans* biofilm formation[J]. Frontiers in Cellular Infection Microbiology, 2014, 4: 1-8.

[275] Boon C, Deng Y, Wang L-H, et al. A novel DSF-like signal from *Burkholderia cenocepacia* interferes with *Candida albicans* morphological transition[J]. The ISME Journal, 2007, 2 (1): 27-36.

[276] Raut J S, Shinde R B, Karuppayil M S. Indole, a bacterial signaling molecule, exhibits inhibitory activity against growth, dimorphism and biofilm formation in *Candida albicans*[J]. African journal of microbiology research, 2012, 6 (30): 6005-6012.

[277] Ahlgren N A, Harwood C S, Schaefer A L, et al. Aryl-homoserine lactone quorum sensing in stem-nodulating photosynthetic bradyrhizobia[J]. Proceedings of the National Academy of Sciences, 2011, 108 (17): 7183-7188.

[278] Gould T A, Schweizer H P, Churchill M E A. Structure of the *Pseudomonas aeruginosa* acyl-homoserinelactone synthase LasI[J]. Molecular Microbiology, 2004, 53: 1135-1146.

[279] Hawver L A, Jung S A, Ng W-L. Specificity and complexity in bacterial quorum-sensing systems[J]. FEMS Microbiology Reviews, 2016, 40 (5): 738-752.

[280] Liu L, Zeng X, Zheng J, et al. AHL-mediated quorum sensing to regulate bacterial substance and energy metabolism: A review[J]. Microbiological Research, 2022, 262: 127102.

[281] Miyadera H, Shiomi K, Ui H, et al. Atpenins, potent and specific inhibitors of mitochondrial complex II (succinate-ubiquinone oxidoreductase) [J]. Proceedings of the National Academy of Sciences, 2003, 100 (2): 473-477.

[282] Ali S H, Stokes J L. Stimulation of heterotrophic and autotrophic growth of *Sphaerotilus discophorus* by manganous ions[J]. Antonie van Leeuwenhoek, 1971, 37 (1): 519-528.

[283] Pernthaler J, Glöckner F O, Schönhuber W, et al. Fluorescence in situ hybridization (FISH) with rRNA-targeted oligonucleotide probes[J]. Methods in Microbiology, 2001, 30 (1):

207-226.

[284] Sun M，Luo C，Xu L，et al. Artificial Lotus Leaf by Nanocasting[J]. Langmuir，2005，21（19）：8978-8981.

[285] Zhang X X，Wang L，Levänen E. Superhydrophobic surfaces for the reduction of bacterial adhesion[J]. Rsc Advances，2013，3（30）：12003-12020.

[286] Wágner D S，Ramin E，Szabo P，et al. *Microthrix parvicella* abundance associates with activated sludge settling velocity and rheology – Quantifying and modelling filamentous bulking[J]. Water Research，2015，78：121-132.

[287] Zhang H，Wicht G，Gretener C，et al. Semitransparent organic photovoltaics using a near-infrared absorbing cyanine dye[J]. Solar Energy Materials and Solar Cells，2013，118：157-164.

[288] Ciuba M A，Levitus M. Manganese-Induced Triplet Blinking and Photobleaching of Single Molecule Cyanine Dyes[J]. ChemPhysChem，2013，14（15）：3495-3502.

[289] Yoshino J，Kano N，Kawashima T. Fluorescence Properties of Simple N-Substituted Aldimines with a B-N Interaction and Their Fluorescence Quenching by a Cyanide Ion[J]. The Journal of Organic Chemistry，2009，74（19）：7496-7503.

[290] 陈秀英，郭琳，郑昌戈，等 . 新型不对称苯并噻唑三次甲基菁染料的合成及光稳定性研究 [J]. 有机化学，2012，32（8）：1445-1449.

[291] Grabowski Z R，Dobkowski J. Twisted intramolecular charge transfer （TICT） excited states：energy and molecular structure[J]. Pure and Applied Chemistry，1983，55（2）：245-252.

[292] Sarkar N，Das K，Nath D N，et al. Twisted charge transfer processes of nile red in homogeneous solutions and in faujasite zeolite[J]. Langmuir，1994，10（1）：326-329.

[293] Lakowicz J R. Principles of Fluorescence Spectroscopy [M]. Springer，2006.

[294] 黄业恩，安建虹，章思思，等 . Image-Pro Plus 与 Image J 图像分析功能比较及其在生物组织结构测试中的应用 [J]. 中国体视学与图像分析，2015，20（2）：185-196.

[295] Daims H，Brühl A，Amann R，et al. The domain-specific probe EUB338 is insufficient for the detection of all Bacteria：Development and evaluation of a more comprehensive probe set[J]. Systematic and Applied Microbiology，1999，22（3）：434-444.

[296] Du D，Zhang C，Zhao K，et al. Effect of different carbon sources on performance of an

A2N-MBR process and its microbial community structure[J]. Frontiers of Environmental Science & Engineering，2017，12（2）: 4.

[297] Hu B，Wang T，Ye J，et al. Effects of carbon sources and operation modes on the performances of aerobic denitrification process and its microbial community shifts[J]. Journal of Environmental Management，2019，239：299-305.

[298] Guo J，Peng Y，Yang X，et al. Changes in the microbial community structure of filaments and floc formers in response to various carbon sources and feeding patterns[J]. Appllied Microbiology Biotechnology，2014，98（17）: 7633-7644.

[299] Fan N，Qi R，Rossetti S，et al. Factors affecting the growth of *Microthrix parvicella*：Batch tests using bulking sludge as seed sludge[J]. Science of The Total Environment，2017，609：1192-1199.

[300] Zhao J，Li Y，Chen X，et al. Effects of carbon sources on sludge performance and microbial community for 4-chlorophenol wastewater treatment in sequencing batch reactors[J]. Bioresource Technology，2018，255：22-28.

[301] 於蒙，潘婷，张淼，等. 乙酸钠丙酸钠配比对 A^2/O-BCO 反硝化除磷及菌群结构的影响 [J]. 中国环境科学，2019，39（10）: 4178-4185.

[302] 李亚静，陈修辉，孙力平，等. 丙酸 / 乙酸比值对反硝化除磷的影响 [J]. 中国给水排水，2011，27（1）: 79-81.

[303] 赵聪聪，张建，胡振，等，碳源类型对污水生物处理过程中氧化亚氮释放的影响 [J]. 环境科学学报，2011，31（11）: 2354-2360.

[304] Jeon C O，Park J M. Enhanced biological phosphorus removal in a sequencing batch reactor supplied with glucose as a sole carbon source[J]. Water Research，2000，34（7）: 2160-2170.

[305] Luo D，Yuan L，Liu L，et al. Biological phosphorus removal in anoxic-aerobic sequencing batch reactor with starch as sole carbon source[J]. Water Science & Technology，2016，75（1）: 28-38.

[306] Luo D，Yuan L，Liu L，et al. The mechanism of biological phosphorus removal under anoxic-aerobic alternation condition with starch as sole carbon source and its biochemical pathway[J]. Biochemical Engineering Journal，2018，132：90-99.

[307] Sheng G，Xu J，Luo H，et al. Thermodynamic analysis on the binding of heavy metal. onto

extracellular polymeric substances （EPS） of activated sludge[J]. Water Research，2013，47（2）：607-614.

[308] Maqbool T，Quang V L，Cho J，et al. Characterizing fluorescent dissolved organic matter in a membrane bioreactor via excitation–emission matrix combined with parallel factor analysis[J]. Bioresource Technology，2016，209：31-39.

[309] Wang J，Ding L，Kan L，et al. Development of an extraction method and LC–MS analysis for N-acylated-L-homoserine lactones （AHLs） in wastewater treatment biofilms[J]. Journal of Chromatography B，2017，1041-1042：37-44.

[310] 国家环境保护总局水和废水监测分析方法编委会. 水和废水监测分析方法（增补版）[M]. 4版. 北京：中国环境科学出版社，2002.

[311] 敖强. 城镇污水处理厂活性污泥丝状菌膨胀控制技术研究 [D]. 西安：西安建筑科技大学，2021.

[312] de Kreuk M K，Kishida N，Tsuneda S，et al. Behavior of polymeric substrates in an aerobic granular sludge system[J]. Water Research，2010，44（20）：5929-5938.

[313] Sousa D Z，Smidt H，Alves M M，et al. Ecophysiology of syntrophic communities that degrade saturated and unsaturated long-chain fatty acids[J]. FEMS Microbiology Ecology，2009，68（3）：257-272.

[314] Jon McIlroy S，Kristiansen R，Albertsen M，et al. Metabolic model for the filamentous ‘*Candidatus* Microthrix parvicella’ based on genomic and metagenomic analyses[J]. The ISME Journal，2013，7：1161-1172.

[315] Park H-D，Noguera D R. Evaluating the effect of dissolved oxygen on ammonia-oxidizing bacterial communities in activated sludge[J]. Water Research，2004，38（14）：3275-3286.

[316] Liu G，Wang J. Long-term low DO enriches and shifts nitrifier community in activated sludge[J]. Environmental Science and Technology，2013，47（10）：5109-5117.

[317] Wang Y，Jiang F，Zhang Z，et al. The long-term effect of carbon source on the competition between polyphosphorus accumulating organisms and glycogen accumulating organism in a continuous plug-flow anaerobic/aerobic （A/O） process[J]. Bioresource Technology，2010，101（1）：98-104.

[318] Gebremariam S Y，Beutel M W，Christian D，et al. Effects of glucose on the performance of enhanced biological phosphorus removal activated sludge enriched with acetate[J].

Bioresource Technology，2012，121：19-24.

[319] Xie T，Mo C，Li X，et al. Effects of different ratios of glucose to acetate on phosphorus removal and microbial community of enhanced biological phosphorus removal （EBPR） system[J]. Environmental Science & Pollution Research，2016，24（5）：1-12.

[320] Wang X，Wang S，Xue T，et al. Treating low carbon/nitrogen （C/N） wastewater in simultaneous nitrification-endogenous denitrification and phosphorous removal （SNDPR） systems by strengthening anaerobic intracellular carbon storage[J]. Water Research，2015，77：191-200.

[321] 刘静伟，罗搏，周荣华，等. 好氧颗粒污泥的研究进展 [J]. 市政技术，2010，28（6）：101-103.

[322] Sheng G，Yu H，Li X. Extracellular polymeric substances （EPS） of microbial aggregates in biological wastewater treatment systems：A review[J]. Biotechnology Advances，2010，28（6）：882-894.

[323] Wei D，Du B，Zhang J，et al. Composition of extracellular polymeric substances in a partial nitrification reactor treating high ammonia wastewater and nitrous oxide emission[J]. Bioresource Technology，2015，190：474-479.

[324] Wei D，Zhang K，Ngo H H，et al. Nitrogen removal via nitrite in a partial nitrification sequencing batch biofilm reactor treating high strength ammonia wastewater and its greenhouse gas emission[J]. Bioresource Technology，2017，230：49-55.

[325] Yang S，Li X. Influences of extracellular polymeric substances （EPS） on the characteristics of activated sludge under non-steady-state conditions[J]. Process Biochemistry，2009，44（1）：91-96.

[326] Li X，Yang S. Influence of loosely bound extracellular polymeric substances （EPS） on the flocculation，sedimentation and dewaterability of activated sludge[J]. Water Research，2007，41（5）：1022-1030.

[327] Han F，Wei D，Ngo H H，et al. Performance，microbial community and fluorescent characteristic of microbial products in a solid-phase denitrification biofilm reactor for WWTP effluent treatment[J]. Journal of Environmental Management，2018，227：375-385.

[328] Jacquin C，Lesage G，Traber J，et al. Three-dimensional excitation and emission matrix fluorescence （3DEEM） for quick and pseudo-quantitative determination of protein- and

humic-like substances in full-scale membrane bioreactor （MBR）[J]. Water Research，2017，118：82-92.

[329] Bridgeman J，Bieroza M，Baker A. The application of fluorescence spectroscopy to organic matter characterisation in drinking water treatment[J]. Reviews in Environmental Science and Bio/Technology，2011，10（3）: 277.

[330] Li J，Ye W，Wei D，et al. System performance and microbial community succession in a partial nitrification biofilm reactor in response to salinity stress[J]. Bioresource Technology，2018，270：512-518.

[331] Zhou L，Zhuang W，Wang X，et al. Potential acute effects of suspended aluminum nitride（AlN）nanoparticles on soluble microbial products （SMP） of activated sludge[J]. Journal of Environmental Sciences，2017，57：284-292.

[332] Zhang Z，Yu Z，Dong J，et al. Stability of aerobic granular sludge under condition of low influent C/N ratio：Correlation of sludge property and functional microorganism[J]. Bioresource Technology，2018，270：391-399.

[333] 杨瑞丰，乔森，周集体. 以硝酸盐为主要氮源的反硝化除磷细菌驯化 [J]. 安全与环境学报，2018，18（1）: 264-269.

[334] 郑向阳，罗晓，袁立霞，等. AO 工艺处理淀粉污水效能及微生物群落解析 [J]. 环境工程学报，2018，12（3）: 804-814.

[335] Zhao Q，Yue S，Bilal M，et al. Comparative genomic analysis of 26 *Sphingomonas* and *Sphingobium* strains：Dissemination of bioremediation capabilities，biodegradation potential and horizontal gene transfer[J]. Science of The Total Environment，2017，609：1238-1247.

[336] Martins A M P，Pagilla K，Heijnen J J，et al. Filamentous bulking sludge—a critical review[J]. Water Research，2004，38（4）: 793-817.

[337] Zhou Z，Qiao W，Xing C，et al. A micro-aerobic hydrolysis process for sludge in situ reduction：Performance and microbial community structure[J]. Bioresource Technology，2014，173：452-456.

[338] Liu J，Yuan Y，Li B，et al. Enhanced nitrogen and phosphorus removal from municipal wastewater in an anaerobic-aerobic-anoxic sequencing batch reactor with sludge fermentation products as carbon source[J]. Bioresource Technology，2017，244：1158-1165.

[339] Henriet O，Meunier C，Henry P，et al. Filamentous bulking caused by *Thiothrix* species

is efficiently controlled in full-scale wastewater treatment plants by implementing a sludge densification strategy[J]. Scientific Reports，2017，7（1）：1430.

[340] He Q，Song Q，Zhang S，et al. Simultaneous nitrification，denitrification and phosphorus removal in an aerobic granular sequencing batch reactor with mixed carbon sources：reactor performance，extracellular polymeric substances and microbial successions[J]. Chemical Engineering Journal，2018，331：841-849.

[341] Wang Z C，Gao M C，Ren Y，et al. Effect of hydraulic retention time on performance of an anoxic-aerobic sequencing batch reactor treating saline wastewater[J]. Int J Environ Sci Technol，2015，12（6）：2043-2054.

[342] Esparza-Soto M，Núñez-Hernández S，Fall C. Spectrometric characterization of effluent organic matter of a sequencing batch reactor operated at three sludge retention times[J]. Water Research，2011，45（19）：6555-6563.

[343] Cao Y，Zhang C，Rong H，et al. The effect of dissolved oxygen concentration （DO） on oxygen diffusion and bacterial community structure in moving bed sequencing batch reactor （MBSBR）[J]. Water Research，2017，108：86-94.

[344] Sirianuntapiboon S，Chaochon A，Tawisuwan K. Effect of anoxic：oxic ratio on the efficiency and performance of sequencing batch reactor （SBR） system for treatment of textile wastewater containing direct dye[J]. Desalination and Water Treatment，2017，65：175-191.

[345] Wu C，Peng Y，Li X，et al. Effect of carbon source on biological nitrogen and phosphorus removal in an anaerobic-anoxic-oxic （A^2O） process[J]. Journal of Environmental Engineering，2010，136（11）：1248-1254.

[346] Quéméneur M，Marty Y. Fatty acids and sterols in domestic wastewaters[J]. Water Research，1994，28（5）：1217-1226.

[347] Mamais D，Andreadakis A，Nikitopoulos G，et al. Influence of the presence of long chain fatty acids （LCFAs） in the sewage on the growth of M. *Parvicella* in activated sludge wastewater treatment plants[J]. Global Nest Journal，2006，8（1）：82-88.

[348] Erdirencelebi D，Koyuncu S. Optimization of biological nitrogen removal over nitrite in the presence of lipid matter by regulation of operational modes[J]. Journal of Environmental Engineering，2018，144（2）：04017099.

[349] Zeng T, Wang D, Li X, et al. Comparison between acetate and propionate as carbon sources for phosphorus removal in the aerobic/extended-idle regime[J]. Biochemical Engineering Journal, 2013, 70: 151-157.

[350] Xia Y, Wen X, Zhang B, et al. Diversity and assembly patterns of activated sludge microbial communities: A review[J]. Biotechnology Advances, 2018, 36 (4): 1038-1047.

[351] Guo J, Peng Y, Peng C, et al. Energy saving achieved by limited filamentous bulking sludge under low dissolved oxygen[J]. Bioresource Technology, 2010, 101 (4): 1120-1126.

[352] Ye F, Ye Y, Li Y. Effect of C/N ratio on extracellular polymeric substances (EPS) and physicochemical properties of activated sludge flocs[J]. Journal of Hazardous Materials, 2011, 188 (1-3): 37-43.

[353] You K, Wang D, Liu J, et al. Effect of EPS on flocculation and settlement of activated sludge in MBR[J]. Advanced Materials Research, 2014, 1023: 262-265.

[354] Morgan J W, Forster C F, Evison L. A comparative study of the nature of biopolymers extracted from anaerobic and activated sludges[J]. Water Research, 1990, 24 (6): 743-750.

[355] Liao B Q, Allen D G, Droppo I G, et al. Surface properties of sludge and their role in bioflocculation and settleability[J]. Water Research, 2001, 35 (2): 339-350.

[356] Wan C, Yang X, Lee D J, et al. Aerobic granulation of aggregating consortium X9 isolated from aerobic granules and role of cyclic di-GMP[J]. Bioresource Technology, 2014, 152: 557-561.

[357] Zhang K, Zheng X, Shen D S, et al. Evidence for existence of quorum sensing in a bioaugmented system by acylated homoserine lactone-dependent quorum quenching[J]. Environmental Science and Pollution Research, 2015, 22 (8): 6050-6056.

[358] Wang J, Liu Q, Wu B, et al. Quorum sensing signaling distribution during the development of full-scale municipal wastewater treatment biofilms[J]. Science of The Total Environment, 2019, 685: 28-36.

[359] Kim A L, Park S Y, Lee C H, et al. Quorum quenching bacteria isolated from the sludge of a wastewater treatment plant and their application for controlling biofilm formation[J].

Journal of Microbiology Biotechnology，2014，24（11）：1574-1582.

［360］Chen Y，Zhao Z，Peng Y，et al. Performance of a full-scale modified anaerobic/anoxic/oxic process：High-throughput sequence analysis of its microbial structures and their community functions［J］. Bioresource Technology，2016，220：225-232.

［361］Huang X，Dong W，Wang H，et al. Biological nutrient removal and molecular biological characteristics in an anaerobic-multistage anaerobic/oxic （A-MAO） process to treat municipal wastewater［J］. Bioresource Technology，2017，241：969-978.

［362］Liu J，Zhang P，Li H，et al. Denitrification of landfill leachate under different hydraulic retention time in a two-stage anoxic/oxic combined membrane bioreactor process：Performances and bacterial community［J］. Bioresource Technology，2018，250：110-116.

［363］Fahrbach M, Kuever J， Meinke R， et al. Denitratisoma oestradiolicum gen. nov.， sp nov.，a 17 beta-oestradiol-degrading，denitrifying betaproteobacterium［J］. Int J Syst Evol Microbiol，2006，56：1547-1552.

［364］Daims H，Nielsen J L，Nielsen P H，et al. In situ characterization of *Nitrospira*-like nitrite-oxidizing bacteria active in wastewater treatment plants［J］. Appl Environ Microbiol，2001，67（11）：5273-5284.

［365］Wan J，Bessière Y，Spérandio M. Alternating anoxic feast/aerobic famine condition for improving granular sludge formation in sequencing batch airlift reactor at reduced aeration rate［J］. Water Research，2009，43（20）：5097-5108.

［366］Feng Z，Sun Y，Li T，et al. Operational pattern affects nitritation，microbial community and quorum sensing in nitrifying wastewater treatment systems［J］. Science of the Total Environment，2019，677：456-465.

［367］李思敏，郝同，王若冰，等．改良型 A^2/O 工艺在低温不同污泥负荷下的运行研究［J］. 中国给水排水，2014，30（13）：64-68.

［368］邹仲勋，李祖鹏，刘胜军，等．BOD_5 污泥负荷对多段多级 AO 工艺处理效果的影响［J］. 水处理技术，2016，42（10）：89-91.

［369］Shao Y，Yang S，Mohammed A，et al. Impacts of ammonium loading on nitritation stability and microbial community dynamics in the integrated fixed-film activated sludge sequencing batch reactor （IFAS-SBR）［J］. International Biodeterioration & Biodegradation，2018，133：63-69.

[370] Yang L，Ren Y，Chen N，et al. Organic loading rate shock impact on extracellular polymeric substances and physicochemical characteristics of nitrifying sludge treating high-strength ammonia wastewater under unsteady-state conditions[J]. RSC Advances，2018，8（73）：41681-41691.

[371] Fan N，Wang R，Qi R，et al. Control strategy for filamentous sludge bulking：Bench-scale test and full-scale application[J]. Chemosphere，2018，210：709-716.

[372] Zhang M，Yao J，Wang X，et al. The microbial community in filamentous bulking sludge with the ultra-low sludge loading and long sludge retention time in oxidation ditch[J]. Scientific Reports，2019，9：13693.

[373] Han W，Peng Z，Li T，et al. Control of sludge settleability based on organic load and ammonia nitrogen load under low dissolved oxygen[J]. Water Sci Technol，2018，78（10）：2113-2118.

[374] Hamza R A，Sheng Z，Iorhemen O T，et al. Impact of food-to-microorganisms ratio on the stability of aerobic granular sludge treating high-strength organic wastewater[J]. Water Research，2018，147：287-298.

[375] Zhang Z，Qiu J，Xiang R，et al. Organic loading rate （OLR） regulation for enhancement of aerobic sludge granulation：Role of key microorganism and their function[J]. Science of The Total Environment，2019，653：630-637.

[376] Nielsen P H，Frølund B，Keiding K. Changes in the composition of extracellular polymeric substances in activated sludge during anaerobic storage[J]. Applied Microbiology and Biotechnology，1996，44（6）：823-830.

[377] Liao B Q，Lin H J，Langevin S P，et al. Effects of temperature and dissolved oxygen on sludge properties and their role in bioflocculation and settling[J]. Water Research，2011，45（2）：509-520.

[378] Shin H-S，Kang S-T，Nam S-Y. Effect of carbohydrates to protein in EPS on sludge settling characteristics[J]. Biotechnology and Bioprocess Engineering，2000，5（6）：460-464.

[379] 江肖良，李孟，张少辉，等 . 4 种不同工况生物滤池净化效能与微生物特性分析 [J]. 环境科学，2018，39（12）：5503-5513.

[380] 薛念涛，刘康，李建民 . 国内外反硝化除磷技术的文献计量与研究现状分析 [C].《环境工程》2018 年全国学术年会，中国北京，2018.

[381] McIlroy S J，Starnawska A，Starnawski P，et al. Identification of active denitrifiers in full-scale nutrient removal wastewater treatment systems[J]. Environmental Microbiology，2016，18（1）: 50-64.

[382] Ren Y-X，Yang L，Liang X. The characteristics of a novel heterotrophic nitrifying and aerobic denitrifying bacterium，*Acinetobacter junii* YB[J]. Bioresource Technology，2014，171：1-9.

[383] 张阳，王秀杰，王维奇，等.一株 *Acinetobacter johnsonii* 的部分反硝化特性及动力学研究 [J]. 中国环境科学，2019，39（10）: 4369-4376.

[384] Kondrotaite Z，Valk L C，Petriglieri F，et al. Diversity and Ecophysiology of the Genus OLB8 and Other Abundant Uncultured Saprospiraceae Genern in Global Wastewater Treatment Systems[J].Frontiers in Microbiology，2022，13：917553.

[385] Xia Y，Kong Y，Nielsen P H. In situ detection of protein-hydrolysing microorganisms in activated sludge[J]. FEMS Microbiology Ecology，2007，60（1）: 156-165.

[386] Reza M，Cuenca，M A. Nitrification and denitrifying phosphorus removal in an upright continuous flow reactor[J].Water Science and Technology，2016，73（9）: 2093-2100.

[387] 张彦江. 活性污泥沉降性能的影响因素及控制措施研究 [D]. 乌鲁木齐：新疆大学，2018.

[388] 张晓红，姜博，张文武，等. 京津冀区域市政污水厂活性污泥种群结构的多样性及差异 [J]. 微生物学通报，2019，46（8）: 1896-1906.

[389] Aßhauer K P，Wemheuer B，Daniel R，et al. Tax4Fun：Predicting functional profiles from metagenomic 16S rRNA data[J]. Bioinformatics （Oxford，England），2015，31：2882-2884.

[390] Ma K，Li X，Bao L. Influence of organic loading rate on purified terephthalic acid wastewater treatment in a temperature staged anaerobic treatment （TSAT） system：Performance and metagenomic characteristics[J]. Chemosphere，2019，220：1091-1099.

[391] Miao L，Wang P，Hou J，et al. Distinct community structure and microbial functions of biofilms colonizing microplastics[J]. Science of The Total Environment，2019，650：2395-2402.

[392] Fang D，Zhao G，Xu X，et al. Microbial community structures and functions of wastewater treatment systems in plateau and cold regions[J]. Bioresource Technology，2018，249：

684-693.

[393] Sun Y，Guan Y，Wang H，et al. Autotrophic nitrogen removal in combined nitritation and Anammox systems through intermittent aeration and possible microbial interactions by quorum sensing analysis[J]. Bioresource Technology，2019，272：146-155.

[394] Wang J，Li Q，Qi R，et al. Sludge bulking impact on relevant bacterial populations in a full-scale municipal wastewater treatment plant[J]. Process Biochemistry，2014，49（12）：2258-2265.

[395] Kragelund C，Caterina L，Borger A，et al. Identity，abundance and ecophysiology of filamentous *Chloroflexi* species present in activated sludge treatment plants[J]. FEMS Microbiology Ecology，2007，59（3）：671-682.

[396] Seviour R J，Kragelund C，Kong Y，et al. Ecophysiology of the *Actinobacteria* in activated sludge systems[J]. Antonie Van Leeuwenhoek，2008，94（1）：21-33.

[397] Anne B S，Maryam K，Maryam R，et al. The microbial community of a passive biochemical reactor treating arsenic，zinc，and sulfate-rich seepage[J]. Frontiers in Bioengineering and Biotechnology，2015，3：27.

[398] Gao P，Xu W，Sontag P，et al. Correlating microbial community compositions with environmental factors in activated sludge from four full-scale municipal wastewater treatment plants in Shanghai，China[J]. Applied Microbiology and Biotechnology，2016，100（10）：4663-4673.